抽点时间，
做超新潮超好玩的
心理测试

■ 云无心 / 编著

中国财富出版社

图书在版编目(CIP)数据

抽点时间,做超新潮超好玩的心理测试 / 云无心编著.—北京:中国财富出版社,2016.10

ISBN 978-7-5047-6235-1

Ⅰ.①抽… Ⅱ.①云… Ⅲ.①心理测验—通俗读物 Ⅳ.①B841.7-49

中国版本图书馆CIP数据核字(2016)第192401号

| 策划编辑 | 张彩霞 | 责任编辑 | 白 昕 杨 曦 | | |
| 责任印制 | 方朋远 | 责任校对 | 梁 凡 张莹莹 | 责任发行 | 张红燕 |

出版发行	中国财富出版社
社　　址	北京市丰台区南四环西路 188 号 5 区 20 楼　邮政编码　100070
电　　话	010-52227568(发行部)　　　　010-52227588 转 307(总编室)
	010-68589540(读者服务部)　　010-52227588 转 305(质检部)
网　　址	http://www.cfpress.com.cn
经　　销	新华书店
印　　刷	北京柯蓝博泰印务有限公司
书　　号	ISBN 978-7-5047-6235-1/B·0503
开　　本	710mm×1000mm　1/16	版　　次	2016 年 10 月第 1 版
印　　张	22.25	印　　次	2016 年 10 月第 1 次印刷
字　　数	387 千字	定　　价	39.80 元

前 言

1

亲爱的朋友,也许你曾经这样自问过——

我的性格是内向还是外向呢?我真正了解自己吗?我在别人的眼中是一个怎样的人?

现在的工作适合我吗?我的工作状态好不好?在老板的眼中我是不是一个优秀的员工呢? 我会成功吗?

他(她)爱我吗? 我们的婚姻幸福吗?

我的心理健康吗?

……

你是不是正在为上述的种种问题感到心力交瘁、无所适从呢?

怎样才能真正破解自己和他人心灵深处的种种玄机,发掘那些深藏于人心的种种可能呢?

那么,不如抽点时间,来做做有趣好玩的心理测试吧!

2

法国大文豪雨果曾经说过:"世界上浩瀚的是海洋,比海洋浩瀚的是天空,比天空还要浩瀚的是人的心灵。"人的心理是神秘莫测的,像宇宙一样旷远深邃,难以琢磨。然而,正是这份神秘,让我们总有探知的欲望,总想通过这种探知来更深刻地认识、了解自己,以达到人生的更高境界。

本书以心理学理论为基础,精心挑选了500个轻松有趣的心理测试题目,荟

萃了性格、人格、学习、能力、思维、情绪、职业、社交、交友、智商、情商、心理、健康、财富、理财、恋爱、婚姻……每个测试都是人们了解自我、认识世界的一个途径。明智的人会利用这些测试题追寻自己在生活和工作中的影子，更好地了解自己的优缺点，进而扬长避短、完善自我，走向成功。

3

趣味性心理测试之所以迎合了人们的某种心理需要，不外乎这样几个原因：

第一，心理测试有助于了解自我，而我们每个人都有了解自己的心理需求；

第二，心理测试有助于自我鼓励、自我心理暗示；

第三，心理测试有极强的趣味性，且不管答案是否科学，权当一种心理上的放松；

第四，它可以提供心理安慰。

当然，心理测试只是作为认识自己、了解他人的一种方式。所有的心理测试都是人设计的，这就决定了它会像人一样永远都不可能完美无缺。如果你觉得测试的结果不准确，那也是很正常的。如果说一个测试题目有效测试的比例是80%，那么，这就决定了100个人中肯定有20个人是测不准的。所以，当结果不准确或者不尽如人意的时候，你不妨一笑了之，不必耿耿于怀，只把它当成是游戏罢了。

相信通过测试，你能破解自己以及他人的心灵密码，并做到自我激励，从而准确设计自己的人生轨迹。

目 录

第一章

自我认知——寻找真实的自己

1.你重视自己吗

有一位哲学家曾说过:"人生最大的敌人是自己。"在生活中,你是否总是把很多事情都复杂化、困难化呢?你是否总是在不自觉地和自己的利益唱对头戏呢?请选择所有符合你情况的选项。这个测试将告诉你:你是否做了自己最大的敌人。

(1)当我需要帮助而且能够得到帮助的时候:

A.我很愿意其他人帮助我

B.我想自己应该负起责任

C.我几乎总是拒绝帮助

(2)当我取得成功的时候:

A.每次都是发自内心的高兴

B.有一点高兴

C.其实不是很高兴

(3)在聚会上:

A.我总是很健谈

B.我不比别人说话多

C.我总是属于沉默寡言的人

(4)我和他人争吵:

A.几乎没有

B.经常

C.太多

(5)我在一次聚会上迟到了,并且很紧张,而聚会上的其他人都很开心,我能进入聚会状态的时间:

A.马上

B.很慢

C.一般情况下不能进入聚会的状态

(6)一位女士正在寻找伴侣。她的一个追求者开着一辆价值20万元的汽车,我认为这对这位女士来说意味着:

A.这是一个提醒,应该小心地和这个人交往

B.这同他骑自行车没有什么区别

C.这是一个很好的机会

(7)我刚才慢跑了20分钟,我的感觉:

A.很好

B.很累

C.很舒服

(8)一个孩子想要完成一个很难的任务(比如试图搬动一件很重的东西),当这个孩子对自己的任务感到绝望时,我会首先:

A.鼓励他

B.安慰他

C.告诉他,应该正确地估计自己的力气

(9)当我很不耐烦的时候:

A.我不会因此而伤害到其他人

B.我会伤害到其他人

C.他人会对我如此具有攻击性感到惊讶

(10)我帮助其他人:

A.只有当这样做有意义的时候

B.只有当其他人请求我的时候

C.即使他们根本就没有请求我的帮助

(11)我对他人:

A.总是自发地友好

B.开始时总是保持一定的距离

C.总是太严厉,使他人感觉受到了伤害

(12)我的朋友们:

A.很少让我失望

B.时常让我失望

C.总是让我失望

(13)我觉得那些总是对我很友好的人:

A.非常好

B.有些可疑

C.让我感到无聊

【评分标准】

以上各题选A得1分,选B得2分,选C得3分,最后累计总分。

【结果分析】

20分以下:重视自我利益

你是属于会考虑自己利益的类型。你做那些对自己有利的事,但是不会因此损害他人利益。别人会因为你的处事方法而感到快乐和满意。

21~30分:不太重视自我

你是属于不太重视自己的类型。你太好心,你通常会想"与其求别人帮忙,不如我自己做"。这种行为会使人觉得你"很好打发"。你对身边的人来说很实际,因为你不会带来麻烦,但是你自己会因此很吃亏。

31分以上:以他人为中心

你是属于那种以他人为中心的类型。你总是围着他人转,以他人为中心,做些讨他人喜欢的事,希望能使他人满意,但是你为此所得到的回报却很少。这种类型的你要试着多关注自己,多为自己的利益考虑和设想。

2.镜子里的你,认识另一个自己

设想这样一个情景,如果你进入一个房间,这个房间里布置有多面镜子,这时你观察周围,你会发现以下的哪一种情景:

A.除了自己的影子,一个人也没有

B.可以看到周围很远的地方零星有几个游客

C.周围不远处有几个游客

D.周围聚集着很多人

【结果分析】

A.你属于极端自我中心者,你的心思完全被自我意识所占有,习惯于把自己作为中心,以至于其他的人、事、物,很难唤起你的兴趣,也无法转移你的注意力。

B.你属于自我意识与他人意识明确的类型,你把自我与他人的界限定位得十分清楚,注重自我空间的保留。你是一个注重理性的人,凡事都注重合理,同时也相当看重自己的知识和思考能力,不轻易受他人的意见左右。

C.你属于保留自我意识的人,但是对于自我的观念不甚明确,有的时候你意识不到自我意识所占的比重,因而容易受到他人感染。

D.你属于较为缺乏自我意识的人,你通常害怕独处,对人际关系过分依赖,同时也是非常容易受他人意见左右的人。

3.你最喜欢哪种颜色

凭你的直觉,从红色、黑色、黄色、粉红色、绿色、蓝色、紫色、棕色这8种颜色中,选出你最喜欢的颜色和你最讨厌的颜色吧!

【结果分析】

你最喜欢的颜色代表的是"隐藏的你"哟!

●喜欢红色

喜欢红色的人是属于精力旺盛的行动派。不管花多少力气或代价也要满足自己的好奇心以及欲望。你充满活力的态度,会感染你周围的朋友。但由于缺乏耐性,常常是稍微不顺自己的意就会生气。不过天生乐观的你并不会因为挫折而闷闷不乐,而总是想办法当场解决。对于阻挡自己幸福的人,则怀有很深的敌意。一旦有事情发生,你总是先怪罪别人,这点对你相当不利。如果对别人能够以更宽大的心去对待,相信你的人气会更旺。

●喜欢绿色

喜欢绿色的人基本上是一个追求和平的人,不过却害怕独处,喜欢群体的生活。因此你擅长与周围的人保持良好的和谐关系,总是给人亲切温和的印象,而周围的人也对你十分信赖。不过,因为对每个人的态度都差不多,所以有时候也容易让人误认为你是个八面玲珑的人。喜欢绿色的人十分上进,但因为不喜欢在团体中太过突出,所以也会要求周围的人一起奋发向上。

●喜欢粉红色

喜欢粉红色的人常常想让自己呈现出年轻、有朝气的感觉,甚至希望在旁人的眼中是个高贵的形象。喜欢粉红色的人大多散发着让人看到就很舒服的魅力,不过却有强烈的逃避现实的倾向。因为不擅长向人吐露心事,所以你常常躲在自己的小天地之中;又因为不容易接受别人的意见,也不喜欢和人争论,常被当作是优柔寡断的人。另外,无法忍受现实的难堪,或曾被信任的人背叛的人也会喜欢粉红色。

●喜欢棕色

喜欢棕色的人个性拘谨,自我价值观很强烈,很怕因外来因素的介入,而必须改变自己。但外表及处理事情的态度上,却给人一种很大的信赖感。对人与人之间的利害关系划分得很清楚,所以容易给别人一种冷漠的倾向。不过因为你耿直的个性,让人很信服你,不知不觉中支持你的伙伴会越来越多。

●喜欢蓝色

喜欢蓝色的人是个很理性的人,面对问题常常临危不乱,在起冲突时总是默默将事情化解,等到该反击时,一定会以漂亮的手段让人折服。乍看之下应该人缘不错,不过却不擅与人交际,所以只和志同道合的朋友自组一个小团体,常因坚持崇高的信念而受人尊敬。你绝对地坚持己见,对旁人的意见欠缺采纳的雅量,所以在与人意见相左时,虽然你表面上不会显露出任何不悦,但其实心里很介意。

●喜欢紫色

喜欢紫色的人很多都是艺术家,容易多愁善感,但机智中带有感性,观察力特别敏锐。虽然自认平凡,但相当有个性,在公开场合中显得沉默而内向。但常常容易滥用你的感情,会造成很多不必要的误会。这种不是恶意的滥情,在事后别人告诉你时,你会很认真地反省,但也容易再犯。

●喜欢黄色

喜欢黄色的人富有高度的创造力及好奇心。关心社会问题甚于切身问题,喜欢追求崇高的理想,尤其热衷社会运动。喜欢黄色的人相当自信而且学问渊博,并引此为傲。看起来他们好像社交家一样,其实内心很孤独。所以,他们绝对不会背叛朋友,也绝对不做没有把握的事。

●喜欢黑色

喜欢黑色的人通常很积极,对未来会做很好的规划和努力。即使外表不修边幅,看起来还是很优雅、高尚。在旁人的眼中,他们是有主见及应对得体的人,而他们也希望在别人眼中是个不平凡的人物。

你最讨厌的颜色代表着你的"恋爱癖"。

◎讨厌红色

讨厌红色的人不喜欢别人跟他太过亲近。也正因为如此,对于突然来临的逼迫式的爱情会临阵脱逃。其实他们心里是渴望激烈的爱情的,但由于这种矛盾的性格,他们在感情的路上一直波折不断,这些波折也让他们对爱情裹足不前,以致错失良缘。

◎讨厌绿色

讨厌绿色的人在心态上一直不希望变成大人。所以在恋爱上来说,是希望备受呵护和关注,希望对方不断为自己付出。因为这种不容易替对方着想的性格,常常说出伤人而自己又不自觉的话,最后只会让情人伤心。

◎讨厌粉红色

讨厌粉红色的人在恋爱上给人不够坦率的感觉。常常会对另一半很挑剔,即使对方送了礼物给你,在说谢谢之前,还是会挑三拣四地说一堆不该说的话。老实说,你就是希望对方把你捧上天对你服服帖帖的。

◎讨厌棕色

讨厌棕色的人在恋爱上采取放任的态度,喜欢主动、直接强烈的爱情,当遇到个性犹豫的对象,就会显得急躁。由于好奇心太强烈,常会被很多新奇的事物吸引,以致忽略了情人。而且想到什么就去做什么,人缘很好,这一点会让你的情人感到不安。和朋友相处的时间远比情人还多,所以你的情人总有一天会离你而去。

◎讨厌蓝色

讨厌蓝色的人在爱情上寻求互补的对象。如果自己欠缺才华则会特别崇拜有才华的人。对你来说,拥有自己所没有的优点的人,会让你的生活更加精彩刺激。但这种性格很容易呈现疲乏,一旦遇到更厉害的对象,你马上又会移情别恋。

◎讨厌紫色

讨厌紫色的人,喜欢在恋爱上采取主控权。与其说是为了爱而企求对方改变,不如说是希望按照自己的想法去塑造情人。爱情上的你很强势,爱控制人,让你的情人会忍不住想从你身边逃离。不过,因为你很有自信,所以就算情人离开你,你也不会太难过。

◎讨厌黄色

讨厌黄色的人在爱情上,喜欢将自己的价值观强加在对方身上。因此,寻找的对象多半是和自己相像或平凡的人,而绝对不会对无法预见未来的艺术家产生兴趣。但是与跟自己太相像的人在一起久了,又觉得缺乏某种刺激而希望改变现状,实在矛盾极了。

◎讨厌黑色

讨厌黑色的人在恋爱上看来是个讨厌被束缚的自由分子。选择对象时十分相信自己的直觉,尤其相信一见钟情,即使对方已有对象或家室,你也会不顾一切地追求他,这点相当危险。事实上身旁还是有很多会默默为你付出的人,值得你去注意的。

4.你天生最适合演哪种角色

如果可以选择梦境,你最想体验哪一种梦境呢:

A.与异性甜蜜亲热

B.天天中彩票的发财梦

C.能治理国家的总统梦

D.能成为国际巨星的明星梦

【结果分析】

A.你扮演最好的角色是好爸妈。这种类型的人非常有爱心,尤其是对儿女,你会觉得,一定要把最好的都给儿女,自己省吃俭用也没关系,让儿女受最好的教育,学最好的礼仪,过最好的生活,把儿女照顾得无微不至,你的心里永远都挂着儿女。所以选择这个答案的朋友,你天生就有强烈的父爱跟母爱,当你的儿女,是非常幸福的。

B.你扮演最好的角色是好儿女。这种类型的人是非常孝顺的,你觉得人生当中朋友很重要,不过父母对你来说是永远排第一名的。如果父母有需要的话,不管在精神方面,或金钱方面,只要你做得到,一定会让父母过最好的生活。所以选择这个答案的朋友,是非常孝顺的孩子。

C.你扮演最好的角色是好朋友。这种类型的人重义气,不管你的好朋友还是陌生人,只要你能够帮忙的话,你绝对是义不容辞。你很珍惜友情,当你觉得一个人很弱小或是受到伤害的时候,一定会站出来把这个事情解决。所以选择这个答案的朋友,当你们的朋友或是陌生人看到你们的时候,都会觉得非常开心。

D.你扮演最好的角色是好情人。这种类型的人在工作上一板一眼,回到家也一样,是正经八百的好爸妈。不过在谈恋爱的时候,这就变成你的死穴,你只要在乎对方,不管对方怎么折磨你,你都会觉得心甘情愿,觉得很甜蜜。所以选择这个答案的朋友,你是永远的好情人。

5.别人眼中的你究竟是什么样的

下面这个测试是美国权威的心理学博士菲尔在著名的脱口秀主持人欧普拉·温弗瑞的节目里做的,被世界各国的心理测评中心引用借鉴。进行测试时,请以现状为标准,认真作答。

(1)一天之中,你何时感觉最好:

A.早晨

B.下午及傍晚

C.夜里

(2)你走路时是:

A.大步地快走

B.小步地快走

C.不快,仰着头面对着世界

D.不快,低着头

E.很慢

(3)和别人交谈时,你常常:

A.手臂交叠站着

B.双手紧握着

C.一只手或两手放在臀部

D.碰着或推着与你说话的人

E.玩着你的耳朵、摸着你的下巴或用手整理头发

(4)坐着休息时,你的习惯是:

A.两膝盖并拢

B.两腿交叉

C.两腿伸直

D.一腿蜷在身下

(5)碰到搞笑的事时,你会:

A.欣赏地大笑

B.笑着,但不大声

C.轻声地咯咯地笑

D.羞怯地微笑

(6)当你去一个派对或社交场合时,你会怎么入场:

A.很大声地入场以引起注意

B.安静地入场,找你认识的人

C.非常安静地入场,尽量不被注意

(7)当你非常专心工作时,有人打断你,你的反应是:

A.欢迎他

B.感到非常恼怒

C.在上述两极端之间

(8)下列颜色中,你最喜欢哪一种颜色:

A.红色或橘色

B.黑色

C.黄色或浅蓝色

D.绿色

E.深蓝色或紫色

F.白色

G.棕色或灰色

(9)临入睡的前几分钟,你在床上的姿势是:

A.仰躺,身体伸直

B.俯躺,身体伸直

C.侧躺,身体微蜷

D.将头枕在一手臂上

E.蒙头盖脸

(10)你经常梦到自己在:

A.身体下坠

B.打架或挣扎

C.找东西或人

D.飞或漂浮

E.你平常不做梦

F.你的梦都是愉快的

【评分标准】

每个选项后边的数字代表该选项的分数,根据自己的选择统计出测试的总分数。

(1)A:2分　　B:4分　　C:6分

(2)A:6分　　B:4分　　C:7分　　D:2分　　E:1分

(3)A:4分　　B:2分　　C:5分　　D:7分　　E:6分

(4)A:4分　　B:6分　　C:2分　　D:1分

(5)A:6分　　B:4分　　C:3分　　D:5分

(6)A:6分　　B:4分　　C:2分

(7)A:6分　　B:2分　　C:4分

(8)A:6分　　B:7分　　C:5分　　D:4分　　E:3分　　F:2分　　G:1分

(9)A:7分　　B:6分　　C:4分　　D:2分　　E:1分

(10)A:4分　　B:2分　　C:3分　　D:5分　　E:6分　　F:1分

【结果分析】

20分以下:内向的悲观者。

人们认为你是一个害羞的、神经质的、优柔寡断的,需要别人照顾的、永远要别人为你做决定的、不想与任何事或任何人有关的人。他们认为你是一个杞人忧天者,一个永远看到不存在的问题的人。有些人认为你令人乏味,只有那些深知你的人知道你不是这样的人。

21～30分:缺乏信心的挑剔者。

你的朋友认为你勤勉刻苦、很挑剔。他们认为你是一个谨慎的、十分小心的、缓慢而稳定辛勤工作的人。如果你做任何冲动的事或无准备的事,你会令他们大吃一惊。他们认为你会从各个角度仔细地检查一切之后仍经常决定不做。他们认为对你的这种反应一部分是因为你小心的天性所引起的。

31～40分:以牙还牙的自我保护者。

别人认为你是一个明智、谨慎、注重实效的人,也认为你是一个伶俐、有天赋有才干且谦虚的人。你不会很快、很容易和人成为朋友,但却是一个对朋友非常忠诚的人,同时要求朋友对你也有忠诚的回报。那些真正有机会了解你的人会知道要动摇你对朋友的信任是很难的,但相等的,一旦这信任被破坏,会使你很难过。

41～50分:平衡的中道。

别人认为你是一个新鲜的、有活力的、有魅力的、讲究实际的、经常是群众注意力的焦点而永远有趣的人;但是你是一个足够平衡的人,不至于因此而昏了头。他们也认为你亲切、和蔼、体贴、能谅解人,是一个能使人高兴起来并会帮助别人的人。

51～60分:吸引人的冒险家。

别人认为你是一个令人兴奋的、高度活泼的、个性易冲动的人;你是一个天生的领袖、一个做决定很快的人,虽然你的决定不总是对的。他们认为你是大胆的和冒险的, 会愿意试做任何事至少一次;是一个愿意尝试机会而欣赏冒险的人。因为你散发的刺激感,他们喜欢跟你在一起。

61分以上:傲慢的孤独者。

别人认为对你必须"小心处理"。在别人的眼中,你是自负的、以自我为中心的、极端有支配欲和统治欲的人。别人可能钦佩你,希望能多像你一点,但不会永远相信你,会对与你更深入的来往有所踌躇及犹豫。

6.你和幸福的缘分有多深

传说在遥远的荒漠中有一位美丽的幸运女神，那些有幸亲眼见到这位女神的人，都可以在女神面前许一个愿望。对此，人们将信将疑，那么你会怎么办：

A.不相信会有这样一个女神，不肯做寻找女神这样的傻事。

B.相信真的会有女神，并且决定去寻找女神。不幸在路途中你得了一场病，于是放弃了寻找。

C.抱着试一试的想法上了路。刚刚走进荒漠就遇到了一位美丽善良的姑娘，误以为她就是女神，你请求姑娘做你的妻子，你们过起了幸福的生活。虽然后来你知道了真相，但仍然毫不怨悔。

D.相信真的会有女神，历尽了千辛万苦去寻找，仍然没有找到，最后失望地死在了荒漠里。

E.相信真的会有女神，历尽了千辛万苦仍然没有找到。但是荒漠腹地的一片绿洲让你觉得美不胜收，你决定在这片绿洲上建一座自己的小屋，就此生活下去。

【结果分析】

A.幸福缘分度60分，你更愿意相信眼前的生活，不愿意付出更多的辛苦和努力去追求新的东西，所以你失去了人生中许多难得的美丽。

B.幸福缘分度50分。你通常都是那种对事物保持三分钟热度的人，因而，你常常与幸福擦肩而过。

C.幸福缘分度70分。你是一个很清醒的人，对生活既没有太过分的奢望，也不会草率凑合。你相信世间的事情永远是只有更好，没有最好，因而，当幸福在眼前的时候，你就紧紧地抓住它；当幸福不在的时候，你也不会强求。

D.幸福缘分度40分。你的悲观、固执、对生活太高的奢望，都是你不能幸福的根源。你总在追求最好的，因而你错过了许多美好。如果你能换一种方式看幸福，也许会得到更多的幸福。

E.幸福缘分度80分。你是有理想但不固执的人，你总能从生活中发现新的乐趣，那些本不属于幸福的机会经你发掘，就变成了难得的幸福。生活总是奖励那些喜欢创造乐趣的人，你当然比别人有更多的幸福机缘。

7.丑闻制造机,离你有多远

如果你是快要苏醒的植物人,你最害怕在苏醒前有知觉的一星期发生什么事?

A.亲朋好友讨论要放弃你

B.另一半向你坦白他偷情

C.听见自己积欠巨额的医药费

D.发现自己逐渐丧失记忆

【结果分析】

A.这类型的人,其实是属于模范生型的。你平常很自律,所以把自己管得很好,大家会觉得你怎么可能会有丑闻呢? 如果是丑闻的话一定是真的,大家会开始一直八卦……所以选择这个答案的朋友,因为你的形象太好了,所以你的丑闻不管是真的还是假的,大家都会觉得一定不能错过。

B.这类型的人,因为你平常亲切随和,如果发生丑闻的话,大家会说:"有没有可能啊? 不知道是不是真的,很想去问他一下。"如果你说:"不可能啦! 我怎么可能呢?"大家就会觉得"怎么可能会发生呢! 真的不可能",所以只要你说"不可能""不是"的话,大家就会相信。

C.其实大家会觉得你一定没有什么胆子,而且这种丑闻怎么可能会发生在你身上。譬如说像陈冠希的照片事件也一定不会是你,就算长得很像你,大家也会觉得不可能,而只会把它当成一则笑话。所以,选择这个答案的朋友,真的要恭喜你,因为你平常胆子小,所以大家会觉得你不可能有一些很奇怪的丑闻。

D.这类型的人,因为平常低调,所以只要有一点点丑闻的风声出来,大家就恨不得挖出更多的丑闻,而且你一句我一句越加越多,慢慢地会越讲越离谱,大家也讲得不亦乐乎,如果你不出来澄清的话,这些丑闻会跟着你。所以,选择这个答案的朋友,原本低调的你很容易因为丑闻而一炮走红。

8.你目前的心境是哪一种

假如科幻电影中的幻想情节真的能成真,你希望下列哪一种变成事实:

A.外星人造访地球

B.恐龙复活

C.发明时光机器,自由穿梭过去和未来

D.移民外星球

【结果分析】

A.你常常发呆,有时连自己想什么都忘了,思绪不停地跳跃。你很喜欢沉溺在自由想象的世界里,无拘无束,可以不管现实生活的压力,任凭自己随意幻想,偶尔你也会将想象中的情节带入生活,希望身边的人都能够接纳你的一厢情愿,这当然是不可能的事,所以你又只好独自一人回到想象的世界里。

B.有些时候,你的童心和玩心都很重,让许多人以为你很孩子气,很不成熟。不过,这只是他们看到的表面现象,你只是想以轻松的态度来对待事情,你内心里的考虑其实很周全。想得很透彻之后,你才会说出自己的看法。虽然看起来很漫不经心的样子,仔细想想就可以知道你绝对不是随口说说。

C.你很向往四处游荡的生活,喜欢率性而为,看看各地的风景,因此要拴住你是很困难的事,再怎么费尽心力想要留住你的心,到头来却还是一场空,与你最好的相处方式就是放你走,并且能够温柔地在某处点一盏灯,守候你回来,这才是上上之策。等到你飞得倦了,自然就会回到那人身边。

D.你是个有责任心的人,对于承诺相当看重,会审慎地考量自己的能力,所以你相当踏实,不仅是针对自己,也会顾虑到别人的生活。你对现实多少还是有点不满,可是不会有逃避的心态,愿意面对困境,好好解决眼前的问题。选择你作为终身的伴侣是非常幸运的事,因为你是个相当善于经营婚姻生活的人。

9.你会选哪一款礼物犒赏自己

如果你打算送一款礼物犒赏自己,你最喜欢的是下面哪一种:

A.钻石

B.珍珠

C.紫水晶

D.翡翠

E.红宝石

F.蓝宝石

G.珊瑚

【结果分析】

A.钻石象征权力与财富。你比较现实,对钱财的欲望也较强,对品牌有偏好。做事积极,对新的事物有无限好奇心,行动目标拿得准。

B.喜欢珍珠之美的人,有颗纯真而善良的心,时时顾及别人的想法与立场,绝不为逞一时之快而强人所难。不过因为不善于表现自己,常有"爱在心里口难开"之苦。

C.喜欢紫水晶的人,多为高雅淑女,个性文静,喜欢自然而然地流露自己的个性。这种人聪慧,想象力与幻想也强人一等,以爱好艺术者居多。

D.喜欢翡翠的人,开朗而乐观,纵有些不如意或痛苦,也会随即忘诸脑后。不悔恨过去,会为明天努力。自己虽不刻意经营,但在团体中常是受人注目的焦点。

E.喜欢红宝石的人,热情奔放又有活力,对尝试新事物与增长见闻不遗余力。但叛逆性强,和别人易发生冲突。

F.喜欢蓝宝石的人循规蹈矩,认真又刻苦,胸无城府,能把自己的情绪控制得很好,博人信赖。但生活无通融性,行动略嫌不足。

G.喜欢珊瑚的人对神秘事物特别感兴趣,因为重视灵感,所以有时会突发奇想而有收获,这种人的特点是外柔内刚。

10.你是一个擅长说谎的人吗

在奇幻世界里有一棵恐怖的树,它有一张血盆大口,可以一口把人吞下。你认为这棵树是利用什么方法来让人接近它的呢:

A.用美妙的歌声吸引人接近

B.模仿恋人的声音引人接近

C.散发迷人的香气引人接近

D.利用在它周围飞翔的小鸟使者

E.什么都不做,只是静静地等待好奇的人走过来

【结果分析】

A.有渲染扩大事情的爱好,在别人不了解情况的时候,很能占据优势,但是被了解以后就会因为过分夸大而让对方误解。

B.你是以认真的态度说谎的人,而且是说谎高手。由于说谎说得太专业了,所以常常神不知鬼不觉地就蒙混过关了,但是不小心败露的话,就会让人不断在心里产生怀疑的坏感觉。

C.你是个不善于说谎的人,只要你想说谎就会被别人看穿,所以,虽然谎话不高明,但是反倒让人觉得是个真实的、可以接近的人,甚至有很多人认为你这样很可爱。

D.你在说谎时特别喜欢找借口,将问题推到别人身上,可以说是"耍花枪"的高手。但是如果当面对质的话,就往往会让事情变得很糟。

E.不爱说谎。要不就不说,要不就老实说,相当痛恨被别人欺骗,但有时候太过直接,也会让人觉得受伤。

11.假如你拥有预言未来的魔药

假设你面前有一瓶能预测未来的魔法药水,喝掉一整瓶就会知道自己一生所有的事情,你会如何对待这瓶药水?

A.有一点兴趣,但不喝这瓶药

B.一口气喝掉整瓶药水

C.只喝下能知道明天事情的分量就够了

D.只喝能知道未来一年事情的分量

E.先保管着,等到有需要时再使用

【结果分析】

A.你对自己相当有自信,即使碰到障碍,也会努力用自己的方式解决。你具有强烈的道德感及信仰,在工作或日常生活中会孜孜不倦,坚守自己的岗位。

B.你具有非凡的勇气及好奇心,拥有冒险精神。不过你常常太注重事情的结果,忽略了努力的过程及苦心。所以,你通常对没有胜算及把握的事情,不会花心力去做,因为你不希望自己白费力气。你常常喜欢算命,希望能够有一些参考指南,让你知道未来要向哪一个方向努力。你虽然相信有志者事竟成,却也认为命运及运气是主宰事情成功与否的关键。

C.你是个细心、谨慎的人,对自己相当负责,也让别人能够安心交付任务给你。你做事情不喜欢好高骛远,一下子就确定非常高远的目标,而是喜欢先确定短程目标,按部就班地前进,直到接近梦想为止。

D.你对未来有莫大的欲望,经常梦想自己能够抓住成功的机会,实现愿望,也会希望能有贵人出现,助你一臂之力。

E.你是个非常理性的人,凡事都注重合理性,很喜欢追根究底,有时候会不知变通。不过,你做事皆以安全第一为最高原则,所以不会有太过无理的苛求。同时,你也相当看重自己的知识和思考能力,不轻易听信他人的意见。

12.从姓名看你是哪一种水果女人

先将你的名字转换成拼音,再依照下方"拼音对照表"所列的数字,算出名字的合计数,这个合计数的末尾数字所对应的,就是你所属于的水果类型。

举例:王婉君转换为(wang wan jun)=1+1+3+1+1+1+3+2+2+3=18,末尾数为8,属于菠萝型。

【拼音对照表】

a(1),b(2),c(2),d(2),e(2),f(3),g(1),h(2),i(2),j(2),k(2),l(1),m(2),n(3),o(3),p(3),q(3),r(3),s(2),t(2),u(2),v(2),w(1),x(3),y(1),z(2)。

【水果类型】

末尾数1=苹果

末尾数2=荔枝

末尾数3=水蜜桃

末尾数4=橘子

末尾数5=葡萄

末尾数6=香蕉

末尾数7=草莓

末尾数8=菠萝

末尾数9=猕猴桃

末尾数0=芒果

【结果分析】

(1)苹果女人

白皙红润的肌肤是你迷人的地方,就算胖胖的也很可爱,不是吗?你情感深厚且性情温和,让周遭的人备感温馨,喜欢小孩,又会做家务,有可能成为十足的好妈妈。

由于性格比较保守,因此你的衣着打扮倾向成熟的职业装,比较容易得到年纪比自己小的男人的信赖。

善于理财,做事认真且专注,是个受到称赞便拼命实干的职员。

不会背叛另一半,对感情诚恳忠实,持中庸之道享受平稳的人生。苹果女人一般女友较多,对感情忠诚。她们很少有石破天惊的爱情,平淡的生活也许让她感觉婚姻像是闷罐车,所以夫妻会在争吵中稳固关系。

切记:可以偶尔跨出保守,尝试良性的冒险。

(2)荔枝女人

荔枝女人是最懂得享受的女人。是富有艺术家气质并天生就懂得如何把自己的独特气质散发出来的荔枝女人,是红色的法拉利。

荔枝女人一生难逃曲高和寡的人生际遇。她出众但很少从众,无论在服饰打扮还是思想意识上都是如此。

善于整理事物,是个要求严苛的人,有相当严重的洁癖。讨厌不爱干净的男人。因此,荔枝女人有许多是单身贵族。在交友和爱情上,坚守"宁缺毋滥"的原则。当她终于等到了属于自己的那杯爱尔兰咖啡,就会一直品下去。

切记:可以孤独,但勿封闭。

(3)水蜜桃女人

水蜜桃女人是发嗲和撒娇的高手。如果她想买名牌包包,男人不答应,她就来个软硬兼施,不达目的绝不罢休!

水蜜桃女人是最有心计的女人,她们就像诡计多端的蜘蛛,精心编织女性温柔的陷阱,捕获的猎物是那些能给她们生活品质升级的男人。而脚踩多条船是水蜜桃女人的特长,她们能够把感情同时分给好几个人,真是花心小萝卜一个,所以经常上演没有结果的爱情短篇!看似浮萍的水蜜桃女人,绝对不会因对方的猛烈追求而贸然答应。在选择结婚对象时,她们会倾向挑选有经济基础的,渴望结婚后过上衣食无忧的全职太太生活。

切记:聪明反被聪明误。

(4)橘子女人

个性明朗、开放的橘子女人,脸上总是浮现出阳光般的笑容,120度的开朗度和自信度让她不管走到哪里,都能成为最受注目的焦点,结交很多朋友。

她是观光车,和她在一起有时像度假般轻松,有时又像坐过山车一般刺激。便服也好,盛装也罢,随意打扮都能出彩,她不是时尚先锋,但却始终懂得在自己身上点缀一两点流行元素——"不用那么多,只要一点点"。

酸酸甜甜的橘子女人是最具野蛮女友/妻子潜质的女人,"因为可爱,所以野蛮",让男人欲罢不能。聚会中常会有恋情发生,忽冷忽热没定性的心,只有三分钟热度的嗜好一大堆。

切记:爱慕虚荣,喜欢被人宠着,若不收敛些,有可能失去朋友或者成为同事妒忌的对象。

(5)葡萄女人

柔和的葡萄紫色,代表着关心,给人安全感;而葡萄的一粒一粒代表着一点一滴,无微不至,虽不起眼,却叫人回味深长。

葡萄女人随着年龄的增长越来越丰富,是天生的乐天派,认为"明天永远比今天好"。青春对于她是酸涩的,自信和快乐是随着岁月的增长而弥增的。

她知道在自己最好的时候选择一份成熟的爱情,然后坚定地将爱情进行到底。她们一般都晚婚,即使结婚也像在谈恋爱。充满求知欲,即使结婚生子,也对自己的事业和爱好保持一份好奇与恒心。表面上看她圆润、水灵,其实有自己的内涵,那就是一份游刃有余的事业。

切记:自满。

(6)香蕉女人

香蕉黏糊,保鲜期短,容易腐烂。香蕉女人依赖性强,独立性差。她是自行车,你不踩,她准停下来。凡事总爱依赖别人,不自己决定,有时会成为别人的包袱。

她们一般从父母手里挣脱后就来到了丈夫手里,一生跨不出三道门——父母家门、夫家门、墓地门。

她们通常胆小怕事。婚姻是她们生活的支点,男人是杠杆。命运好的话,找到一棵大树一样的男人安度一生;际遇不好的话,丈夫中途另有新欢让她"下车",她不是寻死觅活就是沦为怨妇。香蕉女人青春期短,更年期长。一生缺乏安全感。

切记:独立自主,自力更生。

(7)草莓女人

草莓女人有自信,具魅力,爱做梦。

她们打从心底里相信并追求完美的爱情,感受性很丰富而且善于编织美梦,所以容易让自己沉浸于象牙塔中。

切记:你的缺点是没有耐性,因为一直支持着你的是抽象的自信心,所以一旦事情的发展无法如预期般进展时,就会突然中断放弃。

(8)菠萝女人

菠萝女人体态丰腴,令人不知不觉地想倚靠过去。鲜黄色的菠萝加上它绿色的叶子,大概没有人会说不好看,但是菠萝周身带刺,叫人小心翼翼。远观无害,靠近有伤。菠萝女人是碰碰车,为人处世十分讲究原则和分寸。

菠萝女人的婚姻观是追求自由,相互尊重,多给对方一些空间。对菠萝女人来说,婚姻是一种甜蜜的负荷。因此菠萝女人痛恨那种处处注重长幼有序的关系,骨子里有一种颠覆传统的叛逆气息。

切记:过度的自我保护可能错失爱的机缘。

(9)猕猴桃女人

猕猴桃女人通常外柔内刚,平凡的仪表下掩藏着一颗不平凡的心。

如果不是主动出击,她们很少能得到理想的爱情。他娶她的时候有些不那么情愿,但婚后才发现是"手里的宝"。猕猴桃女人一边操持家务一边为丈夫出谋划策,让丈夫的事业在她的协助下蒸蒸日上。这个相貌普通,不化妆、不美容也不减肥的女人可以把一个工薪阶层的家打理得有声有色。猕猴桃女人是人力车,实惠踏实。

切记:自卑是你一生的敌人。

(10)芒果女人

芒果的样子实在可爱,但吃到最后发现实在是肉少核大。芒果女人要么本身就强,要么自己要强,独立意识浓厚甚至有些刚愎自用。她们雷厉风行,是事业的宠儿,敢与男人在商场上拼杀,无论在工作、生活上都要争取第一、最好。她们是主动埋单的女人,恋爱过程中会不吝于"倒贴",适合姐弟恋。容易发怒,不屑的眼神和那张喜欢挖苦别人的嘴,常使得周遭的人被那如机关枪般发射出来的言辞打得稀里哗啦。

芒果女人是凯迪拉克轿车,没有一定信心、耐心和实力的男人甭想踏上她的"客船"。她在构建自己的婚姻生活时,常按照自己的理想来选择结婚对象。婚姻生活中充满了冷静和原则。

13.你的致命伤在哪里

现在正举行奥斯卡金像奖颁奖晚会,主持人宣布了最佳女主角,当那位叫如花的女子上台领奖时却发生了一件尴尬的事情,你认为是什么呢:

A.不小心当众跌倒

B.礼服不小心撕破

C.另外一个人冲上来领奖

D.到台上才发现自己听错了

【结果分析】

A.太任性了

我行我素一直是你性格上的致命伤,由于在做人做事上太过任意妄为,常常因为欠考虑而让事情频出状况。粗心大意的你通常最在意的是自己的感觉,而忽略了别人的想法,往往没有经过通盘的思考,就马上将自己的喜怒哀乐表现在脸上,有时甚至伤了周遭的朋友而不自知。因此常常得罪人,不知不觉会让人对你敬而远之。尊重他人的意见,多为别人着想,是你该改进的第一件事。

B.你太软弱了

无论走到哪里,你总是很难自在得起来,旁人的眼光成为你最重要的事情。同样的,不管自己的心情、想法如何,你对任何人总是摆出一副迷人的笑脸,别人说什么就是什么,完全忽略了自己。为了想要八面玲珑,面面俱到,你会压抑自己的性子,按照别人的要求,做超乎自己能力的事情,若达不到标准,就容易自怨自艾。你的负面情绪时时都在积累中,像颗定时炸弹一般地存在。你该学着表达自己的喜怒哀乐及自己的主张和想法,"做自己",将会让你更开心哦!

C.你太自大了

对自己有信心是件好事,但如果太自我膨胀,会沉浸在自己的得意中,既听不到别人的意见,也失去成长的空间。你常常不自觉地将一些自满的话脱口而出,跟朋友聊天的时候,往往一抓到话题,就开始"我啊……""我也……"地滔滔不绝,把自己的丰功伟绩统统都讲出来,仿佛别人是听众似的。对于生活中的小挫折,你也是怪罪别人较多"老师的眼光比较另类,其实我的作品该100分才对!""都是小美与阿毛没有把报告写好,不然我们一定得高分!"其实,你该养成每天检讨自己的习惯,才有进步的可能哦!

D.你太胆小了

你最大的弱点是太胆小、太不积极了!什么事都先想到最坏的打算,没有追求成功的野心。你的做事态度一向实事求是,脚踏实地。虽然你是个相当值得信赖的人,但是,你总是缺乏积极争取到最好的热忱。只要达到事情的最低标准,你就这么停下来了。当别人意志高昂地说:"来做吧!"你却消极地认为:"如果失败了怎么办?"如此畏畏缩缩,怕东怕西的做事态度,常使你到一定程度之后,就很难再进步,甚至成功。为什么不试着给自己一点信心,你不一定是最差劲的那一个,放胆去做,其实你会表现得更好!

14.未来,你的人生怎么走

你的行为模式也在透露着你的性格基因,所谓性格决定命运,你的未来会怎么样呢?

(1)去年至少看过一次美术展览,家中书柜里至少有一本和美术相关的书籍:

是→第(2)题

否→第(3)题

(2)你的地理、语文成绩比数学、理化好:

是→第(4)题

否→第(5)题

(3)你能够说出5位小学同班同学的姓名,并记得他们的长相:

是→第(5)题

否→第(6)题

(4)朋友里有学美术或是相关领域的人:

是→第(7)题

否→第(8)题

(5)你曾经组过乐团,或是参与过任何与美术、音乐有关的表演活动:

是→第(8)题

否→第(9)题

(6)你觉得自己的记忆力和表达能力都不错:

是→第(9)题

否→第(10)题

(7)你目前的发型是长发,或是想要蓄长发:

是→第(11)题

否→第(12)题

(8)你生性寡言,不容易和他人推心置腹:

是→第(12)题

否→第(13)题

(9)看见可爱的毛绒玩具,会想摸一摸:

是→第(13)题

否→第(14)题

(10)你对阅读很有兴趣,不喜欢人挤人的百货公司:

是→第(14)题

否→第(15)题

(11)曾经亲手画过图或是制作过卡片送人:

是→第(16)题

否→第(17)题

(12)曾经送过花给人,或是曾收过他人送的花:

是→第(17)题

否→第(18)题

(13)因为食欲不错,食量也大,有体重过重的问题:

是→第(18)题

否→第(19)题

(14)你喜欢飙车的速度感:

是→第(19)题

否→第(20)题

(15)你喜欢向日葵胜过鸢尾花:

是→第(20)题

否→第(21)题

(16)曾经因为犯错而被处罚:

是→第(22)题

否→第(23)题

(17)你对于数字相当有概念:

是→第(23)题

否→第(24)题

(18)对于蓝色的画作比红色的画作有感觉:

是→第(24)题

否→第(25)题

(19)每天都会喝很多的水:

是→第(25)题

否→第(26)题

(20)喜欢德国表现画派胜过前拉斐尔派作品:

是→第(26)题

否→第(27)题

(21)喜欢自画像A(恩索尔1899年)胜过自画像B(莫德松·贝克1907年):

是→第(27)题

否→第(28)题

(22)曾有人对你表示,你是个难以捉摸且不按牌理出牌的人:

是→B

否→A

(23)你的房间收拾得整齐干净,做起事来一丝不苟:

是→B

否→C

(24)你不太喜欢拍照:

是→C

否→D

(25)身处于宽阔的空间会有不安全感:

是→D

否→E

(26)你的个性不拘小节:

是→F

否→E

(27)你不相信算命和轮回:

是→F

否→G

(28)今年至少有一次国外旅行的计划:

是→G

否→H

【结果分析】

A型性格基因：

你是自视甚高的天才型人物，口才好，头脑清楚，性格犀利，具备良好的洞察能力，为人理性且深懂分寸拿捏，与外界维持着不错的关系。尽管有时你会因为情绪原因而显得与人热络，但大部分时间，你都过着一个人的生活，外人很难贴近你的内心世界。擅长隐藏情绪的你，不容易相信他人，宁可孤独一人也不愿冒险。你理想主义色彩浓厚，对金钱不太关注。对你来说，出名或者获得认可比中彩票还重要。人际关系起伏很大，虽然给人博学和知性的感觉，但与外界的距离感却始终存在。女性愿意为爱牺牲奉献，但不容易得到幸福。男性则是一生受制于情爱，经常觉得不快乐，甚至变得忧郁或是情绪化。

人生路线：你需要学习生命的弹性，借他人的视野来看这个世界。一厢情愿或是孤注一掷都不能让你有所获得。若不想总是和机会擦身而过，就要以务实态度过日子，任性而为是要付出代价的。随着年龄的增长，你将会越来越孤独。清高没什么不好，不过你需要呼吸"正常"空气，需要在感情和人际关系中妥协或降低身段，才能避免跌跌撞撞。工作和学习方面，你不能仰赖贵人和运气。你需要调整自己的职业方向，重新出发。

B型性格基因：

你有独特的人生观，不喜欢随波逐流、人云亦云，但若脱离团体又会感到不安和害怕。终其一生你都在钟摆的两端矛盾挣扎，因为拿不定主意，经常在机会降临时犹豫不定，错失良机或是误判情势。外表看起来乐观开朗的你，偶有惊人之举，不过内心像个孩子，总是害怕被边缘化。对你来说，最难的事情是被迫接受和自己不一样的看法。妥协对你来说是痛苦、无奈的。学习平衡、理性、不感情用事或是与现实脱节，一直是你努力的目标。不过做事有点虎头蛇尾的你，经常是说得多做得少。

人生路线：不甘寂寞又不愿意妥协的个性，是你痛苦的来源。虽然你聪明伶俐、反应敏捷，却很难融入群体，摇摆不定且难以安定下来，工作、爱情和人际关系都很难稳定发展。学着为自己的决定负责，调整生活脚步，是将生活导向正轨的一个方式。你也很容易受环境影响，要小心耍嘴皮子会给人造成轻佻的印象，这样的人很难博取他人的信任。财务状况一直不稳定的你，目前的当务之急是好好打理自己的钱财，不要寅吃卯粮，搞到最后还要举债度日。

C型性格基因:

你的情绪喜怒无常,脑子里经常打转着古怪想法,表面上和团体融成一片,事实上这只是你的保护色。你的存在是个问号,别说他人很难真正了解你,连你自己也不能百分之百地掌控自己。你喜欢冒险、挑战、变化,对于不正常或是特异的人或事物最感兴趣。你交往的朋友、对象和喜欢的事物都有点怪异,经常会放弃既定的安稳生活去体验新的人生。虽然你努力过正常人的生活,暗地里却经常有跳脱现实的冲动。你和家人、朋友,甚至是情人都保持着若即若离的关系,讨厌教条规范。

人生路线:尊重对自己和他人的承诺,是让生活"正常化"的第一步。习惯主导和独角戏的你,有时候也得让别人有表现的机会。感情生活是你最难以驾驭的课题。你经常挑选难题,讨厌容易到手的机会,这样的倾向一直将你推向不可知的危险边缘。你对于事物容易感到厌恶,尽管兴趣广泛却难以专精,中年之后,可能要面对走了一圈却毫无建树的生活。有时候当一个聆听者比当一个演说者还要重要。同情心是你最欠缺的,你无法感同身受,很难触及他人的生命体温,和他人无法有深刻的交集,工作、学习和人际关系上,多少会受阻或是被误解。你的争议性正是你的魅力来源,最近如果觉得生活不太顺利,就是你需要改变态度的时候了,谦逊的态度并没什么不好。

D型性格基因:

你是个执着乐观的人,对人生的看法充满热忱,也有几分难得的孩子气。重视情感的你很容易被打动,正因为如此,你经常受制于人情压力,且因为情感付出太多,最后总被毫无保留地伤害。你的想法单纯,不够世故是你的优点,也是缺点。任何事情都是一体两面,你的善良容易成为他人利用你的原因,你总是因为他人的看法而摇摆不定,这会影响你的学习与工作,甚至是爱情。你的妥协多半是没有必要的,因为天真而受创,也难以博得他人的同情。

人生路线:你需要更理性地厘清自己的需要,不要顺着感情做判断和过日子。你已经耗费很多时间与心力在成就他人和满足自己的情绪感动上,剩下来的时间,你应该学着为自己制定原则。保持生命的热忱很重要,但请不要忘了也要善待自己,过滤不好的朋友和予取予求的家人,或是与情人保持距离,是你需要加强的生存态度,千万不要过分燃烧自己,最后却只是为了照亮他人。你的身体里面需要有一点自私的血液,对于人性的洞察也要更加深刻。孩子气虽赋予你可爱的特质,但学习保护自己,也是成长的重要课题。

E型性格基因:

你是个自我压抑的人,对于事情的看法比较悲观,虽然害怕挫折和痛苦,但面对变局时,仍能冷静应对,这是你最与众不同之处。你的成长过程并不如外界或自己期待的顺利,感情的路走来也不算顺遂。身心的负面经验,让你自小就比一般人早熟,对于死亡与性的感受深刻,一生似乎都在这两个议题中打转。自我要求相当严格的你,全身上下总是上紧发条,很难完全放松。你要小心自己有自残或习惯自舔伤口的倾向。对于喜欢的事物,你可能一头栽进去而无法自拔;对于不感兴趣的事物,则是碰都不想碰,在选择朋友上你也是如此。

人生路线:你是一个意志力很强、干练、早熟,但不怎么快乐的人,总是给人一种老成的感觉。如何变得更豁达、善待自己,是你必须努力的课题。你性格的矛盾和痛苦点,经常透过感情和与家人的互动展现出来。你经常为他人牺牲,但却会心不甘情不愿,这样的人生是浪费能量且毫无意义的。对于酒精、咖啡因、尼古丁和药物的摄取量要节制,否则你会受制于这些有害物质。性的压抑会衍生成对很多事物的不满。学会用"减法"过日子,才能真正领悟有"舍"才有"得"的道理。

F型性格基因:

你是个强烈执着于母性,易对事物热衷且不知不觉就会走火入魔的人,心地善良且没有心机。这类型的男女通常在童年时候会因为某种特质或是天分而受到注目,以致招来许多追随者,因为忌妒心而出现的竞争者也不在少数。你的生命能在短时间内发光发热,因为不同际遇,而感受到生命的跌宕起伏。你经常心存乐观,期待能透过自己的力量去改变他人的生活。你喜欢感受群体的温度,对于朋友尤其充满热忱,为人不斤斤计较,但是偶尔迷糊,对于危险也没有警觉性,忧患意识不够。

人生路线:你对于原始事物有着强烈的憧憬,这种原始的东西可能是母性,可能是大地,也可能是宇宙或是和人性基本面有关的事物。你一旦投入就会一头栽进去,不计成本、不管结果的态度,经常让你受伤。若想把才华发挥到正确的地方,你得偶尔放弃依赖直觉的策略,耐心观察,并评估自己的想法才行。毫无自我防卫的能力,会让你碰得鼻青脸肿,感情和工作也处于相同的理想主义态度,很难回归现实面。长久来说,这会让你失去竞争能力。好在你身边的贵人很多,如何善用人际资源,将是你制胜的关键。

G型性格基因:

你是凡事都按部就班的人,不好高骛远,坚持一步一个脚印的人生态度,是你最大的优点。你不善于言辞和自我包装,但好在你已培养出自行消化压力和屈辱的能力,不管处于什么环境,都懂得如何自处。"人无远虑必有近忧",是你面对生命的一贯态度。深思熟虑的你,不会把自己推向危险边缘。虽然脚踏实地,但由于生性害怕改变,冒险精神不足,凡事只敢做最保险的打算,你也因此失去许多体验不同生命滋味的机会。

人生路线:缺乏弹性、不知变通是你的性格弱点。埋头苦干、不懂得寻找替代方式,是使你经常受制于自己的意见和看法的主要原因。这类型的男女几乎绝少能年少早发,多半属于中、晚年有成的人。你懂得评估、计划、实践、一步一步走,不会突然改变心意做出令自己或他人惊讶的事;你最欠缺的也正是创造力和挑战生命的勇气。人生有得有失,最怕的就是患得患失,如何给自己更多的发展空间,善用直觉和想象力,并且在努力之余也让自己快乐,是你今生最该致力的课题。

H型性格基因:

此类型的男女属于沉思型,往往想得很多,却极少将想法付诸行动,说这种人是思想的巨人、行动的侏儒一点都不为过。这类人可能拥有满腹知识,却缺乏务实能力,因此经常到处碰壁,活在自己的世界里,享受思想带给自己的满足和成就感。你虽然苛求完美,却毫无应变能力,一旦事情出现变化,就显得不知所措。自尊心强烈的你,习惯掩饰不安,放不下身段,弄到最后,吃亏的多半还是自己。擅长纸上谈兵的你,最终只能成为幕僚角色,神经质所带来的不安,让你很容易在关键时刻放弃努力。

人生路线:害怕走出自己的象牙塔,以自以为是的态度包装自己及掩饰不安,这种种的努力,并不能为此类型的人解决生命中的诸多问题。你害怕独行却又不愿轻信他人,反反复复的态度,不能为生活带来正面效应。如果想摆脱无所事事、生命无重心的日子,就要学习积极参与,不要把眼光只放在结果上,重视过程的操作和实践,才能体会到不一样的生命经验。对待感情尤其如此,如果因为恐惧失败而裹足不前,你将会一无所获。利用善于计划的专长,为自己打造宏观远景很重要,没有踏出行动的第一步,任何伟大的想法都只是零。

15.鱼和熊掌,你更愿意放弃哪个

有一天做梦,梦到一位友善的爷爷送你一颗仙草,嘱咐你要把它种下,并保管好。在种好之后,你会把它放在:

A.小花园里

B.自己房间的书桌上

C.随身携带

D.藏在一个隐蔽的地方

【结果分析】

A.安身、立命而后成家是你的处世准则,你在乎名声远远胜于自己的爱情。此外,你认为婚姻应当建立在稳定的物质条件之上,如果双方没有一定的经济基础,一切都免谈。当爱情与事业有所冲突之时,你可能首先会选择放弃爱情,因为你的事业心不想受到干扰。

B.你是个理智的人,平时喜欢过有质量的精神生活,很难想象,如果缺乏阅读和思考,你的生活会变得多么空洞和无聊!

C.你觉得自己的生命比较值钱,或者你认为自己在世界上是个比较重要的人。健康休闲在你心中摆在第一位,你爱惜自己的身体,对于自己健康的投资不惜代价。如果谈恋爱会耽误你的健康养生,你会迟疑犹豫要不要放弃爱情。

D.你爱好广泛,同时不信任他人。你有好奇心但又不希望自己的心思为他人所知。如果别人干扰你的隐私,你就会非常介意。

16.流言对你的杀伤力有多大

我们的大脑潜藏了许多最想拥有的东西,而一些图形能够再现我们心中的原始愿望。如同原始部落的图腾,均有其特定的含义。因为不同的图形代表了不同的诉求。同样,选择不同的图形判断出流言对你的杀伤力有多大?作为幼儿园大班的班长,为了完成一次剪纸竞赛,你会选择剪出哪种图案的纸呢:

A.正三角形

B.圆形

C.正方形

D.倒三角形

【结果分析】

A.你虽然会受谣言影响,短时间陷入情绪不稳的状态中,需要一个人独处疗伤,可是不消多久的时间,你就会自然痊愈,这一点小事情不会将你击倒。因为生活中有其他更重要的事情,会分散你的注意力,而那些没有依据的谣言,也会随着时间流逝。对于你来说,那些事情好像从没发生过,如同船过水无痕。

B.你讨厌被别人误解,若是有一天听到与自己相关的不实传闻,你会十分气愤,将这件事挂在心上。但你的个性温和,不爱与别人起冲突,你也不希望自己的解释反而让事情越描越黑,所以多数时候,你会将怨气吞下。心事闷得久了,可能会酝酿出一种杀伤力极强的酵素,漫漫销蚀你对其他人的信任。

C.你能够在各种环境中适应得很好,因为不管遇到的问题多么棘手,你都能处之泰然,找到适当的方法来应付。说你具有流言免疫力,一点也不为过。你看遍了各种光怪陆离的现象,要吓唬你还挺不容易的,因为你早就已经练就了"金刚不坏"之身。那些有趣的八卦谣言,都只是你茶余饭后的谈资。

D.你是个以自我为中心的人,凡事只要自己确认做得没错,问心无愧,你就不会在意别人怎么说。甚至于对一些有心混淆视听的人,你相当看不顺眼,除了不予理会之外,有时还故意在对方面前大摇大摆的,丝毫不受谣言影响。你相信"清者自清,浊者自浊",谣言总有澄清的一天,根本不必担心那么多。

17.扑克牌揭露的内心秘密

小小普通的扑克牌,拥有奇妙大学问!扑克牌是根据历法而设计的。一年中有52个星期,因此一副扑克牌设计成52张(大、小王除外)。红桃、方块、草花、黑桃四种花色分别象征着一年春夏秋冬四个季节。而每种花色为什么都有13张牌,则表示一个季节里有13个星期。四个扑克的花样,你最喜欢哪一个花样:

A.红桃

B.黑桃

C.方块

D.草花

【结果分析】

A.红桃代表智慧和爱情。

B.黑桃寓意你的安定状况。

C.方块代表财富。

D.草花是运气的象征。

18.你是哪种"恐怖分子"

当你一个人在语言不通的非洲非常口渴时，好不容易看见一个卖水的老婆婆,你会怎么做：

A.用手势比画

B.画图

C.找人帮忙

D.算了不买了,忍一下吧

E.边比边说

【结果分析】

A.如果你和别人发生了矛盾就会与对方冷战,几天不说话,表面故作平静,各做各的事,互不理睬,要不就是拿东西撒气,摔摔打打,毕竟一肚子的火憋在心里不好受，总要多多少少喷出一点。其实倒不如痛痛快快把心里的不满发泄出来,天天看你阴沉的脸色,周围人也是提心吊胆,不知该如何是好呢!

B.你是一个聪明的人,如果谁招惹到了你,一般不会大吵大闹,先是不动声色尽力掩藏自己的情绪,忍耐再忍耐,等待于情于理都到了火候,你就会以大义凛然、名正言顺的方式,大肆使用暴力,让对方知道你也不是好惹的。

C.遇到不愉快的事,你只会自己在暗地里伤心,实在憋闷到极点有可能伤害自己,就是不会去伤害对方。潜意识里你有自残的倾向,这是一种逃避问题的表现,你的心理抗压能力比较弱,一旦发生事情,不管大小都会觉得难以承受,性格又比较内向,所以只能把火往自己身上撒,这可真不值得啊!

D.你可是有张刀片般锋利的嘴啊!对于行为暴力你是敬而远之的,但在语言暴力上你可是属于大师级人物。要是看谁不顺眼,你就会抓住对方的痛处讲个没完,从你嘴里出来的话绝对不会让对方觉得不痛不痒,刻薄得就差把对方吃进肚子里了!嘴上不饶人就是你的真实写照,这样下去即使你有颗豆腐心,也不容易让人发觉啊。

E.基本上你和B型很像,平时非常温和传统,遇到不愉快的事情也会尽量隐埋得让人看不出来,只有忍无可忍的时候才会大大爆发。只是区别在于,B型的人是在伺机爆发,非常有心计,而你其实连自己都不知道会什么时候发作,只是在超过忍耐的极限时,突然性情大变,发泄一通。

19.密码设置看破最高机密

生活中,每天都可能会接触到密码。不论是电脑开机、电子邮箱密码还是银行账户的存款密码,任何只要你不愿意跟人分享的事物,都成为你的专属物,都必须贴上你的标签,加上你的密码。每个人设置的密码都跟个人最内心的想法有关。对于全数字形的密码,想一想,你都是怎么样来设定的呢:

A.生日或电话号码

B.学号

C.身份证

D.没什么逻辑,只有你自己知道的数字

E.每一组密码都不一样

F.生命中的特殊日子

【结果分析】

A.你是个大大咧咧的人,对事情细节并不谨慎注意,对身边的人也不留心,更别提多长个心眼,留点戒备之心什么的了。你对生活中大部分的事情都觉得无所谓，马马虎虎差不多就可以了。你没有什么性格，别人跟你相处一段时间，就大概知道你的为人，因此你算是个比较容易相处的人，做朋友很适合。另外，你对跟别人建立友谊也要求不高，只要是你觉得对方还不错，基本上都能打成一片。

B.你是个不爱惹是生非的人，有时听到一些事情，反而会使你觉得烦恼，因为你怕不小心说出去而得罪别人。你的个性较为单纯，优柔寡断，常会犹豫不决。想要追求你的人，必须是一个性格光明开朗，有人缘，而且对你坦承直接，不拐弯抹角的人。如果他/她的个性较为果断，有时能够替你决定一些事情，会使你更加倾心于对方。

C.你平常不会主动闲谈别人的是非，但是如果遇到别人讨论，会忍不住凑过去八婆几句；此外如果你道听途说遇到一些颇为新奇的事情，也会忍不住和朋友分享，甚至有时候会因此引起纷争。对于感情，你喜欢观察对方，有时候会测试对方，看看是否与自己适合。因为你认为不适合的人在一起，不会有什么结果，不如趁早分开。

D.你有点城府，心思细密，为人做事很有分寸，让人相当琢磨不透。因此别人跟你交往时间长了，知道你这一点就不肯跟你太交心，在私人问题上会对你有所保留，而维持在表面上跟你嘻哈一片的关系上，除非是非常亲近的人。不过因为你的冷静和客观，在别人遇到困难需要帮助时，你常常能给他提出一些好的建议。想要与你在一起的人，其实反而不必太懂你，只要他/她能够具有让你喜欢的特质，彼此相处快乐，对你而言就够了。

E.你做事随心所欲，不太在意别人怎么想，甚至有时候会反其道而行。你每天的喜好随着情绪而变，要讨好你这种爱人，是相当高难度的挑战，因为你自己也不知道下一秒心情会是如何。所以要么就是对方比你更难捉摸，让你抓不住他；要么就是个性非常沉稳，让你具有安全感。

F.你对于身边流传的一些机密，多数是听听而已，觉得和自己没有关系，所以你也不会记得，更不用说会告诉其他人。在感情问题上，你算是个外冷内热的人。因此对于期待的爱情，你希望对方能是一个相当懂你的人，希望能够和他/她拥有一段真诚深刻的感情。如果想要与你在一起，非得获得你的信任，你才会放心地去接受。

20.目前,你的生活正在经历孤单吗

秋天是收获的季节,一提到秋天,将下面的情境跟你目前的感觉情境联系一下,你感觉与你最为接近的一幅画面是:

A.香山的红叶片片飞舞

B.田野里沉甸甸的金黄麦子

C.自己倚在窗台上看夕阳西下

【结果分析】

A.你目前算不上孤独,因为有很多事情分散了你的心思,正如片片飞舞的红叶,它们是你目前工作和学习的压力,也是动力所在。

B.这段时期以来,你根本没有感觉到孤单。或许是你朋友本来就很多的原因,你喜欢绽放笑脸,做事情尽可能朝向好的方向考虑。大概在你心里,内心孤独的人是可耻的。

C.你最近正在经历孤独,不敢说你孤独的程度有多深,但至少你已经发现不知自何时起,自己身边再没有了多少可以沟通的人。其实这可能是你"一厢情愿"过分夸大的感觉,但请不要让一时的孤独成为你的负累。

21.伤心时,你会怎么做

结束了一连串的期末考试,真的感觉用尽了所有精力。本来想好好休息的,却有朋友叫你出海度假。难推托之下,你决定一切由老天安排,视天气状况而定。第二天当你醒来时,你希望看到的是什么样的天气:

A.晴朗的没有什么云的大晴天

B.满天的云,天气阴凉

C.乌云笼罩,雨要下不下的闷热天气

D.空中有许多特殊形状云的小晴天

【结果分析】

A.一遇到伤心的事,你最想做的就是暂时逃避痛苦,因为你不是那种在第一时间就可以反应的人,所以你必须花很多时间才可以正视问题的所在。喝酒和其他麻醉的方式,是你会先采用的方法,它会减缓伤心对你的杀伤力。

B.虽然你很希望能转移注意力,暂时忘记一些伤心的事,可是这并不如你想象中的容易,因为你是一个很重感情的人,你会去旅行或是躲到没有人认识你的地方。不过,暂时逃避并不能真正解决你的伤心,一场旅行可能反而成为你的回忆之旅。

C.你是那种除非自己想通,否则别人怎么说也说不通的人,可能你有着坚强的外表,可是在你的内心深处却是极端脆弱。你的倔强使你不愿在人前正视你的受伤,你只会拒绝和别人沟通,一个人独自生闷气。

D.其实你是一个内心非常纯净的人,虽然你也想要坚强或是以无事来掩饰伤口,可是这对单纯的你而言,是很困难的。你可能会用一时的快乐来忘记痛苦,可是一旦不小心遇到和以前相关的东西,引发的伤痛将非常明显。

22.你是一个歇斯底里的人吗

你会选择穿戴哪些红色行头,来帮自己改运、添喜气呢:

A.红色长靴

B.红色皮包

C.红色皮外套

D.红色内衣裤

【结果分析】

A.你喜欢尽快将事情做好,干净利落,不拖泥带水。你一向习惯独立作业,尽量不求助他人,希望自己就能把事情搞定。这样的处世方式让你的生活变得比较单纯,不受其他人影响,自己也不会有非理性的失常表现,因为多数时候,事情都在你的掌控之中,你的歇斯底里指数是33。

B.你是个讲求原则的人,若是有人蓄意挑衅你的信仰,根本就是自讨苦吃,因为你会牢牢将这笔账记着,有朝一日让对方得到教训。当然,你也不是那么可怕,可是因为你认为人必须要相互尊重,你也要求自己绝对要做到这一点。这种律己极严的个性让你面对看不惯的事情时,基于强烈的正义感,一定会发出不平之鸣,所以你的歇斯底里指数是82。

C.你喜欢凭个人的好恶来做事情,十分有个性。所以要摸透你的脾气,实在很不容易。因为喜好与厌恶的感觉是相当主观的,有时连你自己也说不出个所以然来。基本上,你自视甚高,当你要发飙时,也会看场合,不会让自己的尊贵气质蒙尘。像你这么注重仪态与形象的人,当然会将自己的歇斯底里指数控制在45以下了。

D.你的耳根子比较软,听到一些空穴来风的消息,只是凭着对发话人的信任,便照单全收,一点也不怀疑。常常收到的一些警讯式电子邮件,你也会尽快传给亲朋好友。这样热诚又善良的个性,有时也不免会被不实的消息所骗,你的歇斯底里指数是68。

23.扬长避短,如何自我完善

假如你现在是幼儿园的小朋友,正要演出卡通话剧,你最想演哪一个角色:

A.小巧的金丝雀

B.调皮的小猫咪

C.笨笨的沙皮狗

D.八十岁的老妇人

【结果分析】

A.容易发脾气的你,要懂得控制情绪:这类型的人个性直率,不会控制自己的脾气,因此要多多修身养性。

B.老好人指数太高的你,要适时表达意见:这类型的人个性温和,不喜欢得罪人,因此常常压抑自己内心的想法。

C.容易不自觉想太多的你,要多接触阳光型朋友,不要钻牛角尖:这种类型的人容易胡思乱想,而且往往对事情有很悲观的看法,长久下去的话,很容易得抑郁症。

　　D.最近懒洋洋没活力的你,要多作计划努力执行;这种类型的人想的比做的多,做事往往很被动,没有冲劲,需要加把劲了。

24.你有野心吗

　　下班后,你跟一群同事去吃自助火锅,你最想吃哪一种肉:

A.牛肉

B.鸡肉

C.羊肉

D.猪肉

E.鸭肉

【结果分析】

　　A.野心指数95。你可以说是头号野心分子,对事业雄心勃勃,表面上看来是个好相处的人,可是从进公司那天起,就处心积虑想要向上爬,力求个人表现,争取权力高层的注意。

　　B.野心指数30。这类人的野心指数不高,智商却很高,情商则略欠缺。因为害怕被权力中心遗忘,而容易成为八卦女王或王子,被野心分子利用,成为办公室斗争中的传声筒。

　　C.野心指数50。你的才能与人缘都不错,渴望成功,也有些野心,但却无法坚持,和人拼到底时常后继无力,所以最后往往还是败下阵来。

　　D.野心指数70。你认为自己的才能足以领导大家,很向往尝到有权有名的滋味,会花上许多时间去争取,得到后还会摆高姿态,却不知自己其实才能平平,根本无法服众。

　　E.野心指数65。你热衷于凸显自我能力,可惜弄巧成拙的可能性更高。工作也不够专心努力,做事总是想得太多,深怕野心外露而引起旁人议论,是典型爱吃又怕人知的代表。

第二章
性格奥秘——性格决定命运

1.灵魂深处最阴暗的一面是什么

阳光明媚的夏日午后,你乘着小艇在海上散心,突然,海面上冒出一条鲸鱼,更令你惊讶的是,鲸鱼居然开口对你说了一句你非常感兴趣的话。你认为它说的哪一句最能引起你的兴趣:

A.海底有巨大的宝藏,想要的话就跟我来

B.我能预测未来,你想知道自己的未来是什么样子吗

C.前面不远处有一条美人鱼在游荡

D.你的小艇下有很多条鲨鱼

【结果分析】

A.贪婪。光怪陆离的世界对你来说是很多种诱惑的集合体。例如,拔地而起的高楼大厦就是权力的象征;璀璨夺目的珠宝就是金钱的象征。只要有机会,你就会多了解一些关于金钱、权力等方面的知识,与此有关的信息也能够引起你格外的重视。你的内心深处对这一切有强烈的欲望,也许现在的你能够安于现状,这也只是在不能改变现状的无奈情况下的被迫接受。所以,你只能将贪婪的种子深深埋藏在心底,任其自生自灭也好,为其浇水施肥也罢,总之你轻易除不掉它。

B.恐惧。未来,顾名思义就是未知的将来。虽然在很大程度上,现在是未来的雏形和基础,但是未来毕竟是未知的,有多少未知的因素左右着未来的发展都是不得而知的。所以,过多的揣测和担忧只是杞人忧天。再怎么故作淡定,心中莫名其妙的恐惧始终挥散不去,你深知自己能力的局限性,因此总是对自己将来的处境惴惴不安。所以,既然不能心安理得地淡定从容,就不要再继续伪装了,因为过多的伪装只会加剧你内心的不安和恐惧。

C.好色。爱美之心人皆有之,没有几个人能真正做到坐怀不乱,只不过很多人能够很好地控制自己对美的欣赏和追求。其实,比起用假正经来掩饰自己的色心,直白地表达自己的爱慕或欣赏更容易打消别人的反感,因为伪装只会让人觉得你是个道貌岸然的人。大可不必披上高贵华美的外衣来掩饰自己的低谷,事实也证明,比起外表神圣高尚、内心奸诈好色的克洛德副主教(《巴黎圣母院》中的人物),人们更喜欢外表丑陋不堪、内心正直善良的卡西莫多,二者同样倾慕艾丝美拉达的美色,但是前者阴险虚伪的方式显然远远不及后者简单直白的方式。

D.懦弱。通常,懦弱的人有两种截然不同的表现,一种是爱逞强,故作坚强;另一种是爱逃避,不掩饰自己的怯懦。不论你是哪一种,认识到这一点并正视这一点最重要。没有绝对的坚强,也没有完全意义上的强者,所谓的坚强和强者只是人们在某个自信的领域表现出来的惊人实力,即使在强者的心中,也会有一块怯懦的领域。所以,你的怯懦更直接地说是自卑导致的。回避自己的怯懦,间接等于回避自己在某些领域的"无能",而回避又会促进这种"无能"的发展,由此,你的人生就会陷入一种可怕的恶性循环。

2.你是安于现状还是热衷挑战

以下各题,你只需回答"是"或"否"。请以你的第一反应作答。

(1)你一向准时赴约,从不迟到吗?

(2)和朋友或者配偶比,你是否更容易和同事沟通呢?

(3)你是否觉得周六的早晨比周日的傍晚更容易放松自己呢?

(4)当你无所事事时,是否感觉比忙着工作时自在?

(5)当你安排业余活动时,是否向来都非常仔细谨慎?

(6)当你处在等待状态时,是否常常感觉懊恼?

(7)你大多数的娱乐活动是否都跟同事一起进行?

(8)你的配偶或朋友是否认为你很随和、非常容易相处呢?

(9)在你身边,有没有某位同事让你感觉很积极进取?

(10)你在运动的时候是否常想改进技巧,多赢得胜利?

(11)当你处于压力之下的时候,你是否仍会仔细弄清每件事的真相,再做出决定?

(12)在旅行之前,你是不是会做好行程表的每一个步骤,而当计划必须改变时,会感觉不自在呢?

(13)你喜欢在酒会上与人闲谈吗?

(14)你是否喜欢闷头工作从而躲避处理复杂的人际关系呢?

(15)你交的朋友当中,是不是多半属于同一行业的呢?

(16)当你生病卧床在家的时候,你是否会将工作带到床上呢?

(17)你平时的阅读物是否大多数和工作相关?

(18)你花在工作上的时间是否比同事要多呢?

(19)在社交场合中,你是不是三句话不离本行呢?

(20)即使在休息日里,你是不是也会焦躁不安呢?

分数分配:

(4)(8)(13)题答"否"得1分,答"是"不得分;其他题答"是"得1分,答"否"不得分。

【结果分析】

12~20分:A型性格

A型性格:这种性格的人喜欢过度的竞争,喜欢升迁与寻求成就感;在一般言谈中过多强调关键词汇,往往越说越快并且加重最后几个词;喜欢追求各种不明确的目标;全神贯注于截止期限;憎恨延期;缺乏耐心;放松心情时会产生罪恶感。

10~11分:介于A型性格与B型性格之间

0~9分:B型性格

B型性格:神情轻松自在而且思绪缜密;工作之外拥有广泛兴趣;倾向于从容漫步;充满耐心而且肯花时间来考虑一个决定。

3.你善于调动自己的个性吗

设想你正在汪洋中乘船巡游。四面八方尽是一望无际的蓝色海洋。在水平面上,突然有东西映入你的眼帘。你想,那该会是什么呢:

A.陆地

B.另一艘船

C.朝阳

D.鲸鱼

【结果分析】

A.墨守成规,不善于标新立异,更不敢自我主张,因为你无法打破传统的思想观念,限制了你展示个性。

B.对展示自我有徒劳无功之叹,水平面上的船,该是你的向导,如果没有旁人的协助,你的才能很可能会被忽视。

C.你是个善于将自己的个性发挥得淋漓尽致的人,你的这种个性也为你开辟出一条成功的大道。虽然你在刚开始时不太有人缘,但你的个性注定会让你出人头地。

D.生性好妄想,常好高骛远不切实际,你常因不自量力而陷入困境。

4.你的幼稚指数有多高

很多人的心智年龄跟实际年龄是有一定距离的,有的人大智若愚,随时为生活添点料,有的人却是看起来成熟,内心却还是个小孩子。你是个幼稚的人吗?快来做下面的测试,看你幼稚的指数有多高。

如果你是童话故事中想吃掉3只小猪的大野狼,你觉得用哪一种方法可以吃掉他们:

A.模仿猪妈妈的声音骗小猪开门

B.用槌子把整个门砸坏

C.从烟囱偷偷爬进屋内

D.等小猪没戒心自己出来

E.用烟把小猪熏到晕倒

【结果分析】

A.你心智成熟,足以当别人的心灵导师了。你幼稚指数40%:这类型人会用言语做沟通方式跟别人进一步交谈,处理事情时会很有耐心而且能够抓住人性。

B.直到被撞得满身伤痕累累,你才会知道不长大不行了。你幼稚指数80%:这类型人比较大男人或大女人,表面上很成熟,其实内心非常幼稚。

C.你自知已经半大不小,必须学习独立自主。你幼稚指数55%:这类型人知道做事情要用方法,在人生路途中他会慢慢让自己学会成长。

D.你不但不幼稚,而且成熟过了头,小心未老先衰。你幼稚指数20%:这类型人对很多事情已经懂得放手,知道争取强求其实没有用,因此会用等待的方式来做任何事情,不管是工作或者爱情。

E.你活在童话世界中,幼稚到极点,让大家很担心你。你幼稚指数99%:这类型人凭着感觉走,想要做什么就做什么。

5.电视节目测试你的个性

美国一位心理学家指出,通过一个人喜爱电视节目的类别可以判断出他的性格与心理。看看你或你身边的朋友喜欢什么节目呢:

A.喜剧性节目

B.戏剧节目

C.神秘恐怖节目或破案故事

D.有奖游戏或猜谜式节目

E.家庭伦理连续剧

F.大型综合性娱乐节目

G.体育节目

【结果分析】

A.喜欢欣赏喜剧性节目的人对生活要求不高,家庭观念浓厚,同时个性比较含蓄。此类人大多会利用幽默感去隐藏内心的真实情感,表面上看起来漫不经心,但内心却炽热如火。

B.喜欢看戏剧节目的人自信心强而富有冒险精神,此类人英雄主义色彩极浓,好急人所急,但却比较霸道,喜欢领导和左右别人,只是有时会因独裁专制而失去朋友。

C.喜欢看神秘恐怖节目或破案故事的人好奇心重,竞争心强,凡事能够贯彻始终,全力以赴,喜欢追求刺激而不甘于平凡。

D.喜欢有奖游戏或猜谜式节目的人智商高,推理能力强,对任何问题都能冷静分析,寻根问底,此类人对于无知和愚蠢最不能忍受。

E.喜欢家庭伦理连续剧的人幻想力强,是非分明,极富正义感,为人处世极有分寸。

F.喜欢看大型综合性娱乐节目的人乐观开朗、心地善良而不愿记恨别人,此类人凡事只看光明面,最能体谅别人。

G.喜欢欣赏体育节目的人竞争心极强,喜爱接受挑战,压力越大,表现越佳,做事有勇有谋,计划周详而尽力追求完美。

6.你是重感情的人吗

如果你要搬家了,而东西又太多,你必须选择丢弃一些,你会丢下什么呢:

A.扔掉过时的衣服

B.扔掉大学的书籍,你带着它们辗转搬了好多次家

C.扔掉那张陪伴你三年的小床,现在看它是越看越小

D.扔掉那台二手电视机,一直是用敲敲打打的方式,它才画面清楚

【结果分析】

A.你成熟、理智了,也不可阻拦地失掉了些东西。曾经的青春色彩和飞扬性格,随着岁月的流逝,总有些东西会溜走,不管你情愿也好,不情愿也罢,聪明的人会懂得舍弃,懂得适应。你应该算是一个聪明人吧,会选择,会放弃,是好事儿。

B.其实,你的骨子里是很世俗的,带着一堆书天南地北地辗转,虽然一直就没看过,但总觉得是个纪念。背着过去满世界地跑,现在你不再背了,终于解脱了。所以说,你不用刻意迎合别人的喜好,你可以按照自己的意愿生活,想开了,一切都好。

C.你是个喜新厌旧的人,有了新的,旧的再怎么好,横竖也看着不顺眼,寻思着如何把它扔掉。这种性格说不上好与不好,就看用得是否得当。用在事业上,能促使你不断进步,但如果用在感情上,大概有人要骂你负心薄情了。

D.你是一个很重感情的人,一旦对一个人或一件物产生了感情,就算后来成了累赘,你也不会轻易抛弃他们。这样的人一般都很受人喜欢,不过有时候太过执拗也不是好事,适当的取舍也是有必要的。

7.你是单纯还是愚蠢

在一次朋友聚会中,唠叨的某人在今天特别沉默,大家都在讨论他今天性情大变的原因,下列四种说法你比较认同哪一种:

A.他只是今天喉咙不舒服

B.他一定是在人生、感情上遇到了重大挫折

C.场上有他喜欢的女孩,他紧张得说不出话来了

D.他终于想通了,知道唠叨没人爱,开始改变形象装深沉

【结果分析】

A.你是一个八面玲珑的人,深知"天下不会有白吃的午餐"的道理,很会揣测别人的心思,跟你在一起的人通常都会感到很舒服。

B.你是一个天生粗神经的人,当好友想给你暗示而掐你的时候,你还会傻傻地在众人面前问她为什么掐你,弄得好友尴尬不已,实在是单纯得很。

C.你是一个很自我的人,习惯以自己的想法来揣摩别人的心思,常常自以为发现了事情的真相而兴高采烈,殊不知情况与你的猜想相差了十万八千里,单纯到让众人无言的地步。

D.你是一个触觉敏感、观察力强的人,别人耍的一些小心计都逃不过你的法眼。但是你在看穿别人的时候丝毫不懂得掩饰自己的骄傲,也算是有些单纯。

8.从穿鞋看透一个女人的性格

观察一下自己或身为女性的她,喜欢穿什么样的鞋子:

A.高跟鞋

B.运动休闲鞋

C.凉鞋

D.学生鞋

E.长/短靴子

F.厚底前卫鞋

【结果分析】

A.喜欢穿高跟鞋的女性,个性成熟大方,喜欢思考,头脑聪明。在生活及工作上都相当尽责与努力,对周围的人和事物要求会比较高,但是因为想要的东西太多,有时会因为无法得到满足而脾气不佳。一般来说,这样的女性比较适合坦诚相对,如果你想要追求她,就大方地对她好,关心她。如果她觉得你是一个值得交往的对象,通常她不会故意摆架子刁难你。

B.喜欢穿运动休闲鞋的女性,表面上看来容易相处,但是她非常会保护自己,警惕心很强。外表好像很容易和男生打成一片,其实她们把这些男生当成同性朋友,反而对心里喜欢的那一位保持距离,敬而远之。一般朋友较难看出她的心事,在坚强的防卫之下,其实她有非常脆弱的感情。

C.喜欢穿凉鞋的女性对自己相当有自信,喜欢将自己美好的一面表现出来。一般而言她的人缘不错,朋友也不少,对异性也很有兴趣。不过有时候会对男友要求较多,希望对方的意见与自己一样,而且个性颇为固执,不易说服。如果要当她的男友,可要有耐心并多替她着想。

D.喜欢穿学生样式、造型简单鞋子的女性,个性单纯敏感,家庭教育严格,容易压抑自己的情感。一般来说父母可能管得比较紧,或是学校、工作场所的风气较为保守,所以平时言行比较内敛,但是这样的女性其实内心会想尝试一些冒险的经历,要小心旅行时受骗。

E.喜欢穿短筒靴子或长筒马靴的女性,爱好自由,个性独立,不喜欢受拘束,勇于表现自己。一般来说这种女性不是外表出众,就是相当聪明有能力,容易成为异性倾慕的对象。虽然看起来好像不难亲近,但是要成为她的男友,必须具有某种才华并且了解她,才能赢得她的芳心。

F.喜欢穿厚底、造型特殊鞋子的女性,注意时尚并且追逐潮流,喜欢成为大家注目的焦点,外表看来作风大胆,其实内心相当保守。她可能对自己本身不具备足够的信心,所以会希望成为流行的一分子,让人注意到她的存在。想要追求她的人,必须多多肯定她的优点,给予她鼓励,才会让她更加有自信。

9.你属于内向性格还是外向性格

你的性格是内向型还是外向型,请根据题目作答:

(1)你在大庭广众中谈吐自然吗:

A.是　　　　　B.否　　　　　C.不确定

(2)你平时不是很喜欢交朋友,但是一旦交上朋友就很容易产生信任感:

A.是　　　　　B.否　　　　　C.不确定

(3)当你和朋友们围坐在一起聊天时,你非常喜欢发表自己的看法:

A.是　　　　　B.否　　　　　C.不确定

(4)当你在生活中遇到不愉快的事情时,经常闷在心里,不喜欢轻易和旁人说:

A.是　　　　　B.否　　　　　C.不确定

(5)你通常不喜欢一个人待在家里,而只有和朋友们在一起时才感到愉快:

A.是　　　　　B.否　　　　　C.不确定

(6)你很在意别人怎样评论自己,有的时候看见一伙人悄声说话就犯嘀咕:他们是否在议论我呢:

A.是　　　　　B.否　　　　　C.有时如此

(7)你对自己充满信心,即使把事情办错了也不会在乎,因为你认为"失败是成功之母":

A.有时如此　　B.总是这样　　C.不是

(8)平时,你很注重自己的衣着整洁并且喜欢把房间收拾得整整齐齐:

A.是　　　　　B.否　　　　　C.不确定

(9)你做什么事情的兴趣都不长久,认为能做的事情就做,进展不顺利就考虑其他道路:

A.是　　　　　B.否　　　　　C.不确定

(10)你到商店买东西时,在柜台前面经常拿不准主意买不买,买哪种好:

A.是　　　　　B.否　　　　　C.不确定

(11)你决定做的事情不轻易改变:

A.是　　　　　B.否　　　　　C.不确定

(12)你一旦做错了事就感到沮丧,常认为自己生来大概命运就不好:

A.是　　　　　　B.否　　　　　　C.不确定

【评分标准】

每个选项后边的数字代表该选项的分数,根据自己的选择统计出测试的总分数:

(1) A 1分　　　B 5分　　　C 3分

(2) A 5分　　　B 1分　　　C 3分

(3) A 1分　　　B 5分　　　C 3分

(4) A 5分　　　B 3分　　　C 3分

(5) A 1分　　　B 5分　　　C 3分

(6) A 5分　　　B 1分　　　C 3分

(7) A 3分　　　B 1分　　　C 5分

(8) A 5分　　　B 1分　　　C 3分

(9) A 5分　　　B 1分　　　C 3分

(10) A 5分　　　B 3分　　　C 1分

(11) A 1分　　　B 5分　　　C 3分

(12) A 5分　　　B 1分　　　C 3分

【结果分析】

47~60分:内向型。

在学习和工作上,你大都专心致志,情绪稳定,又具有敏锐的观察力,因而比较容易做出优异成绩。在待人接物上你感情细腻,耐心诚恳,喜欢动脑筋。你认为与其很多人在那里叽叽喳喳一事无成,不如单枪匹马、勇敢地去干。在爱情上,你选择伴侣的途径是青梅竹马,而不是一见钟情,表达爱情的方式是热水瓶,而不是暖水袋。你的不足是交际面窄,适应周围环境比较困难。

23~46分:两向型。

你很善于驾驭自己的感情,做事顾全大局,合情合理,对男女朋友都处得来。你在生活上喜欢讲究,但不追求时髦。你寻找伴侣的途径很少,有一见钟情的可能,常常是在同学、同事的共同接触中建立友情,从友情发展为爱情。

12~22分:外向型。

你是一个情绪饱满,自由奔放,善于交际,活动能力强的人,喜欢在掌声中获得荣誉。在生活中心胸开朗,无忧无虑,就是碰上不愉快的事也会很快抛在脑后。你是一个令人羡慕的乐天派。你在爱情上具有的优势是对异性的吸引力。如果你是位男性,会是招很多女性喜欢的心上人;如果你是位女性,也会成为很多男性的追求目标。

10.你"二"的程度有多高

设想一下,如果梦见一连串奇怪、陌生的号码,也许这个号码会成为你的中奖号码,你梦醒后想要做的第一件事是什么呢:

A.回忆号码然后记下来

B.这真是一场不想醒来的好梦

C.日有所思,夜有所梦吧

D.把这个好梦分享给亲朋好友

E.马上去买彩票

【结果分析】

A.二货程度★★★★★

你是一个典型的"二傻子",为人处世常常不经过大脑,别人可以说你是单纯,也会说你是"二",你是愿意被人耍的二愣子,就算是被人卖了还会替人数钱!你犯"二"的程度不是一般人可以比的!

B.二货程度★

你一点都不"二",睿智的你很懂得生活,更知道如何处事为人。你有一套自己的生活节奏,不需要别人的指点,就算是跟"二"的人在一起你也不会被污染,你就是个聪明的、不用别人担心的靠谱之人!

C.二货程度★★★★

你正是影视剧里面的那个热心肠的马大姐,你的精力充沛又充满爱,没有你不喜欢管的闲事,你的快乐就是没心没肺的自娱自乐。所以,你可谓是天真的"二货"!

D.二货程度★★

你是一个简单的人,通常做事都很规律也很踏实,当然,你也有犯"二"的时候,只是你的"二"就是出些简单的差错,而不是犯傻,你常常忘记带钥匙,或者把手机忘到厕所等,其他的也不会"二"到哪里去了!

E.二货程度★★★

你是一个喜欢耍小聪明的人,常常想走生活的捷径,但是总会把生活搞得一团糟。你的"二"通常都是自己制造出来的,然而,这样犯"二"的节奏你已经没办法停下来了,只有坚强地继续"二"下去!

11.你是不是个爱计较的人

你来到一家知名的瘦身中心打算做一次全身的减肥。你觉得替你做专人服务的小姐,属于哪一种类型?

A.甜美型

B.气质型

C.美艳型

【结果分析】

A.你表面看起来很随和,其实内心很在意小地方,称得上是一个心胸狭窄的人。或许有时你是因为看不惯一些不平之事而直接表达出心中的不满,让旁人觉得你有很多理由,但你内心深处却是一个实实在在爱计较的人。

B.你的作风十分海派,出手也很大方,所以人际关系不错。你觉得吃亏就是占便宜,争权夺利或一味强求的事你是做不出来的。大家都知道你是一个好人,不会记仇,也不会妒忌别人,很容易满足。

C.你给别人的第一印象是很精明能干,能轻易搞定每件事,但那只是你的外在个性。由于你希望努力将事情做到完美,所以会显得斤斤计较、要求很多,但私底下的你,却是个别人说什么都可以的人,差异很大,有时会让人很不适应。

12.你想成为什么样的人

一幅画着树的插图,请任意地在上面画上你想画的东西,看看你画的图形,属于下列七种中的哪一种:

A.在树上画上水果等东西

B.画上太阳

C.鸟、云、飞机等在空中飞,或飘在空中的东西

D.人类、动物等脚着在地上的东西

E.山等大自然的背景

F.家、建筑物等

G.雨、雷电等

【结果分析】

A.你想成为愿意将自己的东西不吝惜地分送给他人,像"散财童子"般的人,也就是想成为慷慨大方的人。分送给他人的不限于金钱、物品,还有真心、爱情等,你大概想当社会事业的义工吧,做一些像帮助残疾人或孤寡老人等自愿服务性质的工作。你并不是追求私利的政治家,那是因为你有端正社会风气的正义感。无论发生什么事或遇到什么困难,你仍一直秉持着崇高的理想。

B.你想成为永远被多数人爱着的人,也就是希望投身于爱情中的人。你不会主动去爱对方,反而有希望对方单方面爱你的倾向。

C.你希望成为能自由地遨游世界、像"吟游诗人"般的人,也就是你希望能自由自在、随心所欲地生活。你不想被家庭、工作、金钱或爱情等所束缚,期望一个人逍遥自在地乘船环游世界。

D.你希望成为像"白雪公主"般被友好的七个小矮人包围着的人,也就是你希望和朋友间关系十分友好。你的个性不适合只和几个特定对象交朋友,淡淡的君子之交是你的理想,就好像花园里的蜜蜂一样。

E.你希望处于大树的庇荫下,像"掌上明珠"般被保护,也就是希望能完全依附在某人(某物)上。你非常向往权威或学历,企图能在这些东西的保护下图求自身的安全。所以,求职的话要选大企业,结婚的话要选精英。女性本来依赖心就蛮

强的,而你的这种倾向就更强了。

　　F.你希望成为被爱人、孩子包围地过着幸福家居日子的人。女性的话,向往当"新娘",想象在结婚后能专心地经营幸福美满的家庭,当然,生儿育女也是其中要件之一;男性的话,也是理想的居家男人,休假时就会携带家眷外出兜风、旅游,在公司中也会按部就班地升迁,是个在经济上属于中产的小康家庭。

　　G.你希望成为有许多异性在周围,像"埃及女王"般的人。你是不是一度想要进入充斥着异性的世界? 不知道你为什么会成为异性的俘虏,但你真的持有相当危险的欲望。

13.电梯门前识人内心世界

　　一般情况下,人们在等候电梯时不可能一直保持立正的姿势,不同的人在同样的情景下可能会不自觉地有各种反应, 这些等电梯时随意的行为绝对大有奥秘。你的习惯是:

　　A.不由自主地来回踱步或在地上跺脚

　　B.常会按捺不住重复多次按压电梯钮

　　C.认真注视电梯楼层的指示数字,只等电梯门开就立即走进去,其他情况几乎不关注

　　D.头向下看着地面

　　E.环视周围的人或物,或是似乎不经意地抬头看看天花板

　　【结果分析】

　　A.如果你选择了这个答案,那么你可能属于比较敏感,甚至有些神经质的那类人。你的内心世界丰富,洞察力强,并且比较相信自己的直觉和判断力。在现实生活中,你比较感性,如果具有一些艺术才华,那么你应该一有机会就尽量展示,你很可能在这方面有所成就。

　　B.如果你常会按捺不住重复多次按压电梯钮,那么你可能是那种性子有些急、办事讲究效率、时间观念强、雷厉风行的行动派。在周围人的眼中,你的人缘不错,是比较随和并容易接近的人。但你时常情绪化,而且还可能以自我为中心,

一旦对一些事着迷或心中确立了某个目标或计划后,你会不经意间忽略周围的人或事,这个时候,一些外来的干扰因素容易影响你的心情。

C.选择这个答案说明你是个比较理性、稳重,办事小心谨慎的人。你不太喜欢插手别人的事,不爱惹麻烦,有时可能会让你在一些人眼里显得有些漠然。你做事很有条理,很受周围人特别是长辈的信赖,但你可能不太喜欢冒险或做没有把握的事。

D.这类人可能平时看上去比较沉默,不喜欢公开表达自己的看法。其实他们往往心地善良、真诚、坦率,比较容易相信他人和乐于助人,比较受周围人喜欢,人际关系上很少出现纠纷。但这种类型的人也有问题,他们不太善于拒绝,有时候缺乏原则,属于滥好人一类。

E.这类人大多数心理防卫意识比较强,不愿轻易向人展示自己的内心世界。但他们也有许多优点,比如求知欲一般比较强,知识丰富,成就比较高。在人际关系上,他们交友更倾向于少而精。交际范围不广,却能培育深厚的友谊。

14.小细节教你观察性格

一对情侣正乘坐着缆车。当缆车走到中途高空时,女人好像突然大声向男人说话,你觉得会是哪句:

A.今天我们在那家白色旅店过夜吧

B.哇!你看,那片湖水多美

C.我好怕,快救我

D.糟了,速度怎么慢下来,是不是发生了什么事

【结果分析】

A.选这个答案的人,朝着目标勇往直前,有强烈的企图心,不想依赖他人,不畏艰难,败而不馁,有坚持到底的毅力。因为严于律己,这类人能博得周围人的信赖,尤为部属及后辈所敬仰。

B.选这个答案的人,深谙中庸之道,缓急得当,既能配合群体,又能慢慢发展自己的实力。属于慢工出细活型,表面上虽不善于交际,但无形中大家都能

成为你的朋友。

C.选这个答案的人,特立独行,缺乏恒心与坚持,常因小挫折或不如意就半途而废。交友不必勉强,选择亦师亦友、志同道合的伙伴互助合作,方可发挥潜力,实现目标。

D.选这个答案的人,踌躇不前,虽有企图心,却总是举棋不定。考虑过多,再三踌躇,致使自陷迷津,无法发挥自己的才能。你该鼓起勇气,身体力行,才能把路子打开。

15.你有过于敏感的性格吗

一个人的身体如果对外界刺激过于敏感,就会带来很多的不适感,甚至是疾病。比如,皮肤过于敏感,一见太阳就容易起红疙瘩;鼻腔过于敏感,一到花季就会得鼻炎;眼睛如果太敏感,遇见微风也会流泪。其实不光身体是这样,心灵也一样。过于敏感的心灵在生活中总是容易伤感。虽然它不是什么大毛病,但过于敏感常给人带来不愉快的情绪,甚至烦恼。过于敏感是一种不良的心理素质,如不加以克服,不仅会影响工作、学习,还会影响身心健康,造成人际关系紧张。你有过于敏感的性格吗? 下面我们来测试一下。

(1)你平生第一次堕入爱河,视伴侣为心中神圣的偶像。有一天,忽然发现他(她)竟做出十分庸俗的事,你会感到幻想破灭,并坚决地抛弃恋人吗:

　　A.是的　　　　　　B.两者之间　　　　　　C.不是的

(2)你是否宣称自己厌恶飞短流长的长舌妇,不久却从你那儿传播出关于某人的毫无根据的谣言呢:

　　A.是的　　　　　　B.两者之间　　　　　　C.不是的

(3)别人指出你事情处理不妥,你是否会找一串理由加以申辩:

　　A.超过一般人　　　B.两者之间　　　　　　C.比一般人少

(4)你哪怕与最好的朋友辩论时,也始终认为自己无疑是正确观点持有者,对方不过是"歪理也要缠三分",是吗:

　　A.是的　　　　　　B.两者之间　　　　　　C.不是的

(5)你是否喜欢向别人不厌其烦地详细叙述你遭遇到的一件小事情:

    A.是的   B.两者之间   C.不是的

(6)乘坐地铁时,与一个陌生人同座,你看到她用手背触了一下鼻尖,你会疑心她在嫌弃你的气味吗:

    A.是的   B.两者之间   C.不是的

(7)同事们议论一个不在场的熟人,你把你所了解的他的遭遇大加渲染了一番。但事后颇感有愧,于是再见到他时便着意表现你对他的好感,是这样吗:

    A.是的   B.两者之间   C.不是的

(8)老同学聚在一起聊天,你发表了一番对当前国际形势的看法,一个与你深交的同学对你的宏论颇不以为然,随口说:"这都是外行话",你当时不动声色,回去以后就决定与他断交,会这样吗:

    A.是的   B.两者之间   C.不是的

(9)你叙述一件亲身经历的事给大家听,大家觉得有点难以置信,一笑了之。这时你会继续举出一系列的证据务必要大家相信那是真实的吗:

    A.是的   B.两者之间   C.不是的

(10)你的一位朋友平日与你过从甚密,但因意志薄弱,做了件对你不太忠实的事。你是否会毫不容忍、声色俱厉地指责他的过失,表现你的憎恶情绪:

    A.是的   B.两者之间   C.不是的

(11)你为别人提供服务或帮助,是否常常怨对方对你酬谢菲薄:

    A.是的   B.两者之间   C.不是的

(12)一次你在街上碰到一位同事与人且谈且行。你隔着一段距离朝他热情地打招呼。他没有马上做出反应,你是不是会想,他为何这般当众羞辱我,难道我得罪他了吗:

    A.是的   B.两者之间   C.不是的

(13)你是否为证明你的社会地位丝毫不差于人,而在服饰、娱乐等方面的花销超出自己的经济能力:

    A.是的   B.两者之间   C.不是的

(14)你坐在客厅读报,忽然发现从窗户射进的一束光中无数小灰尘在上下飞舞,你是否马上感到呼吸有障碍,移到远离光束的地方:

    A.是的   B.两者之间   C.不是的

【评分标准】

以上各题选A得10分,选B得5分,选C得0分,然后累计总分。

【结果分析】

112分以上:过分敏感者。

你神经异常敏锐,感受性又很强,他人的亲切和恩情,或外界的冷酷,都会在你的心中烙下不可磨灭的印记。目睹黑暗与残酷,同等情况的你比别人受到的打击要强烈得多,你的反应也因此异乎寻常地激烈。你与人相处很辛苦,你将他人一些与自己毫不相干的言行看作不利于己的动作,经常处于紧张的警戒中,这会引起周围人对你的厌倦和反感,因为你使所有人感到紧张。如果你不设法改善,恐怕就真的要"不利于己"了。

56~111分:敏感性中等者。

比起"过敏"者,你受伤害的机会少多了,你的戒备心理也小多了,不过你仍高于一般人的敏感程度。有时,你偶尔会显示一丝神经质。不要紧,学会漠视一些东西,情况会好起来。

55分以下:敏感程度较轻者。

敏锐的感受力与你无缘,同时也替你屏蔽了世间的苦难与伤害,你比他人可能活得更幸福。

16.打火机类型暴露男人性格

就如不同的着装将女人分成不同的类型一样,不同的打火机也标志着不同类型的男人:

A.一元钱一只的打火机

B.精致漂亮的名牌打火机

C.造型各异的打火机

【结果分析】

A.男人们用这种打火机时往往是随用随弃,或是随手把它扔给一个正在团团转着找打火机的老兄,然后把它忘记。因此我们可以猜测,常用这种打火机的人往往是不拘小节的人,他们讲究实用,相当务实。

B.毋庸置疑,这是他们的爱物,也是外人窥视他们内心的一个窗口。比如色彩,有人总结说,金色打火机的主人往往比较外向,有追求奢华的倾向(或者还比较喜欢炫耀);银色打火机的主人则可能比较安静内敛,心思浪漫而细腻。而喜欢另类色彩如紫灰或黑色的,则多半个性独特,并以自己的独特为荣。

C.喜欢这类打火机的老兄是一个热爱生活、对生活充满情趣的人。他们通常较仔细,好奇心强,做事有自己的主见,相对固执。

17.你性格里最真实的一面

(1)你会在哪里盖养老用的房子:

A.靠近湖边

B.靠近河边

C.深山里

D.森林中

(2)吃西餐时,你最先动:

A.面包

B.肉类

C.色拉

D.饮料

(3)如果节庆要喝点饮料,你认为如何搭配最适当呢:

A.圣诞节/香槟

B.新年/牛奶

C.情人节/葡萄酒

D.国庆日/威士忌

(4)你通常什么时候洗澡:

A.吃完晚饭后

B.吃晚饭前

C.看完电视后

D.上床前

E.早上起床才洗

F.没有特定时间

(5)如果你可以化为天空的一隅,希望自己成为什么呢:

A.太阳

B.月亮

C.星星

D.云

(6)是否你觉得用红色笔写的"爱"字比用绿色笔写的更能代表真爱吗:

A.是

B.否

(7)你会选择哪种颜色作为你家窗帘的颜色:

A.红色

B.蓝色

C.绿色

D.白色

E.黄色

F.橙色

G.黑色

H.紫色

(8)挑选一种你最喜爱的水果吧:

A.葡萄

B.水梨

C.橘子

D.香蕉

E.樱桃

F.苹果

G.葡萄柚

H.哈密瓜

I.柿子

J.木瓜

K.凤梨

(9)如果你是某种动物,你希望身上搭配什么颜色的毛:

A.狮子/红毛

B.猫咪/蓝毛

C.大象/绿毛

D.狐狸/黄毛

(10)你会为名利权位,刻意讨好上司或朋友吗:

A.会

B.不会

(11)你认为朋友比家人更重要吗:

A.是

B.否

(12)如果你是只白蝴蝶,会停在哪一种颜色的花上:

A.红色

B.粉红色

C.黄色

D.紫色

(13)假日无聊时,你会选择什么电视节目来看:

A.综艺节目

B.新闻节目

C.连续剧

D.体育转播

E.电影频道

【评分标准】

每个选项后边的数字代表该选项的分数,根据自己的选择统计出测试的总分数:

(1) A:8分   B:15分   C:6分   D:10分

(2) A:6分   B:15分   C:6分   D:6分

(3) A：15分　　　B：6分　　　C：1分　　　D：6分

(4) A：10分　　　B：15分　　　C：6分　　　D：8分　　　E：3分　　　F：6分

(5) A：1分　　　　B：1分　　　　C：8分　　　D：15分

(6) A：1分　　　　B：3分

(7) A：15分　　　B：6分　　　C：6分　　　D：8分　　　E：1分　　　F：3分
　　G：1分　　　　H：10分

(8) A：1分　　　　B：6分　　　　C：8分　　　D：15分　　　E：3分　　　F：10分
　　G：8分　　　　H：6分　　　　I：3分　　　J：10分　　　K：15分

(9) A：15分　　　B：6分　　　C：1分　　　D：6分

(10) A：3分　　　B：1分

(11) A：15分　　　B：6分

(12) A：15分　　　B：8分　　　C：3分　　　D：6分

(13) A：10分　　　B：15分　　　C：6分　　　D：15分　　　E：10分

【结果分析】

100分以上：积极、热情

个性开朗，觉得助人为快乐之本。做事干脆利落，有时会过度激动，但又富有强烈的同情心，令人莫名地想和他们亲近。也因为他们的复原力很强，我们能轻易感觉一股够劲的行动力。和他们在一起就像有了一股生命的源泉，不会有想放弃的念头，因为他们总是保持着乐观进取的态度。

◎积极的人：勇于追求目标理想，不会放弃任何希望，也具有越挫越勇的特质和困难环境中不易被击败的精神。

◎热情的人：生活圈广泛且五彩缤纷，比较不拘小节，因此造成他们坦率、直来直往、活泼的性格，常有孩子气的举动。

100~90分：领导人

做事慢条斯理，喜欢思考，沉淀思绪，爱好命令别人，讨厌别人的反抗与被质疑的态度，不容许自己输给别人。喜爱学习，想让自己成为最好的。达不到目标时，会不分青红皂白地生闷气。

89~79分：感性的人

表达能力丰富，想象空间大，常因胡思乱想而变得多愁善感，容易沉醉在罗曼蒂克与甜言蜜语之中，对爱情总是既期待又怕受伤，常无厘头又莫名地对号入座。

个性属于优柔寡断型,通常不顾现实,只跟着感觉走,让人猜不着他的想法与思考逻辑。

78~60分:理性、淡定

做事总是深思熟虑,考虑再三,谨慎小心,冷静且容易妥协。有时候宁愿自己承受舆论与压力,也不愿和好友谈谈,因为总是认为自己能熬过那些苦日子,其实只是在逞强罢了。他们通常讨厌被束缚,酷爱自由的生活。

◎理性的人:深思熟虑为第一原则,凡事要求公私分明,生活可能较拘谨、严肃。

◎淡定的人:与世无争、淡定者,内心没什么波澜,就像温驯的绵羊,只要能够生活就好,不必计较太多,是只羡鸳鸯不羡仙的那一类人。

59~40分:双重性格、孤寂

环境的因素会让你不知道该怎么表现你自己,其实你热爱人多的时候,只是有时会导致你慌乱。你还会因为现实的需要而委屈自己配合他人。通常会因为得不到满足而受挫,造成自闭。

◎双重性格的人:不会适时表达情感、压抑情绪总是他们碰到阻碍和困难时的第一反应。要学习如何发泄情绪与传达自己的不满意见。

◎孤寂的人:对现实不满,不易与人相处,难以找到生活的目标与重心,觉得没人了解自己,常引发强烈的自我防卫意识,就算与人交往,心中仍有一份挥之不去的孤单。

39分以下:现实、自我

喜欢多变刺激的事,是个很有心机的人,而且计划周详。别人对你难以揣测。对任何事你都充满企图心,刚愎自用,总想突出表现自己。追求遥不可及的梦想,造成不平衡的心态,隐瞒自己也欺骗别人。

◎现实的人:总是讨好上司或朋友,让人觉得你墙头草两边倒,心机重,心眼小,自私又自利,但往往能为自己打算未来,为自己创造一番天地。

◎自我的人:常透过主观的感受来表达意见。人际关系的走样或许是造成你压力的来源。你不自觉地会压抑情绪,也不愿尝试改变,更不会考虑别人的感受,即便经历了挫折,仍然固执于自己的理念。

18.你的性格对别人有何影响

现在请从下面几幅画面中选出你认为最美的一个来：

A.暴风雨中的树

B.干枯的树枝

C.低矮的灌木

D.雪地里的松树

【结果分析】

A.你很容易和周围的人发生矛盾，人际关系欠佳。你常愤世嫉俗，反抗心理很强，甚至一些好朋友都会无法忍受你的个性而疏远你，所以，你最好还是反省一下自己。

B.你比较另类，很容易产生失落的情绪。另外，你也容易给别人留下多愁善感的印象，你适合比较有创意的工作。

C.你有着绅士般的坚定和从容，你的道德观念比欲望更强，你为人比较保守，喜欢规规矩矩，对别人的大胆行为总是难以理解。所以，你要试着改变自己，接受别人的生活方式。

D.你充满了浪漫与激情。即使在荒无人烟的小岛，你也能自得其乐，对于爱情，你永远保持期望但不强求的态度。

19.火锅里吃出来的性格

你喜欢什么季节吃火锅呢，通过吃火锅来看看你的性格特点，以便更进一步了解你的优点和缺点：

A.冬天→跳到(2)

B.夏天→跳到(5)

C.不分季节→跳到(1)

(1)你喜欢蘸酱料吃吗:

A.喜欢→(2)

B.不喜欢→(5)

(2)你的酱料里面会加鸡蛋吗:

A.会→(3)

B.不会→(6)

(3)如果你吃到一半,发现里面有一小截烟蒂,你会怎么办:

A.跟老板吵架,要求换一锅新的→(13)

B.不吃了,直接付钱走人→(10)

(4)你选择火锅店的标准是什么:

A.很有名气→(7)

B.价格便宜→(8)

(5)火锅店推出一种你完全没见过的新式火锅,你会勇于尝试吗:

A.会→(6)

B.不会→(8)

(6)你喜欢几个人一起吃火锅:

A.两三个知心好友→(9)

B.一大群朋友→(3)

(7)店里已经坐满了人,你会一直在那边等,还是不想等马上换一家:

A.等→(11)

B.换一家→(12)

(8)以下配菜,你喜欢加哪款:

A.加腐竹→(9)

B.加乌冬粉→(7)

(9)你会先喝汤,还是先吃完所有的料再喝汤:

A.先喝汤→(10)

B.先吃料→(12)

(10)如果老板告诉你火锅里必须加某种奇怪的配料才会变得很可口,你愿意试试看吗:

A.愿意→(17)

B.不愿意→(13)

(11)你会不会在吃完热腾腾的火锅之后,来一碗清凉的刨冰:

A.会→(15)

B.不会→(14)

(12)吃火锅的时候,你喜欢一开始就放肉,还是最后再放:

A.一开始就放→(15)

B.最后再放→(11)

(13)你喜欢把配菜通通丢进锅里面煮,还是一样一样慢慢煮:

A.一起煮→(17)

B.一样一样慢慢煮→(16)

(14)你喜欢配什么饮料:

A.乌龙茶→(16)

B.乌梅汁→A

(15)你喜欢在家吃火锅还是喜欢在外面吃火锅:

A.家里→(16)

B.外面→(14)

(16)你快吃饱时,如果有下一个客人在后面等位子,你会在意吗:

A.会→B

B.不会→C

(17)你已经吃得很饱了,这时老板突然说要再免费送你一锅,你还会吃吗:

A.会→D

B.不会→(16)

【结果分析】

A.涮涮锅

你的个性内向,有点自闭,喜欢一个人安安静静地待在家里,对你来说,跟不认识的人交谈是很困难的事,所以你的朋友并不多,不过还是会有一些知心朋友,你要好好珍惜这些关心你的人,不能因为是好朋友就疏于付出。

你对自己的事情比较有兴趣,一旦确定目标,就会一步步完成,即使再苦也没关系。不过别把自己关在象牙塔里,有些事情就算自己再有实力,没有周围人的帮助,仍然无法完成,要学着打开心扉,跟不同的人交往,如果能认识人脉很广的朋友,也可以增加与人接触的机会!与人交往,不要觉得厌烦,应该主动示好,一般人都会欣然接受你,通过这些往来,说不定你会发现一个全新的自己正破壳而出!

B.麻辣锅

个性有点偏激,喜恶分明,你的性格比较火爆。遇到你喜欢的事情会马上采取行动,一旦觉得讨厌,就想马上脱身。由于你先入为主的观念,因此交友类型往往偏向某种类型的人,不过一旦成为朋友,就会跟对方深入地往来。

你很豪爽,当朋友遇到困难时,会马上伸出援手,朋友都非常依赖你。因为你的个性阴晴不定,有时可能会因为一点芝麻小事而跟朋友闹得不愉快,或在五分钟热度后改变初衷,这些情形都会让你失去朋友的信赖,最好是学习有条不紊地处理事情,坚持到最后。

在与人相处的时候,不妨试着跟原本觉得合不来的人交往看看,说不定会因此发现对方的优点,这样的尝试可以慢慢增加你的朋友类型,让你自己变得更有魅力、更受欢迎。

C.日式火锅

你的性情温和,适应力强,几乎没人会说你的坏话。你讨厌跟别人发生冲突,所以养成八面玲珑的态度,对不同的人采取不同的说法。你虽是个老好人,却缺乏个人魅力,表面上看来朋友虽然很多,一旦遇到困难,却缺少真正交心的朋友,有时会感到孤独。

在团体之中你必须学会适时表达自己的意见,若因害怕冲突而一味迎合对方,并不能让对方更加了解自己。你的协调能力很强,只要能勇于表达心中的想法,不以中伤为目的,相信别人一定会接受你的意见。你就是你,凡事不需对别人唯唯诺诺、一味忍耐,要表现出自己的做事风格。

D.鸳鸯锅

你的个性顽固,喜欢钻牛角尖,一旦决定的事,就算周围的人反对到底,你也绝不改变心意。往好处想,这种个性可以让你发挥强韧意志,在团体中担任有力的领导者,当家人或朋友遇到困难时,你会义不容辞地出面帮大家解决,因此深受朋友们的信赖。

但是由于你非常坚持自己的想法,完全无视周围人的建议,因此经常树立敌人,跟周围人发生许多摩擦。保持自己的风格固然不是一件坏事,但是过于顽固,完全不理会别人的想法,会让大家很伤脑筋,因而渐渐失去朋友,最后说不定还会被孤立。

你必须学会倾听与自己相反的意见,尊重不同的意见跟思考方式,这样或许就能增加彼此进一步了解的机会,人际关系也因此变得更广阔。

20.小姿态透露真本性

人们常说:"人心隔肚皮。"又说:"知人知面不知心。"看透人心真的有那么难吗？其实不然,因为人们平常无意中流露出来的小动作、小姿势就可以透露一个人的性格,反映一个人的本性。只要你善于仔细地观察他的样子,你就可以很快地了解他了。你和朋友谈心事的时候,他(她)的姿态是:

A.一只手撑着脸颊。

B.不停地揉搓着耳朵。

C.手不停地抚摸下巴。

D.拇指托着下巴,其余手指遮着嘴巴或鼻子。

【结果分析】

A.懒散型

这种类型的人是属于比较没有冲劲的人。他会一只手撑着脸颊,表示他无法专心地听你讲话,只期待你快点结束话题,或者是轮到他发言。事实上,他也不是真有什么话要讲,只是觉得你的谈话很烦而已。这种人通常是整天懒懒散散的,做什么事都提不起劲,对于朋友的事也不会十分热心,似乎整天就想发呆。如果你跟他不是很熟,你在讲话时看见他一只手撑着脸颊,那你最好赶快结束话题,不然就是换一个他感兴趣的话题,才不会让对方感到厌烦。

B.躁动型

这种类型的人是属于静不下来的人,不然就是很喜欢讲话,不喜欢当听众的人。通常一个人不耐烦的时候,可以控制自己的声调和表情,让你不会发现他的不耐烦,但是他的肢体在潜意识中就会做出一些透露他心中想法的动作。而这些是人无法去伪装的,就算你的肢体表演功力很高,也会不自觉地露出一些破绽。

如果你发现你的朋友一直在摸耳朵,这个时候你最好停下来征求对方的意见。不然,很有可能是你说你的,他烦他的,你们的关系就不容易搞好了。

C.敏感型

这种类型的人很喜欢思考,常常一个人陷入沉思中。连你在讲什么,他都听不见。如果不信的话,下次你再看他不停地抚摸下巴时,问他你刚刚讲什么,他一定答不出来。这种类型的人虽然喜欢想东想西,但是还不至于会去算计别人,只是有时候会钻牛角尖,一个人陷入思考的迷宫中走不出来。因为他容易胡思乱想,在人际关系上的表现也是比较神经质的。在你了解他的性格之后,就要避免给他一些暗示。他是很敏感的人,什么事都会一个人乱想,和他相处或交谈是很麻烦的。

D.有主见

这种类型的人通常比较有主见,因为在你讲话时,他总是以手捂住嘴巴附近的部位,这就表示他似乎不是很同意你的说法,只是他不好意思说出来。而这种动作就是怕一不小心说漏嘴的防卫姿势。通常会以手遮住嘴巴或鼻子的人,在心理上的反应有两种可能,一种是想反驳你,一种就是在说谎。在你了解了这种肢体的反应之后,如再遇到他有这种姿态,就可更仔细地观察他,是在听你讲话时遮嘴,还是在说话时遮嘴。如果是在说话时,那就很明显的是言不由衷;如果是听你说话时,那就是不同意你的说法,那么你说话时最好有所保留。

21.从鞋底的磨损看你是哪种人

你有没有注意过你的鞋底磨损的情况呢? 这其中可蕴含了许多奥秘,从你鞋底磨损的情况就能看出你是哪种人。

A.右侧鞋底耗损大

B.左侧鞋底耗损大

C.左右两侧鞋底的耗损程度相同

D.鞋底前端耗损大

E.鞋底外侧耗损大

F.鞋底面耗损均匀

G.鞋跟后侧耗损大

H.鞋底内侧耗损大

【结果分析】

A.你有些心浮气躁,对任何事都抱有很强的好奇心,性格属于非常活泼开朗的外向型。一想到某件事,你便会马上付诸行动,不管前面会遇到什么样的困难或阻碍,若有人想要阻止,你是决不肯善罢甘休的。这种人比较容易受到当时情感的左右而做出错误的判断。

B.你看起来很温顺善良,是个老好人。但凡事总喜欢追根究底,不弄明白决不罢休。一旦与他人闹了别扭,你会非常坚持自己的主张。你做事情很有韧性,有始有终,心中的意志十分坚强。

C.你做任何事都是谨慎又小心,事前会仔细思考,做好一切计划后再行事,但是往往过于优柔寡断。你很容易对因为自己的原因而没有帮朋友办到的事感到内疚,但别人却并不知道,因为你心里的真实情感和想法从不肯轻易表露出来。

D.你的行动力强,一旦着手的事一定会全力以赴。这种人将来与其在大企业服务,还不如在新公司任职来得活跃。从事与业务有关的工作,更可以发挥你的才能。凭着你积极的处世态度,即使是转换工作,也不失为发挥自己特长的一个大好机会,尤其是若有优秀的长辈或理念相同的人来拔刀相助的话,就更是锦上添花了。

E.你是一个社交能力很强的人,喜欢与人交际,并热衷于热闹的场面,任何聚会或有很多人参加的场合都一定能找到你的踪影。这种人容易受到大众的欢迎,博得大家的好感。叫你乖乖待在办公室是万万不可能的,服务业或每日生活变化较多的工作比较适合这类型的人。

F.你简直就是个玲珑型的人。身怀技术且可以发挥实力的人,大多都有此类鞋底耗损的情况。无论是转换工作还是维持目前的工作,所得到的满足程度及成就感都差不多。但这种人最大的缺点就是缺乏耐性,常常三分钟热度。

G.你对惯例的事物不会满足,若在被容许的范畴中生活,不但不会满足,甚至会反感。这种人天生就有丰富的想象力,有关想象力、策划力的事业,将是你成功的捷径。如果过分沉溺在嗜好之中,或以一时兴起的念头作为事业开始的计划,就容易失败。此外,此类人对金钱的敏感度不够。

H.这类型人对任何事都感到不安和迷惑。这种人在做一件事之前,一定会花许多时间来考虑,甚至会做到一半就改变主意,半途而废。这种不能坚持的个性,往往会丧失许多宝贵的机会。所以,不受他人影响而可以独当一面的工作环境是最适合不过的了。若从事有相当自由度的工作或是有优秀人士的帮助,及时提出建议将会更好。

22.测试你的脾气

若是预先知道你的男/女朋友要来拜访,你会特意摆上什么东西来彰显自己的个性,博取好印象?

A.布娃娃或模型玩具

B.舒适的坐垫、沙发

C.自己的得意照片

D.海报或书架

【结果分析】

A.你平日会关心周遭发生的事,也会注意朋友的心情,给予贴心的问候。不过,以亲疏来分,你最爱的当然还是自己喽!这是理所当然的事,多数人也都是如此。唯有了解自己的需要,才能设身处地为别人着想。所以当你将自己的事情都打点好,行有余力时,就会主动去帮助别人,让大家都能感受到你的亲和力。

B.很多人会认为自己很重要,凡事会以自我为出发点,而在你身上完全看不到这样的特质。你会考虑到别人的感受,反而是其他人比较爱跟你撒娇,而你也不会太过计较,能够多为大家做一些事,吃点小亏也是无所谓的。所以你比较像大哥、大姐,具有成熟的大家风范。当你有时也想撒一下娇,就只能找自己的家人或亲密爱人了。

C.平日周围的人都待你不错,把你当小弟弟/小妹妹看待,你也很习惯这样的相处方式。在团体中,你希望多受到一点重视,让大家都能够知道你想要什么。或者是当你提出要求时,每个人都能够支持、协助。当然不是所有的愿望都能实现,所以当你吃了闭门羹后,会牢牢记下这笔账,之后此人就被你列入不受欢迎的名单中了。

D.你的感觉很敏锐,能够很快察觉到别人的想法,为了能够更受欢迎,你会特意表现自己。当你觉得很开心的时候,会将喜悦的事情和其他人分享。你也会愿意将所学的一切告诉朋友。可是,若碰到一些不识趣的人,爱唱反调,或是故意拆你台,你也不会给对方好脸色看。

23.令人跌破眼镜的真面目

也许你是一个善于掩饰自己真面目的人, 就连周围熟悉你的朋友都很难看清你到底是一个什么样的人,很多时候,你所留给别人的印象与你的真面目恰恰大相径庭。那么你有哪方面的真面目是令人跌破眼镜的呢?一起来做下面的测试吧。现在假设有一个穿着比基尼的美女从你眼前走过了,你第一眼会看美女的哪一个部分?

A.身材

B.脸蛋

C.泳衣的花色

【结果分析】

A.情场败将

你的恋爱史最令人跌破眼镜,因为看起来像个情场高手的你,满嘴说不完的恋爱经,但是实际上常常是个被异性打枪的小可怜。不过你在感情上还是很专情的,只要碰到一个很喜欢的人就会很专情地爱着对方。所以,要等到一个"慧眼识英才"的人出现,你才能在情场上获得真正的胜利。

B.调情圣手

你的调情功力最令人跌破眼镜, 因为看起来很古板守旧的你其实调情功力却是一流,任何异性见了你都会为你心动,并甘愿投入你的怀抱。

C.十足的铁公鸡

你的铁公鸡作派最令人跌破眼镜, 看起来大方又大气的你骨子里却是个十足的小气鬼,每每遇到要付账的场合就希望大家忘了你也要出钱,而大多数时候你也总是能找到好的机会逃脱。

第三章
人际交往——寻找被埋没的处世法则

1.你的交际死穴在哪里

你在学校度过的时间里,特别是那段心理上极度叛逆的时期,你觉得老师身上最不能让你忍受的是什么:

A.情绪不稳定,容易"歇斯底里",对学生实行精神压迫。

B.专制,不听取学生的意见。

C.不公平,偏袒所谓的好学生。

D.对学生使用暴力。

【结果分析】

A.你不懂得克制自己的情绪。这个选择其实就是自我缺陷的自然暴露。你一有什么不如意的事就会"歇斯底里",不是四处大声叫嚷,就是突然大声哭泣……你这种自我表现的方式也许太过幼稚,而且很容易引起别人的情绪疲劳。为了使人际关系更加融洽,你必须对周围的人多一份爱心,同时要注意克制自己的情绪。

B.你不懂得听取他人建议。你具有站在阵列前沿将周围人猛推向前的统率能力,在集体中往往起着决定性的作用。但是你需要有多吸取一些周围人意见的谦虚态度,否则,最终有可能谁也不会再顺从你。

C.你不善于扩大交际圈。你可能有一些心理恐慌症的表现。你的交际范围容易往纵向深入,但很难横向扩展,你往往把自己讨厌的人彻底排除在外,似乎只愿意与某一些特定的人建立更好的关系,所以,你属于不善扩大交际圈的一类人。你甚至会要求与你关系亲近的友人"不要与你不喜欢的人交往"。你应该要懂得博爱的内涵。

D.你容易伤害别人。你这样的处世方式是很危险的。你的缺点是动辄变得粗暴无礼。你的问题不仅表现在行为上,而且在言语上也很强烈。假如是因为对方态度恶劣导致你正当防御还情有可原,而你却往往是稍不如意就出口甚至出手伤人。你一定要注意控制自己的情绪,否则你会很容易和不了解你的人发生激烈的矛盾。

2.谁会在背后出卖你

别人用以下哪种形容词赞美你,会让你心甘情愿贴上这个标签,或暗自爽到不行呢:

A.天生丽质

B.气质不凡

C.能力超群

D.八面玲珑

【结果分析】

A.你总是和同性保持安全距离,不太会被同性出卖,可是和异性的熟悉度超过同性的你,如果哪天被人出卖,就是栽在异性朋友的手中。奉劝你对异性朋友还是要保持应有的判断力,不要被牵着鼻子走,才能免于一场桃花劫。

B.其实你不太会被人出卖,因为你小心翼翼,不会让这些麻烦事发生在你的身上。不过亲人就是你的一大死穴,你对亲人给予信任,不过世事难料,人心难测,你很容易被亲人出卖或牵连,最后只好伤心又伤情。

C.你是个聪明人,可你要是被出卖,同事或上司总是头号嫌疑犯。你个人的能力虽然强,但是也因此被同僚排挤,要是遇上心胸狭窄的上司,也会被上司设限防范,防止有一天你会取代他的地位。要学着适度收敛锋芒,小心应对。

D.你在人际关系中看似悠游自在,不会招人妒,不像是会被出卖的倒霉鬼,但你需要注意的是和你称兄道弟的死党,这些让你掏心掏肺的好朋友,因为熟知你的弱点,也知道你不好意思对好友说不,会在你不知不觉间,就把你卖掉了。

3.谁愿意为你赴汤蹈火

(1)如果有人要你以幽默的方式前去传递一个不幸的消息,你会怎么说呢:

A."恭喜你,你们全家要去一个快乐无比的地方"

B."朋友,幸福不是每个人都能得到的,不好意思,你就是那个非常不幸的人"

C."你今天有空吗？我想约你去殡仪馆"

D."如果你擅长折纸的话,我有个很好的机会给你,有好多金元宝要你折"

E."做故人之子可以得到大家的照顾,你知道吗？这个荣幸是属于你的"

(2)你认为以下累的活儿是什么呢:

A.替仇人埋单

B.考试前将答案密密麻麻地抄在大腿上

C.卖报纸

D.送牛奶

E.开解失恋的死心眼朋友

(3)你认为以下几件事情里叫人难做的是什么呢:

A.杀人灭口

B.叫别人还钱给自己

C.上厕所

D.如何做人

E、赶完整个暑假的作业

(4)你认为令一个人绝望的方法是以下哪一个呢:

A.花光所有的积蓄买彩票,连纪念奖都拿不到一个

B.被恋人抛弃了又捡回来,捡回来又抛弃

C.一夜之间变成瞎子,永无复明的希望

D.出尔反尔再反尔,一句大话讲十次

E.一分钟之内变阉人

(5)当你深深爱上一个人的时候,你愿意为对方做什么呢:

A.失去自由

B.活在梦境里,把爱情当面包

C.做一辈子的厨娘

D.做牛做马做猫做狗也在所不惜

E.做个有主见的人

(6)你喜欢以下哪一种水杯呢:

A.用完即扔的一次性水杯

B.简洁的不锈钢水杯

C.造型可爱的卡通水杯

D.在商场买东西时派发的塑料水杯

E.花色艳丽的陶瓷水杯

(7)看娱乐杂志时,你看什么有耐心:

A.目录

B.封面

C.广告

D.明星走光照

E.找错别字

(8)哪种情况下你会大喊:

A.没钱花或积怨太多时

B.上街游行时

C.遇到色狼需要求救时

D.高兴时

E.疼痛时

(9)你喜欢以下哪一组数字呢:

A.999

B.123456

C.2046

D.888

E.5201314

(10)你认为牛仔裤上有什么图案酷呢:

A.鲜花和牛粪的图案

B.肌肉男的手臂图案

C.印第安人服饰上的抽象图案

D.烟头或骷髅图案

E.滴血的嘴唇图案

(11)你认为以下哪一个闪得快呢:

A.奥运会游泳项目100米冠军

B.街口的红绿灯

C.划过夜空的流星

D.执行完任务的杀手

E.六点钟一到就下班的职员

(12)你能接受"奉献"这种事发生在哪种情形下:

A.过气明星要重现银幕时

B.为非洲难民捐款时

C.跟人家打赌时

D.父母和孩子之间

E.健康人帮助残疾人时

【评分标准】

每个选项后的数字代表该选项的分数,根据自己的选择统计出测试的总分数:

(1) A:3分　　B:1分　　C:5分　　D:4分　　E:2分

(2) A:1分　　B:2分　　C:4分　　D:3分　　E:5分

(3) A:4分　　B:3分　　C:5分　　D:1分　　E:2分

(4) A:1分　　B:3分　　C:5分　　D:4分　　E:2分

(5) A:2分　　B:3分　　C:4分　　D:1分　　E:5分

(6) A:1分　　B:4分　　C:3分　　D:2分　　E:5分

(7) A:2分　　B:4分　　C:5分　　D:3分　　E:1分

(8) A:1分　　B:3分　　C:2分　　D:4分　　E:5分

(9) A:1分　　B:2分　　C:3分　　D:4分　　E:5分

(10) A:1分　　B:3分　　C:4分　　D:2分　　E:5分

(11) A:4分　　B:5分　　C:2分　　D:3分　　E:1分

(12) A:4分　　B:3分　　C:5分　　D:2分　　E:1分

【结果分析】

21分以下:好想有人为自己死。

朋友力顶度:★　恋人力顶度:★★★

这类型的人非常希望身边的人为你付出所有。就算你曾经为别人付出过一点点,你也会一直挂在嘴边,经常拿出来到处说,结果朋友对你恨恨的,当然也没什么人会极力支持你。其实你只是希望别人加倍奉还你,为你做更多的事罢了,何不换一种方式来表达或是提醒别人呢？说不定效果反而更好。看来,你该好好学习一下如何收买人心！

22~31分:家人为你活活累死。

朋友力顶度:★★   恋人力顶度:★★★

围绕在你身边的朋友可不少,平时大家一起吃喝玩乐,基本上你都没愁过缺人陪。但是要讲到谁会为谁粉身碎骨的话,恐怕你这票拍档就要玩一哄而散的游戏了,可恨的就是当你遇到大麻烦时,这些朋友居然可以跟别人说"跟你不熟"。由此可见,你身边的朋友并不是死顶你。恐怕在这个世界上,对你死心塌地的人只有你的家人,无论你有多不争气,有多伤他们的心,他们都不会嫌弃你,而是一而再再而三地给你机会,哪怕你永不知回头也愿意等你。

32~41分:没人为你舍得去死。

朋友力顶度:★   恋人力顶度:★★

要别人为你牺牲,誓死也要站在你这一边力顶你,基本上是不可能的事情。你身边的朋友算不上够义气,在你风光得意的时候偶尔支持你一下行,在你倒霉的时候他们真恨不得不认识你这号人呢！所以,你对朋友的期望不要太高,都说"患难见真情",在你落难的时候看看有谁还跟你站在同一战线上或是为你拔刀相助,你就彻底明白这个道理了。建议你将眼光放远一些,将心比心结交朋友才不会吃亏上当。

42~51分:恋人为你百死不辞。

朋友力顶度:★★★★   恋人力顶度:★★★★★

愿意为你赴汤蹈火的人多半是你的恋人,不管你做出的决定是正确的还是错误的,你的另一半都会支持你到底。当然,这也要看你与恋人的进展如何,如果你们的恋情正如火如荼,那么他一定是力顶你的,如果你们的恋情正处于转淡阶段,那么对方只会在心里默默认同你,而不表现出来。此外,你身边的朋友也只是泛泛之交,所以,你千万别指望这些所谓的"朋友"在关键时刻站在你这边,紧要关头还是回到自己的家庭里寻求支援管用,毕竟亲情是无私的。

52分以上:朋友为你万死不辞。

朋友力顶度:★★★★★   恋人力顶度:★★★★

舍身成仁这种惊天地泣鬼神的伟大举动在如今的现实社会可不多见,这么好的事情偏偏就发生在你跟死党身上哦！你是一个性情中人,甘愿为好朋友两肋插刀,如此大性大情的你必然有一两个力顶你的知己。在朋友需要帮助时,你倾家荡产也要帮朋友解决问题,在你需要援助的时候,朋友也会为你粉身碎骨。看来,平时广结善缘的你人气是相当旺盛的。此外,你的恋人也是你的支持者,也会力顶你。

4.你善于处理人际纠纷吗

如果有人要找你麻烦,你一般会是以下哪种反应呢:

A.向对方赔罪,息事宁人

B.跟对方据理力争,不惜动武

C.以低姿态向对方解释这是一场误会

D.拔腿就跑

【结果分析】

A.向对方赔罪,息事宁人

你是属于对自己的人际关系没信心的人。对你来说,话说到一半就被人打断,甚至转移话题,这是非常不尊重你的表现,甚至可以说这个人根本没把你放在眼里。你觉得受到这样的屈辱是很见不得人的,所以尽可能地把话吞进去,而且还希望大家不会注意到你,就当没讲过。这是一件很令你难过的事,不管你是忍耐功夫好,还是没胆量,你应付敌人的方式是值得鼓励的。基本上,你会向对方赔罪,是因为你对自己本身的实力没把握。人面对危险的反应其实都是一样的,如果你有信心、有实力,你就不会低声下气,息事宁人。如果你估计对方的实力比不上你,你就会向对方讨回公道。你可以说是个喜欢间接对抗敌人的人,比如说找第三者说理,以法律途径求取公道等,你是个不会直接面对敌人的人,就算要真正对抗,你也会采取间接迂回的方式。

B.跟对方据理力争,不惜动武

不管对方的实力有多少,你一定是对自己的实力相当有信心的人。因为你有自信,所以你可以理直气壮、放声大胆地跟对方据理力争。如果不能有结论,你会和对方硬碰硬,表示你是不可侵犯的。其实在我们的现实生活中,有很多纠纷是可以不用暴力解决的,问题是很多人不是志在解决纠纷,而是为了争一口气,展现自己的气势和实力。如果你了解这种真相,还是劝你最好不要诉诸武力,否则有可能问题会越来越大。

C.以低姿态向对方解释这是一场误会

你很懂得如何化解人际纠纷,而且最主要的是你不轻言委曲求全。所以,你会以误会的理由来化解对方的气势。因为你知道,一般人之所以会气势凌人地要找人算账,一定是理直才能气壮,你只要让对方了解找上你是不合理的,对方如果发现自己的理由不充分,就会减弱自己的气势。这时候事情就比较好谈了。

D.拔腿就跑

拔腿就跑是你解决人际纠纷的一种方法,不过却助长了对方的气势。你的这种方式可以说是想逃避问题的表现,而且是潜意识中急于想排除这种情境压力的一种渴望,所反映出来的行为。一旦你陷于一种和人敌对的状态,你的焦虑和不安会比平时多很多倍。而你之所以不善于处理人际关系,主要是你对自己的人际关系没有信心,所以心中会有焦虑和不安,因此,只要和人陷入敌对状态,你就会不自觉地拔腿就跑。

5.你的社交障碍是什么

每个人都是社会的一分子,生活在这个社会是需要与人沟通的,因此,社交是我们每时每刻都在进行的活动,有些人善于社交,有些人却存在障碍,快来测试一下你的社交障碍是什么吧!

(1)如果你是老板,你会如何管理公司:

A.纪律严明,强调高效率

B.让员工自我管理

C.交给别人管理

(2)你喜欢哪种运动方式:

A.有氧舞蹈

B.跑步机

C.每一种都使用

(3)你如何整理旅行箱

A.请家人帮忙

B.想到什么放什么

C.先写一张清单,然后一一准备

(4)你希望怎样过生日:

A.和朋友一起狂欢

B.和情人在一起

C.和平常日子没两样

(5)假如你是演员,你有什么设限

A.不拍穿泳装或只穿内衣的戏

B.不拍接吻的戏

C.不拍全裸的床戏

【评分标准】

每个选项后的数字代表该选项的分数,根据自己的选择统计出测试的总分数:

(1) A:5分　　　B:0分　　　C:3分

(2) A:5分　　　B:3分　　　C:0分

(3) A:3分　　　B:0分　　　C:5分

(4) A:0分　　　B:3分　　　C:5分

(5) A:0分　　　B:3分　　　C:5分

【结果分析】

20分以上:你过于刻板、不够圆滑,你在社交关系方面几乎是一无所有。因为绝大多数的人对你并不认同,你只能孤军奋战,独自面对挫折,独尝成功的滋味,没有人分享。

13~19分:你是一个没有自信且不懂得自我肯定的人,总是显得畏首畏尾,好像永远都在担心害怕。你常常把别人的玩笑话当真,要不就是容易自怜自艾。

6~12分:你的社交圈子是只和认识不久的朋友关系较好,一旦进一步了解之后,双方的关系反而变淡。其实那是因为你过于热心和付出的结果,让对方有一种想逃的感觉。

5分以下:你的漫不经心和不负责任让别人对你的印象大打折扣,在别人眼中,你是一个没有诚信的家伙,没有人愿意和你真心交往。

6.近期你受什么小人纠缠

下面四种窗帘,你更喜欢哪种:

A.印花复古窗帘

B.帆布杂卡窗帘

C.碎花田园风窗帘

D.亚麻美式乡村窗帘

【结果分析】

A.最近你易受到假装好人的小人纠缠。你善良天真,有人对你好,你一定会记得把恩情还回去。然而有些人潜伏在你身边,并非是真心对你好,也许只是想要利用你罢了。但你却蒙在鼓里,还为对方对你的好而感动。

B.最近你易受到恶毒的小人纠缠。你有些懦弱,即便是受了委屈也常常是咬断牙往肚里吞,遭到背叛很少考虑该怎样报复。恶毒的人觉得就算是欺负你,也不需要付出代价,更不会遭到报复,如是,你就特别容易招惹那样的小人了。

C.最近你易受到卑鄙小人的纠缠。你十分好面子,总是不忍拒绝别人,卑鄙小人最喜欢缠上你这种要面子的人了。他们洞察能力很强,了解了你爱面子的这一特点,会立刻向你提出不情之请。想要摆脱这种小人,就一定要狠下心来拒绝他们的要求。

D.最近你易受到墙头草小人的纠缠。你容易听信谗言,遇到那种顺风倒的"墙头草",非常容易受到欺骗。"墙头草"类型的小人其实很聪明,他们简直就是坐等收利的渔翁。他们欺骗你,还要欺骗别人,让你们相互争斗,他自己则从中谋取利益。

7.你会给朋友带来好处吗

去酒吧喝酒,结果另一半喝醉了,哪一种行为让你觉得最丢脸?

A.跟异性玩亲亲

B.在桌上跳脱衣舞

C.吵架闹事摔东西

D.当众开始乱尿尿

【结果分析】

A.跟你当朋友可以有福同享。其实这类型的人心地很善良,你对所有的朋友都非常好,就像家人一样,觉得对家人的责任很重。对朋友,你也会尽全力去照顾他们,有钱出钱,有力出力,只要你认定他是你的朋友的话,你绝对不会遗弃他们,所以选择这个答案的朋友,跟你做朋友真的非常好,一辈子跟你有福同享。

B.跟你当朋友可以听八卦解闷。其实这类型的人很喜欢拿好玩的事情,跟大家去分享,尤其是他的好朋友。他会说一些笑话,或是故意扮丑,当然还有一些八卦,把他所有的朋友逗得开心得不得了,所以只要他一出现,大家会觉得开心果来了,所有的烦恼都会忘掉,所以选择这个答案的朋友,你是朋友的开心果。

C.跟你当朋友可以有人帮忙处理问题。其实这类型的人很有义气,他在跟朋友相处的时候,一定会情义相挺,就算很久没有联络,只要一通电话,很多事情,都可以帮你解决。所以选择这个答案的朋友,你真是非常有义气的人。

D.跟你当朋友可以没任何好处。因为你是用自己的心,在跟朋友谈感情,你觉得一颗热诚的心就是最好的。所以你觉得要有什么好处,真的是太现实,不如好好交个真心的朋友,对你或对他来讲,才是更有意义的事情。所以选择这个答案的朋友,虽然你可能不会给朋友什么现实的好处,不过和你在一起的时候,可能会少一些功利,多一些真诚。

8.鉴定你的社交角色

(1)与一群人交谈时,你总是尽可能地与每个人产生眼神交流,而不是只关注某几个人:

A.经常

B.偶尔

C.从不

(2)你喜欢积极参与集体活动的策划,而且肯主动建言献策,你觉得坐等安排会使自己失去对这个活动的兴趣:

A.经常

B.偶尔

C.从不

(3)周围人在生活或工作中遇到烦恼时,总喜欢向你寻求意见:

A.经常

B.偶尔

C.从不

(4)一个群体有几个人总是拿一个胆小怯弱的人开涮,而且变本加厉地折磨他,你会因为看不过去而替被欺负的人出头:

A.经常

B.偶尔

C.从不

(5)当别人闹矛盾时,你总能以调停者的身份出面平息争端,而且通常你的调节工作都很奏效:

A.经常

B.偶尔

C.从不

(6)当你的提议受到质疑时,你会认真地与质疑者探讨,直到讨论出一个结果为止:

A.经常

B.偶尔

C.从不

(7)遇到你欣赏的人时,你会以谦卑的姿态同对方交流:

A.经常

B.偶尔

C.从不

(8)不小心在众人面前出丑时,你会以幽默的方式为自己解围:

A.经常

B.偶尔

C.从不

(9)即使是生活琐事,你也会合理地分配步骤,然后一步一步有条不紊地进行:

A.经常

B.偶尔

C.从不

(10)你不会限制伴侣的社交,也不会干涉对方的隐私:

A.经常

B.偶尔

C.从不

(11)你常为伴侣安排办事流程,并为对方规划好每个步骤:

A.经常

B.偶尔

C.从不

(12)你会直面自己的错误,并认真诚恳地表达歉意:

A.经常

B.偶尔

C.从不

(13)你觉得同一件事情,自己的方案是所有方案中最科学合理的:

A.经常

B.偶尔

C.从不

(14)你会正视自己讨厌的人,不会避免与对方见面:

A.经常

B.偶尔

C.从不

(15)你会努力成为自己所处的团队的领导者:

A.经常

B.偶尔

C.从不

【评分标准】

每道题选A为2分,选B为1分,选C为0分,将每道题的得分相加,计算出自己的总分。

【结果分析】

26~30分:主角。显然,你在自己经常参与的交际圈中戏份最重,角色也最重要。你已经习惯了以核心人物的身份出现,汇集众人的视线和关注。所以你总是能以主角的身份来参与交际,久而久之,周围的人也适应了以你为核心。对现在的你来说,最主要的任务是将主角的光芒发挥到最大,力求照射现场每个角落,并且随时准备迎接挑战,想要稳居核心的人肯定不止你一个,想要挤进核心圈子的人更是跃跃欲试,所以你要学会如何利用主角的优势来维护自己的地位。

18~25分:配角。"一人之下、众人之上"的你总是能够妥当周全地处理与周围人的关系。你总是能对某些问题提出独到的见解,是人们乐于咨询的对象。你的左右逢源使你能够很好地发展自己的关系,同时也能联合众多配角积极地为主角出谋划策。但是,有这样一句话"不想当将军的士兵不是好士兵",如果你向往将军的荣誉勋章,就要打好里应外合的交际攻坚战,一步一个脚印地向上攀爬,切忌在根基不牢固的时候就急于求成。

11~17分:群众角色。你是典型的和平主义者,性格柔弱,而且很少会果断坚决地表明自己的立场,更不愿意同个性奇特的人打交道。因此,你首先要学会保护自己,以免被甩出圈子的外围,你应该利用别人对你的磨炼来历练和学习,因为别人对你的打磨往往会给你一些机遇,你要不失时机地锻炼自己的交际能力和变通能力,这样才能不枉费别人对你的磨炼。

0~10分:跑龙套。你多数时候以沉默应对各种局面,你不太喜欢表达,或者不善于表达,通常拿不定主意的你需要一个风向标,你很少担心自己被边缘化的处境,反而担心没有人替你主持大局。其实,你真正需要考虑的是自己的境况,如果一个团队整体走下坡路,那么至少你不会被淘汰出局;而如果一个团体走的是越来越窄的上坡路,那么以你现在的角色,那个能替团队主持大局的人在面对团队精兵简政的决策时,必然先让你出局。

9.从吃苹果的方法看你的圆滑度

吃苹果的时候,你习惯哪种吃法呢:

A.一定把皮削干净,切成小块,装在盘里

B.把皮擦一擦,或者洗一洗就直接啃

C.把皮削一削,不切就吃

D.懒得吃,喜欢打成汁

【结果分析】

A.你是一个不容易让自己跟现实妥协的人,无论在什么情况下,你都希望能够维持自己的标准,并且极力和环境对抗,所以有时你会觉得很累,即使你懂得要在为人处世上圆滑一点。环境再怎么不如意,你也要力争到底,这样你会很辛苦。不要把标准用在每个人身上,把每个人都塑造成你所要求的样子,因为没有一个人是十全十美的,你要懂得在为人处世上圆滑一些。

B.你对自己很有爱心,当现实力量大过内心的标准时,通常会很快屈服,避免自己内外受煎熬。这种人做事圆滑,会在这个现实的社会里得到一片生存的天地。

C.你对自己有一套标准,当两者有冲突时,你会努力为自己而战,但当事实胜过理想时,你也不会太坚持,以免自己太累了。有时是不是觉得自己白忙了一场呢?所以要好好地权衡一下,有些事是否值得去做,然后再去规划实行,应该会有比较好的结果。

D.你对自己其实没有什么标准,就是一味地让自己随波逐流,听起来似乎没有原则,但你可真是随遇而安,随意自在,这样对你来说有好有坏,因为好的话,就是与世无争,但是也容易被人利用。

10.你最不善于与什么样的人打交道

有的人难以捉摸,可又不得不与他打交道,你是否经常面对这样的难题?你知道哪些人是你不知道该怎么接触的吗?其实从送礼物的细节就能看出你不善于和哪种人打交道。

当你想送别人礼物时,你会选择哪种颜色的包装纸:

A.蓝色

B.黑色

C.紫色

D.红色

【结果分析】

A.不擅长与感情起伏激烈的人相处。个性冷静的你,很少感情用事。因此,不擅长与对喜怒哀乐表现过于激烈的人相处。如果刻意地迎合,只会使自己疲惫不堪。

B.不擅长与矫揉造作的人相处。心胸坦然大而化之的你,对于注重打扮而难窥其内在的人,无法与其打成一片,但若试着与对方相处,你可能会有意外且惊讶的发现。

C.不擅长与具有包容力的人相处。你稍带有一些恋父或恋母情结。面对亲切的上司、前辈常无法压抑自己的情感,而产生严重的后果。你必须把工作和私生活划分清楚。

D.难与懒散的人相处。你是一个有条不紊的人,所以无法忍受他人的懒散与邋遢。即使对方个性和善仍无法原谅其粗枝大叶。

11.你的狠角色指数有多高

无论是最好的年代,还是最坏的年代,社会绝不能缺少这样一群人,他们就是狠角色。你骨子里是一个狠心的人吗?很多人外表温柔、平和、善良,骨子里却是一个狠角色。你呢?做个测试测测看。

(1)你是圆形脸吗:

是→(2)

否→(3)

(2)你喜欢黑色吗:

是→(10)

否→(4)

(3)你是性格开朗的人吗：

是→(4)

否→(5)

(4)你是属于身材瘦削的体型吗：

是→(10)

否→(7)

(5)你爱看励志的书吗：

是→(7)

否→(6)

(6)你喜欢新奇的东西吗：

是→(13)

否→(9)

(7)你觉得自己有正义感吗：

是→(8)

否→(13)

(8)你是专情的人吗：

是→(12)

否→(14)

(9)你喜欢下雨天吗：

是→(15)

否→D

(10)你常说："我也不知道！"

是→(11)

否→(8)

(11)你很有行动力：

是→A

否→B

(12)你对八卦消息很有兴趣：

是→A

否→(11)

(13)你的嘴巴不是很小:

是→(15)

否→(14)

(14)你喜欢热闹:

是→B

否→C

(15)你很有研究精神:

是→C

否→D

【结果分析】

A.狠角色指数70%

你是有恩必还、有仇必报的人,爱恨分明的程度让身边每个人都对你敬畏三分。你不一定能保证自己对爱情有百分百的忠诚度,但却强势地要求对方要达到这样的标准。你很有异性缘,就算表现得十分任性,甚至有过分的要求,还是可以找到为你牺牲奉献的人。

B.狠角色指数0%

你平时的表现和一般人没有太大的差异,该争取的权益也不会随意放弃,唯独面对爱情时,你却像变了一个人似的,不要说对别人要狠,根本就是那个被狠角色欺负的人,每次一谈起恋爱就容易失去自我,不管对方的所作所为是否合理,你都能完全包容,无怨无悔。

C.狠角色指数100%

你禁不起任何失败和背叛,一旦坠入爱河,必须倾尽全力去爱对方。在爱情中是主导的角色,当你遇到心仪的对象,无论对方对你是否有爱意,你都会想尽办法让这感情开花结果,若对方有不轨的行为,你会立刻由爱生恨,并施以严厉的惩罚和报复,即使两败俱伤也在所不惜!

D.狠角色指数30%

你坚守着"人不犯我,我不犯人"的原则,总的来说,你的情商颇高,只要对方不太过分,你绝不会轻易动怒,甚至会站在对方的立场思考,算是体贴又善解人意的人,不过如果对方太得寸进尺,或是踩到你的致命痛处,你就会采取行动,而且是让对方永生难忘的重重一击。

12.人际交往中你属于哪种风格

如果你想在你家的周围筑一道围墙,你会用下列哪一种材质呢:

A.木质

B.铁质

C.砖质

D.在房子的周围栽上树

【结果分析】

A.爱憎分明型。对你喜欢的人你会热情地与之交往,对你讨厌的人则冷若冰霜,一副不爱搭理的样子。你是爱憎分明、交友很有选择性的人。由于你交友很投入,所以你也可能因看错人而吃亏上当。你应该重新到你的渔网里审视一下,看看有没有鱼目混珠的情况。

B.社交家型。你有着社交家的聪明和睿智,还有非常宽阔的心胸,可以接纳任何人。你是个活泼开朗的人,与任何人都能交际,是个社交家的类型。你拥有许许多多的同性和异性的朋友,但值得注意的是:别一味充当好人,以免被别人误会。

C.感情泛滥型。你就像是一个自信又不服输的蜘蛛。你精心织就了一张很有吸引力和诱惑力的大网。经常有些懵懂的人成了你的猎物,尤其是那些感情丰富的异性。但是主动权不会永远在你手里,还是别利用别人的天真为好。

D.外冷内热型。你对朋友的标准要求很严格,能成为你朋友的人都是像筛沙子那样经过你的严格筛选,你表面上看起来生硬又消极,与那些人不熟的时候你不会多说话,只有关系融洽了才能展示你开朗活泼的一面。你交友不多,但都是很知心的朋友。就算你身边的人不多,你也不会感到孤独,反而总是感到很温暖。

13.与人共事时你最致命的弱点在哪里

如果你和朋友共事,当你们有不同意见时,你会:

A.坚持己见

B.请第三者来评理

C.希望再和对方多沟通沟通

D.不想跟对方争,即使自己是对的,也不去坚持

【结果分析】

A.你是一个很有主见、对自己很有信心的人。但是,可能是太有自信,似乎有成为自大主观、自我意识太强烈、不站在别人立场设想的自大狂的可能。人与人共事,最重要的是合作关系的和谐,这种团队精神是促进人际关系的催化剂。你的自信可能是你成功的条件和本钱,但也很可能是你的人际关系的致命伤。最好多听听别人的意见,就算要坚持己见,也要透过沟通让人心服口服。

B.以第三者的角度来评断,可以说是个比较客观、不涉及个人主观意识之争的好方法,而且也避免对立的两方直接面对面地对抗,产生敌对的状态。如果你选择这种方式来说服对方,可以看出你是一个很有智慧,而且很有度量的人。你的人际关系就因为你的淡化个人主观意识,让人觉得你不是一个很自大、专制的人,这种做法不仅有利于团体作业,也会相对地提升你的公信度,将来就不会有人针对你作个人的批判了。

C.你有这种沟通习惯和观念,表示你很适合团体工作,你的人际关系也会因你的合群观念而拓展顺利。不过,虽然沟通是好事,但绝不要为了搞好人际关系而去沟通。因为这样一来,你会给别人爱表现、底子空洞的感觉。更不要因为要讨好同事而隐藏自己的本意。如此一来,你的主见和个性就会荡然无存,埋没在一个团体之中,既不起眼,也不受尊重。这应该不是你所想要的吧!

D.你这种放弃自己主见和权益的做法,会让别人觉得你根本不重视这个工作,也不尊重团体中的参与。你的心态可能是怕和别人形成一种对立状态,你本身又不善于处理这种敌我关系,所以你选择退缩让步的做法来逃避。事实上,你为成全良好的人际关系而做让步,这种做法不但不会让你得到预期的效果,反而会因此得罪许多想做事的人,这是你所想不到的吧!

14.微时代你的沟通能力退化了吗

(1)你刚走进办公室,你的一位同事就悄悄地跟你说:"老板找你。"你会怎样做:

A.认为他在恶作剧

B.主动找老板询问是什么问题

C.马上向他打听

(2)你所在部门只有一个晋升机会,上司没有把这个机会给那个条件比你好的人,而是给了你,上任的第一天,你如何对待那位曾经的竞争者:

A.打听他的QQ号或者他经常进的聊天室,以不知情的方式和他聊天

B.不会找那个人,就当什么也没发生

C.请同事们吃饭,并同时向他表示你的诚恳

(3)如果你是部门主管,发现你的下属工作业绩有明显的下降,你会怎么办:

A.定制度,早退罚款

B.每天在下班前开个小例会,直到大家觉悟为止

C.找那些爱早退的人长谈,找出原因

(4)当你看见自己的亲友或邻居为一些琐事而争吵时,你会怎么处理:

A.问清原因后加以劝解

B.在一旁观看,并防止意外发生

C.不闻不问,让他们吵

(5)你的异性好友的追求对象邀请你一起吃饭。第二天,你的好友反复追问你谈话内容,你会怎么办:

A.轻描淡写,淡化主题

B.只字不提

C.给好友提一些合适的建议

【评定标准】

每个选项后的数字代表该选项的分数,根据自己的选择统计出测试的总分数:

(1) A:1分　B:3分　C:2分

(2) A:2分　B:1分　C:3分

(3) A:1分　B:3分　C:2分

(4) A:3分　B:2分　C:1分

(5) A:2分　B:1分　C:3分

【结果分析】

5~8分:你的沟通能力较差。

你需要赶紧提升自己的沟通能力。你的沟通技巧比较差，常常让人产生误会，而自己还浑然不知，给别人留下不好的印象，甚至无意中还会给别人造成伤害。有时你无法准确地表达或者根本不屑表达自己的想法和观点，这可不太好。

9~12分：你的沟通能力一般。

你已经在处理问题的时候暴露出了一些不当之处。当你遇到沟通障碍的时候，尽管很想解决问题，但是方法就没有那么得当了。你经常采用直接的、赤裸的方法，虽然真诚有余，但效果一定不佳，你还是处事灵活一些吧，现实和虚幻总是有差距的。

13~15分：你的沟通能力尚好。

你仍然有良好的与人沟通的能力。当遇到困难的时候，你总是有办法，因为你懂得如何表达自己的思想和情感，从而能够进一步获得别人的理解和支持，保持同事之间、上下级之间的良好关系。

15.谁是潜伏在你朋友圈里的卧底

(1)你的指甲是长指甲还是短指甲：

很短的指甲→(2)

长指甲→(3)

不长不短→(4)

(2)你有皮质的手链饰物吗：

有→(4)

没有→(3)

不知道，首饰太多想不起→(5)

(3)你喜欢看大牌广告吗：

喜欢→(5)

不喜欢→(6)

还好→(4)

(4)买短袖T恤,你很重视衣服的款型还是图案:

款型→(7)

图案→(5)

无所谓→(6)

(5)水钻和古铜饰物,你喜欢哪个:

水钻→(8)

古铜→(6)

都喜欢→(7)

(6)几种颜色的裙子,你更愿意选哪种:

碎花→(7)

黑色→(8)

红色→A

(7)你不喜欢买奢侈品,但喜欢大牌设计吗:

是的→(9)

不是→(8)

说不清→(10)

(8)大多数时候你知道他人究竟为什么感到自卑吗:

知道→A

不知道→B

还好,也不一定→(9)

(9)你能听得出别人的语气里大部分的情绪吗:

是的→D

不是→C

不一定→A

(10)你能很轻易地猜透别人的心思吗:

是的→D

不是→C

还好→B

【结果分析】

A.弱鸡

你身边那种看起来很柔弱，从来都对你低眉顺眼的朋友很可能会变成你的敌人。你其实有点看人下菜，强势的朋友，你不敢招惹，对方越是软弱，你越是容易肆无忌惮地欺负对方。这么做好像有点不妥，要知道哪里有压迫，哪里就有反抗。不要以为你欺负别人的时候，他真的没脾气，对方只是忍着你罢了，某天爆发起来，可能会吓坏你。

B.小丑

喜欢讨好你的小丑朋友最容易变成你的敌人。你最喜欢被人阿谀奉承了，有人讲你的好话，你就立刻自以为是。在你面前扮小丑，只为了哄你开心的朋友无非就是嘴上佩服你罢了，可能暗地早想看你的笑话，平时还是别那么贪图好话了，真的想夸奖你的人言辞不会太浮夸。

C.霸主

你不是那种习惯顺从别人的人，你很有反叛精神，要是对方想控制你，对你指手画脚，你一百个不愿意，不管对方多强，你都要极力反抗。所以，那种比较霸气的朋友会变成你的敌人，因为你处处跟他作对，在你身上无法得到在其他人身上的顺从感，当然会把你视为敌人。不过坚持自己的意见是理所应当的。

D.怪咖

你讲话很少给人面子，即便是朋友，对方身上发生了奇怪的事情，你也会毫不留情地表现出大惊小怪的样子来，让别人难堪。如果你的朋友性格有一点点不合群，你就会跟别人一起排挤他，其实内心完全不是排挤，只是满足自己爱讲的欲望罢了。但是不是每个人都应该接受你的浮夸态度，可能有的怪咖朋友会变成你的敌人。

16.谁最适合做你的朋友

四个人同时和你认识，分别以不同的姿态和你聊天，你会和谁做朋友：

A.眼睛直视着你，头抬高的人

B.一手横在胸前，一手直摸着鼻子

C.双手交叉胸前，脚也交叉站着

D.双手放在背后,身体正向面对你

【结果分析】

A.你如果喜欢和这种类型的人做朋友的话,暗示你是个需要安全感或是不想出风头的人。因为,你所选的这个人,他会直视着你,表示对你很关怀,也有可能是用他锐利的眼神在逼视你,总之他就是要压过你,虽然表面上说是朋友,但从心理气势上来讲,他是想支配你的人。因此,你喜欢和他做朋友,可以说你是被他的气势吸引住了,而这也表示你是个没有主见,喜欢有依靠的人。

B.你可能天生比较鲁钝,迷迷糊糊地就会和人做朋友,甚至连朋友在想不利于你的计谋你都不知道。你所选择的这个人,基本上就是一个很聪明又很有心机的人。为什么?第一,他一手横在胸前,暗示他不敢和你坦诚相见;第二,他和你聊天时一直摸着鼻子,这就暗示着他不是在欺骗你就是不同意你的说法,只是不好意思说出来而已。

C.你是个比较喜欢照顾别人的人,也是属于没有心机,喜欢和老实忠厚的人做朋友的类型。你的直觉会告诉你该选哪个人,你会感应到这个人是个老实的不善于和陌生人打交道的人。为什么?因为他双手抱着胸,暗示他很不安,可能不善于交际。而且他的双脚也是交叉着,这也暗示着他是很紧张的人。从这些信息就可以判断出他比较迟钝,不过倒是一个很值得交往的朋友。

D.这就表示你很希望有一个坦诚又有诚心的朋友。因为他会把双手背在身后,表示他对你的存在不具备任何防御心。这种把胸前的致命部位暴露出来的行为,是暗示对方自己很有诚意,而且是没有敌意。如果你喜欢和这种人交往,也就暗示了你是一个没有心机,一样也想对朋友坦诚的人。

17.交友时你应注意什么

已经分手的情人,有一天突然成为你的同事,你会怎么办:

A.无论如何要他辞职

B.自己辞职

C.装成什么都没发生过

D.再次约他出来见面

【结果分析】

A.要多点耐心。你为人没耐性,而且以自我为中心,很少顾及别人的感受,尤其是遇到难题时,你会依赖别人的帮助。这类人要小心,别人不是奉旨帮你的,这样的性格很容易把朋友激走。

B.要多听取别人的意见。你是冲动派掌门人,做事往往不顾后果,乱冲乱撞,容易失败收场,提议你多听取别人的意见,可减少碰钉子的机会。

C.要学会与人分享心思。你是个深思熟虑的人,做事细心周密,遇困难时处变不惊,总不会让别人为你担心。别人走不进你的内心,自然也就难以成为亲密的朋友。要知道有时候遇到困难,有人帮忙分担也未尝不是好事,关键是你要给别人机会。

D.要适时关心自己。你是一个温和的人,凡事都会为他人着想,当遇到困难时,身边的朋友定能助你一臂之力。适当的时候也要替自己考虑考虑,多关心一下自己。

18.你选择"死党"的标准是什么

"死党"指非常值得依靠的、谈得来的朋友。"死党"与朋友相比,朋友更注重情,而"死党"更注重的是义!但是交友并不是什么人都合适,那么如何选择你的"死党"呢?

(1)你喜欢的东西也会大力向别人推荐,一心想与人分享:

是→(2)

否→(6)

(2)你觉得第一印象很重要,能否与人成为朋友取决于此:

是→(4)

否→(8)

(3)你会偶尔变得无法自控,急躁:

是→(13)

否→(18)

(4)朋友聚会或外出旅行,你常是主办者:

是→(13)

否→(3)

(5)你觉得《友情岁月》中那种男孩中的友情十分好:

是→A

否→B

(6)你的朋友多是与自己性格相反的人:

是→(8)

否→(7)

(7)你觉得和朋友出去玩的话,人数越多越开心:

是→(8)

否→(16)

(8)你觉得很难和某方面比自己出色的人交朋友:

是→(9)

否→(11)

(9)你喜欢跟朋友倾诉心事,然后给予适当的意见:

是→(5)

否→(10)

(10)你向朋友借东西后,经常会因为没记性而过期不还:

是→(B)

否→(C)

(11)你不愿意让朋友见到自己忧虑或懦弱的一面,所以在朋友面前总是表现出一副开怀的样子:

是→(12)

否→(17)

(12)你说笑话时总会不自觉地加入一些夸张失实的言辞:

是→(9)

否→(18)

(13)你不会期待任何朋友会为自己做些什么:

是→(14)

否→(9)

(14)你善于让别人愉快地请自己吃饭：

是→(5)

否→(9)

(15)对于好友的事你不知道得一清二楚便会感到不安心：

是→(C)

否→(D)

(16)你至少有一个由童年时起便十分亲密的异性朋友：

是→(17)

否→(19)

(17)你给朋友发电子邮件后,一天后仍没有回音的话,便会感到不安：

是→(18)

否→(19)

(18)与年纪较长的人相比,你觉得和年纪较轻的人相处会更为轻松：

是→(10)

否→(15)

(19)你觉得骗人会让自己的内心觉得非常不安：

是→(20)

否→(15)

(20)你觉得用可爱来形容一个男孩子那简直是对他的一种侮辱：

是→D

否→E

【结果分析】

A.黑白分明型

你喜欢以直来直往的方式与朋友交往,不论什么事都会黑白分明,坦白直言,你有倔强的个性,使你不会去刻意地讨好任何人,虽然你的个性很强,但因为你交朋友的坦率磊落,令你身边的朋友通常都能与你开诚布公,因此爽朗磊落的朋友更适合你,不过切忌坦白并不等于粗暴,在对人率直的同时,言语也应采用较柔的方式。

B.保持距离型

你对朋友的态度是"君子之交淡如水"。你不太需要与人深入交往,与朋友的关系总保持谦恭礼让,因为过分的亲密会让你感到压力。与朋友一起,你享受的是共同的爱好和乐趣,因此同样喜欢追求新鲜事物,有好奇心的人最适合做你的朋友。但这样的话,可能很难交到真正的知心朋友。

C.竞争进步型

你的性格很直率,而且不论对待任何事都很认真,喜欢与人一较高下,所以你常常会以欣赏别人的认真态度,将竞争对手变成朋友,并且会与好朋友毫不避嫌地竞争。因而你结识朋友的方式是"不打不相识",在共同竞争进步的同时,你们的友情也越来越深厚。但有时认为自己可以承受的对方也一样可以,而忽略了对方的感受,必会造成友谊的伤害。

D.情深义重型

你对人的喜恶非常分明,甚至倾向激烈。所以你常给人冷酷及疏远的印象。与某人成为好友对你来说是相当费时的事,需要通过长时间的观察和认识。可一旦与某人成为好友,你便会全心全意地对待对方,甚至可以为好友两肋插刀。这样的你适合与本性诚实的人做朋友,以诚相待才能培育出最真挚的友谊。

E.形影不离型

害羞的你很难主动与别人交往,更不会勉强他人做不愿意做的事。你有一颗善于为他人着想的心,但却不善于将这种想法表达出来,所以一旦与某人成为朋友,你就会非常重视这份友情,甚至希望和对方形影不离,吃饭、上学、购物都在一起。适合做你好友的人选当然也要同样重视友情。但亲密不要变成过分依赖,否则任何人都会因为交往过密而感到压力,交友也应保持一定的私人空间。

19.你的交际手腕及格吗

三天后,你与心仪的人有个约会,你有意表达自己的爱慕之意。这时候,你会做哪些事前准备工作:

A.先把要讲的话准备好

B.先去买一份礼物

C.再多打几次电话聊聊天

D.多打听一些他的私事

E.什么也不必准备

【结果分析】

A.你有点狡猾,从来不打无准备之仗,在人际交往上也是如此。即使是简单的接触,你也要提前准备,考虑到各种可能发生的情况。

B.你是一个善于体谅别人的人。在人际关系上,你讲求"将心比心",信奉以诚待人。但记住,社会是非常复杂的,这种方法可不是百战百胜的。

C.你的猜疑心太重了,这样是不会对人际关系有好处的。

D.你缺乏稳定的能量。你在生活上是个脑筋不错、总在改变的人,你很难被了解,思想也与一般人不太一样,有兴趣的事物也很少有人喜爱。虽然很多人佩服你的头脑与才华,但是你的生活相当不稳定,总是感觉自己很不踏实,所以你最缺乏的是稳定的能量。建议你要克服自己总是跟他人唱反调的习惯,也许有时候你是对的,但要记住这世界上的对错是由大多数人决定的,而不是你一个人。

E.你在交际中率性而为。由于你的率性,所以你很难听得进别人的意见,这样的性格会让你在交际中吃亏不少。所以,你再也不能由着性子办事了。

20.你为何会经常得罪他人

与陌生人第一次见面你最反感对方做什么呢:

A.不停地问你的个人问题,就像身世调查一样

B.与你刻意保持距离,不够大方坦然

C.油腔滑调,总是抢着说话,把你当成听众

D.装作与你很熟的样子,主动靠近你并主动拍你的肩膀

【结果分析】

A.你是一个非常看重自己个人隐私的人,性格稍微有些封闭,不喜欢将自己的背景以及生平资料等暴露在别人面前,那样会让你们感到非常不自在,因而你很讨厌与你不熟的人不停地问与你的私人生活有关的问题。而且在与周围的人相处的过程中你很讨厌别人拿你的背景或者是个人问题开玩笑,不论对方是谁,

你照旧会发火,因而很有可能你会因此而得罪别人。

B.你其实很想拥有一个和谐美满的人际关系,并且与不熟悉的人建立良好的沟通桥梁,但是你内心又认为主动找别人搭讪是非常伤自尊的,因为你认为自己是很有魅力的人,因而你在与人交往中总是无意中透露出高傲的气息,只是你或许个人感觉过于良好,这样很容易得罪人哦!

C.一个人说话能够掌控主导权,那么通常说明这个人的气势非常强,如果这个人一见面就说个不停,把你当作是哑巴观众,那么就说明这个人仅仅只是将你当作他发泄这些情绪的工具而已,要不然就是希望在气势上压倒你,让你知道对方的厉害。如果你对于这种人比较反感的话,那么就是因为你在气势上不希望被人压过,而且不希望别人不尊重你的发言权,因而你在平时的表现中会表现得比较强势,你很容易因为过于强势而得罪人。

D.你对自己的应对能力并不是那么有自信,而且对别人也缺乏基本的信任,因而你通常会下意识的拒绝别人,因而你也很容易因为过于谨慎小心而得罪人。有些时候或许对方只是个性活泼了些,并不是不尊重你,因而不要一竿子打死一帮人。

21.你要提防的损友有哪些

约会时,你提前到达了约会的餐馆,等人的十几分钟里,你会干什么:

A.补妆

B.看杂志

C.玩手机

D.无聊地到处张望

【结果分析】

A.你需要提防墙头草类型的小人。你是个心里藏不住话的直肠子,有什么想法一定会第一时间说出口,你觉得一个人待人是否真诚就得看他敢不敢说真话,说实话。同时,你有一个毛病就是忍不住背后说人坏话。当你这么做的时候,墙头草型的小人就盯上你了,这边你说了别人的坏话,那边"墙头草"立刻把你说过的话添油加醋地传到对方耳朵里,你就两头不是人了。

B.你需要提防口蜜腹剑类型的小人。你特别容易相信别人,别人表面上对你好点,你就立刻把他当兄弟。那种爱说好听话的小人最容易搞垮你。每个人都爱听好话,你尤其如此,别人随便说点好听的,你立马就信了,却不知对方肚子里打的什么主意。

C.你需要提防无赖类型的小人。你是个烂好人,如果有人跟你要无赖,你一定束手无策。你以为这个世界上讲道理的人是大多数,无理蛮横的人毕竟是少数。事实上,我们的生活中就存在那种无赖型的小人,他们不讲道理,我行我素,总是用极端的手段逼别人顺从他们。而这种小人最喜欢招惹你这样的烂好人。

D.你需要提防卑鄙无耻类型的小人。你从不会跟别人耍心机,但如果遇到有人跟你耍心机,你一定斗不过对方。你骨子里就是个善良的人,你宁愿和敌人明刀明枪地干一场硬仗,也不会无耻卑鄙在背后耍手段。君子斗不过小人,因为君子不会用小人用的卑劣招数。碰到这种卑鄙无耻类的小人,你避开他就是了。

22.你与最好的朋友是生死之交还是泛泛之交

请在心中想好你要测试的朋友,现在给你三样礼物,你会送给你的朋友:

一盒味道甜美、价格不菲的巧克力→从第(1)题开始

一盒具有永久珍藏价值的CD→从第(2)题开始

亲自制作的工艺品→从第(3)题开始

(1)你和朋友逛街时经常谈论的话题是:

谈论看到的衣服及饰品的款式,或者流行的时尚话题→(4)

更多地会谈到与逛街内容无关的话题,比如说说自己的近况→(5)

(2)你与朋友通电话的状态更倾向于哪一种情况:

几分钟把事情讲完,没事根本不通电话→(5)

拿起电话就讲个没完,甚至有超过两个小时的经历→(6)

(3)你认为自己的朋友状态是:

有很多朋友在身边,但真心对我的却没几个→(6)

没有多少朋友,但却有真正懂我的知己→(7)

(4)如果你和朋友们举行一个聚会,你的聚会地点是:

风景如画的郊外→(8)

富丽堂皇的酒店→(9)

(5)给你一个花园,你会种植些什么:

种满粉色系或白色系的花,让花园变得温馨美好→(9)

种植各种各样的花,使花园看起来色彩缤纷,不会单调→(10)

(6)你认为最具有悲剧性的女性是哪一种:

被自己爱的人辜负,如《胭脂扣》里的如花→(10)

永远不可能和自己爱的人在一起,如《荆棘鸟》中的梅吉→(11)

(7)认为和朋友聊天的理想地点是:

在散发着清香的草坪上,周围寂静美丽→(11)

在家里的沙发上,周围飘荡着咖啡的浓香→(12)

(8)如果深夜你还没有睡意,你更倾向于:

听音乐,或者放一部很喜欢的片子来消遣→(13)

躺在床上努力地让自己入睡,为第二天的工作保存精力→(14)

(9)你更喜欢读哪一类的小说:

《东方快车谋杀案》《福尔摩斯探案集》等悬疑类的侦探小说→(14)

《飘》《小妇人》等以爱情和曲折情节取胜的小说→(15)

(10)你认为你自己更适合哪些形容词:

单纯,活泼,亲切→(15)

理智,成熟,沉默→(16)

(11)你对友情和爱情的理解更倾向于:

有很明显的区别,并可以很明确地说出哪个比较重要→(16)

不知道哪个比较重要,觉得都是人生的一部分→(17)

(12)你和朋友一起吃饭,结账时通常的情况是:

我请客或者她(他)请客,总之是一个人付钱→(17)

通常AA制度,各付各的→(18)

(13)如果你和朋友同时喜欢上一个异性,你会:

让给她(他),然后自己寻找新的生活→(19)

和她(他)竞争,必要时可以牺牲友情→(14)

(14)你的朋友对你的称呼通常是:

叫你的真名→B型

通常会叫你的昵称,或者给你起个外号→(15)

(15)每到你的生日,你的朋友会:

把日子记得很清楚,并会送一份让你惊喜的礼物→C型

有时需要你提醒才想起来,或者被提醒也想不起来→(16)

(16)你希望交到的朋友是:

任何方面都比你优秀,或者至少和你一样优秀→D型

任何方面都不如你,甚至希望依赖你→(17)

(17)如果你的朋友有困难需要你帮忙,你最多可以牺牲掉什么来帮助她(他):

牺牲掉自己所愿意付出的一切→E型

牺牲掉一些身外的、可以再生的东西,比如损失一些金钱→(18)

(18)你认为美丽的人生需要:

亲情、友情、爱情都要拥有→F型

不一定要拥有全部美好的感情,只要自己快乐就行了→G型

【结果分析】

A型:小人之交。很不幸,如果你到达了这个选项,你身边的这位朋友很可能是你生命中的小人。其实你在内心并不信任她(他),甚至已经开始排斥她(他)了,而她(他)的存在很可能只是想从你身上得到某种利益或者好处。如果是这样,亲近不如远离,无论你们表现得如何亲密无间,内心的真实想法是不会撒谎的。如果出于某种情况,你们还必须在一起做朋友的话,那请你一定要提高警惕,千万不要让她(他)侵犯自己的正当利益,要保护好自己。

B型:普通朋友。你们不会有什么冲突,当然,你们的生命也不会出现太多的交集。你们的友情只是两条平行线除了在特殊情况下相交,过后依旧是平行线。也许淡淡的似有似无的友情也是不错的,如果自身的利益不被侵犯,多一个朋友又有什么不好呢?虽然注定不可能深交,但毕竟也算相识,说不定某年某月两条平行线又有了相交的瞬间,让你在普通的相识中受益匪浅。

C型:知己良伴。不管你是女生还是男生,都需要一个听你心事的人。他(她)是个好的倾听者,偶尔也会向你诉说他(她)的心情,但他(她)更是一个好的保密者,

可以让你们的对话永远保存在你们彼此的记忆中而不会成为众人口中的新闻。当你难过、沮丧时,你可以找他(她)倾诉;当你快乐、欣喜时,可以找他(她)分享。也许他(她)不会帮助你解决困难,不会让你感觉有依靠,但是他(她)却是你生命中不可缺少的人,因为这个人分享了你的心情。

D型:君子之交。君子之交淡如水,也许他(她)会忽略很多细节上的事情,也许你觉得他(她)根本不会像朋友一样帮助你,关心你。可是当你真正遇到困难时,他(她)会义无反顾地站出来帮你;当你受到不公平的对待时,他(她)会帮你伸张正义。你们的友情只有在患难时才可以看出来,在平时只是一碗清水。如果你有这样的朋友,请一定要珍惜,因为他(她)可以提携你,帮助你,是你在最黑暗时的一盏明灯。

E型:生死之交。如果你到达了这个选项,那么一定要恭喜你。因为太多人一辈子都不会有生死之交,这种交情太难得,是可遇而不可求的。据说人在遇到生死之交时,心中都会有异样的感情,你是否有呢? 在生命悬于一线时,他(她)还会惦念着你,这恐怕是人生除父母外最至亲的一种感情,它比爱情更纯粹更真实。请你务必用一生去珍惜这样的感情。

F型:酒肉朋友。一起狂欢或聚会时,他(她)肯定是个很好的朋友,让你的生活丰富多彩。你们可以在歌厅或者野餐聚会时成为最佳的快乐拍档,你们也许被大家公认是亲密无间、心照不宣的好朋友,但是这个朋友只可共享乐,却不可以共患难。如果哪一天你潦倒不堪或者需要有人伸出援手时,他(她)一定会躲得远远的,去寻找自己的快乐,而弃你于不顾。人可能或多或少有一些酒肉朋友,但这些朋友还是尽量离远一点为妙。

G型:绝对损友。他(她)不会像小人一样为了某种利益而接近你,也不会只想和你一起开心。也许他(她)在某种行为上很义气,让你以为他(她)是你的人生挚友,但是他(她)的种种行为不会给你的人生添彩,不会让你有任何提高,相反,他(她)很有可能让你误入歧途,沾染上很多坏习惯。你要知道这绝不是交朋友的目的,在这里只希望你一切小心,坚持自己的原则。

第四章
职场分析——找到前行的动力

1.哪种职业最适合你

在中西方五花八门的算命方法中，你最信服的是哪一种：

A.塔罗牌

B.占星图

C.易经卜卦

D.八字风水

【结果分析】

A.你适合艺术类工作。你是个感性强烈的人，艺术天分是上帝赐予你的资产，创作是你发达的途径，即使创作能力不足以糊口，你还是可以寻找和艺术相关的工作，工作起来会更有成就感。诸如体力劳动，或是经商等工作，其实并不适合你，勉强去做只会使你丧失对自我的信心。

B.你适合公关类工作。你是个兼具理性的人，在事业发展上，你反应快速的头脑，会给接触过你的人留下深刻的印象，但是不能坚持到底的毛病，是你要特别注意的。任何和人际关系密切相关的工作，其实都颇为适合你，如公关、业务、记者等，不要半途而废，成功将指日可待。

C.你适合研究类工作。你是一个性格爽朗的人，总是向前看，不会耿耿于怀于昨日的失败，能持续往前冲刺，研究型的工作最适合你，因为你总是有不怕困难、越挫越勇的精神。

D.你适合自己创业。生活对你来说，是个严谨的课题。你对自我要求很高，办事更有一套办法，你不会人云亦云，最适合自我创业，这样才能完全发挥你的才华和见解，或者找个能赏识你的好老板，相信你会是匹千里马的。

2.职场中你的行情看涨指数是多少

有一天早上醒来发现自己被外星人抓走，你下一步会怎么做：

A.想办法逃走

B.装死或装睡

C.求他们放自己走

【结果分析】

A.行情看涨指数55

有明日之星架势的你即将成为天王天后接班人：这种类型的人对自己很有自信，平常会在专业上投资，只要有机会学习，一定会很努力，因此当时机出现时，一定会令人刮目相看。

B.行情看涨指数99

目前行情处于涨停板的你有着被大家看好的后势：这种类型的人除了本身的努力之外，情商也非常高，懂得分享和包容，即使本身已经是当红人物，还是会把光环分享给大家，因此会让大家觉得你不仅仅是事业成功，做人方面也非常沉稳。

C.行情看涨指数20

所谓路遥知马力，只要你继续努力一定会出头：这种类型的人默默努力，默默耕耘，不求大家注意，只要把自己分内的事情做完就好。你认为自己一步一个脚印地努力，总有一天会成功。

3.你天生是老板命吗

如果你要去某条街的小店里见个朋友，你迷路了，第一时间会怎么做：

A.问问路旁行人

B.先走一段路再说

C.打开手机看地图

D.直接坐出租车去

E.和朋友联系一下

【结果分析】

A.当小老板

显然，你当大老板的天赋技能是比较缺乏的，毕竟你也有懒惰的一面，并不想让自己的人生有呼风唤雨的本事。然而你有一定的主动性和想法，还有一定的运气，所以当一个小老板的话，你的天赋绰绰有余。

B.老板身边红人

倘若人人都去当了老板，那简直是不可能的事情，事实证明，一将功成万骨枯，成就一个将军，总是要牺牲那么多人，而成就一个大老板，也总是需要一些人来辅助、帮助的吧。你就像是老板身边的红人、出谋划策的军师，这个技能和天赋你还是不缺的。只不过你也懒得去承担一个大公司的命运，当红人就不错了。

C.老板天赋很好

你成为一位大老板，还是有希望的，因为你成为老板的天赋挺不错的。一来你的主动技能比较强，二来你有大局观，眼光看得比较长远。整体上说，跟着你即使出了错，你也有逆境重生的本事。而且你是一个负责任的人，所以你创业会成功，在单位也能混得好。

D.老板天赋没有

基本上，你当老板的天赋是没有的。作为一名懒惰，不爱去思考的人，你也总是想过一种舒服的生活，不要太麻烦了，图个舒服就好。可能你是比较偏向于享受类的人吧，别人要是跟着你打天下，你也会打到一半，就先享受了再说，最后搞不好还会连跟着你的人都一起受饿。反正你会说，自己也没有当老板的心思，当个小虾米有何不可？

E.老板天赋很少

你的独立性一般，出了什么事情，一般会咨询别人，即使是当了老板，你也喜欢在做出投资决策前询问别人的意见。这样的你，倘若早就继承了公司，你可以依托职业经理人来打理。要是你自己创业，大概也会成功，但是想成为独立的老板，那是不大可能的。

4.当下你的职业现状是什么

一把钥匙掉落在水池附近，当你在寻找它时，请运用个人的想象力，猜想它是由下列哪种材料制成的：

A.铁

B.木

C.金

D.银

E.铜

【结果分析】

A.你是一个非常现实的人。很少作无谓的空想,善于用常人的思维方式思考和处理问题,与周围的人相处得很和谐,不惹是生非。但现在的你可能正处于人生低潮。

B.你的内心似乎暗藏着对现实生活的不满,或者是觉得非常疲倦。感觉做任何事都比较麻烦,缺乏尝试新事物的冲劲,现在的你正渴望依附在强人身上。

C.你现在的事业非常兴旺。在你的周围充满着意外的机会,可以使你实现梦想,得到收获,而且新事物也会接连不断地带给你好运。

D.你面对问题仔细思考后,可以马上作出反应,是运用智慧找出合理解决方案的人。你在接受对方的意见时态度非常谨慎,因此面对对方的求婚或是向对方示爱,目前是最适当的时机。此外,你的财运也非常强盛,有致富的可能性。

E.你是超级的自信家。能力突出,可以利落地处理事情。但是面对讨厌的东西时,即使是上司或长辈的叮咛、命令也都无济于事,因为你认为自己才是最主要的。无论什么事,你似乎都可以兼顾得很好。目前正是你放手一搏、尝试新事物的最好时机。

5.你事业成功的可能性有多高

疯狂的工作暂时告一段落,终于盼来了一个难得的休息日。你花了整个晚上盘算着这一天该如何经营。最后,你的如意算盘是哪个:

A.打扫屋子,窗明几净,心情也靓靓的

B.逛逛书店吧,为了“充电”,我得时刻准备着

C.约见朋友,在午后的阳光中随心所欲地闲聊

D.独自外出购物,得再为自己添几身“行头”了

【结果分析】

A.逍遥悠闲型

你的事业成功率较低。你的“自我步调”是你的优点,但同时也是你的缺点,它会影响你在事业方面的进取心。你自身也并没有出人头地的强烈愿望。对你而言,工作或许不是你人生的重心。冬日在阳台上晒太阳,夏天海边吹风,在沸腾的球场上洒汗,空旷的房间里发呆,相信你同样会感受到幸福。

B.狮型斗士

你的事业成功率相当高,无论做什么事都会全力以赴,实力不可小觑。但是,仅有实力并不是成功的唯一钥匙,得到上司的赏识和同事的赞许也非常关键,毕竟这不是一个孤军奋战的舞台。

C.广结良缘型

你的事业成功率尚可,晋升速度与年龄的增长成正比。你很注重打造自己的人际圈子,深谙天时地利不如人和的道理。不过人脉固然重要,提升自我也很关键。

D.狐型斗士

你出人头地的愿望比一般人强烈得多。如果你随时都流露出即便将同事或上司排挤出去也要向上爬的心态,那么,你就算机关算尽也难成气候。这种心态将成为你通往成功之路的绊脚石。

6.迅速锁定你晋升途中的拦路虎

每年都有很多人告别一线基础工作,上升至二线指挥一线成员作战,可为什么就是轮不到你呢?究竟是什么阻碍了你上升的路途呢?

(1)假如你看到有人抢劫一个少女,而你就在旁边,你会怎么办:

A.马上离远点,少惹是非→(3)

B.报警,想方设法发动周围人帮忙→(2)

(2)你考虑很久后终于做出的决定遭到家人或伴侣的反对,你会怎么做:

A.坚持自己的决定,说服他们→(3)

B.重新考虑,或许妥协→(4)

(3)在你的朋友圈子里,别人吃喝玩乐的时候,总是会叫上你吗:

A.不是,不知道→(5)

B.一定→(4)

(4)你现在的工作有让你想一直做下去,也许做到退休的感觉吗:

A.有→(5)

B.没有→(6)

(5)你现在的工作给了你足够的空间让你展现自己的实力了吗:

A.是→(6)

B.否→(7)

(6)那些你自己结下的人脉对今后会有帮助吗:

A.有→(7)

B.没有,不确定→(8)

(7)你总想着会出现一个机遇,给你一个承担重任的机会,甚至牺牲生命都在所不惜:

A.是的,能做英雄即使牺牲生命也无所谓→(8)

B.不是,我还有亲人需要照顾,逞一时的英雄而牺牲这么大不值得→(9)

(8)你认为你的上司能力比你强吗:

A.是的→(9)

B.不是,不清楚,摸不透→(10)

(9)看到天空中的流星时,你会马上许愿吗:

A.会的→(12)

B.不会→(11)

(10)你购置衣物的时候,总是会有很多计划和目的吗:

A.不是,看到什么感兴趣的就买→(12)

B.是的,以免意外开支→(13)

(11)有没有一个歌手或是作家,让你十年如一日地喜欢:

A.没有,哪个打动我就喜欢一段时间→(14)

B.有→(13)

(12)你的电脑会安装很多防火墙和杀毒软件吗:

A.不是→(15)

B.是的→(14)

(13)你总是喜欢一个人外出或者独处吗:

A.不是→(16)

B.是的→(15)

(14)你认为如果公司是你的,你会做得比现在好吗:

A.不会,不确定→B型

B.一定会→C型

(15)本来是一个很好的机会属于你时,临时给了别人,你会怎么做:

A.沉默,看上司如何解释→A型

B.不理论,以后也不会尽心→C型

(16)你相信自己做出的决定会成功吗:

A.不相信→D型

B.也许会成功→(15)

【结果分析】

A型:目光短浅,心态失衡。你现在心里很不平衡,或压力过大,也可能是长时间累积造成的。你总把自己定位得太高,把自己的未来想象得超乎自己的能力。困难的事情没有机会去做,简单的事情不愿意去做。总感觉这个世界对自己不公平,另一方面还自责自己没度量或是太计较。你不要对别人期望过高,要学会疏导自己的不平衡情绪,不要过于计较报酬和结果,要努力展现自己的实力。学会屈服,把不喜欢做的事情做好才是真正的本事。然后学着为别人做些事,对身边的人也要学会赞美。

B型:消息怠慢,不思进取。你给人一种老实本分、不求名利的感觉,其实你胸怀一幅广阔的蓝图,与其对立的还有你的消极心态。你在职场中不得志的原因,就是消极心态盖住了自己的蓝图。你现在的生活全凭过去的经验。对于未来,你没有任何规划,即使有规划也没有坚定、乐观地去执行。即使你现在的工作是被动的,也要乐观地面对。不要把目光停留在工作本身,而要每天给自己定一个努力的目标,然后克服一切障碍去执行,坚持下去,你就会走出消极的牢笼。

C型:没魄力,没抱负。一直以来,你的原则就是踏踏实实做人,不要想不切实际的东西。观念是一种思维方式,是生存过程中形成的一种对事物的固定看法,失败的原因是你太过于现实,永远低着头看脚下的一小片土地,不肯抬头仰望星空,更不敢站在山顶看向远方。所以你的舞台不会太大。读万卷书不如行万里路,如果走不远,就多看看那些身边成功的人是如何破茧而出的,多与信息灵通的人交流。眼光放远一些,这样你会更容易接近成功的。

D型:优柔寡断。你心思细腻,考虑问题全面,只是过于多疑,而且又优柔寡断,因此总是让机遇在眼前白白流走。机遇摆在面前时,思前想后害怕失败;没有机会时,更是愁眉苦脸害怕没有出头之日。徘徊不定,即使别人给了建议,你也不敢轻信,还要不停地怀疑自己行不行。首先,你要给予自己足够的肯定,积极发现自己身上的优点。然后学会相信别人,在你考察细致的情况下,把最坏的结果摆出来,该出手时就要出手,千万不能让机会白来一次。

7.你对工作的投入度有多高

许久没有背上钓竿了,今天如果正巧有伙伴一同去钓鱼,你会选择何处:

A.海岸边

B.山谷的小溪

C.坐船出海去

D.人工鱼池

【结果分析】

A.在工作上你是个讲究回报率的人。你是个讲究投资回报率的人,会以最少的资本追求最高的利润,很有生意眼光,所以你会到海岸边去钓躲在岩缝里的小鱼,虽然体积不大,但是数量却很多。

B.对待工作你还不是很投入。你对工作企划有一套,眼光远大,能安排好一个月以后的行程,只可惜你做事太保守,缺乏冲劲,不能专一地投入,不然你为何贪恋山谷的美景,而不把全部心神投注在钓鱼上。

C.你是工作狂的代表人物。就像追求坐船时乘风破浪的快感一样,你是一股劲儿地拼命。你只能听指令行事,但是绝对不能让你规划,因为你会急出病来。

D.在工作上你是个成功且理性的人。你只打有把握的仗,十足的现代人,有自信,会推销自己,商场上讲战术,头脑冷静,但是你有点儿锋芒毕露,切记不要抢别人的功劳,否则会为你以后的失败埋下伏笔。

8.你的事业会因何而梦断

当你漂流到孤岛时,又饿又渴,你会选择何种最快速的方法来喂饱自己呢:

A.设计抓山鸡

B.采椰子

C.在岸边捕鱼

D.捕猎野猪

【结果分析】

A.在你的人生字典中,除了奋斗还是奋斗,你心中真正的想法通常都不会告诉别人,但会处心积虑,暗中想尽办法得到。请留意方法是否恰当,以免得到"只顾自己,不顾旁人"的评价。

B.你没什么事业野心,但对梦想很执着,为了实现梦想,你可以牺牲物质享受,也不和人争权夺利。你甘于如此,而且自得其乐。

C.你很聪明,很清楚如何在工作时省力和掌握重点,在短时间收到效果。你也是老板的宠臣,但你的耐性不足,很容易虎头蛇尾,需要加强耐力训练。

D.你虽然很想功成名就,但常搞不清楚事情的来龙去脉,属于状况外的人,公司里的消息,你通常是最后知道的。你常容易把事情想得很简单,直到真正去做,才发现完全不是那么回事。

9.你是职场中的大嘴巴吗

在办公室里,你突然收到邻座的同事紫萱发给你的电子邮件,说她明天即将离职的消息,你感觉很意外。而此时她已关掉电脑正在收拾自己的东西,这时你会做何反应:

A.你准备下班后找个单独的机会再向马上离职的紫萱问个究竟。

B.即使你知道紫萱不会立刻看到这封电子邮件,但你仍旧给她回复了一封询问她离职的原因。

C.虽然你很惊讶,但立刻恢复了平静。你觉得这个事情既然自己左右不了,也就不要多问为妙。

D.看到这封邮件,你感到非常惊讶,于是你立刻跑过去想问出究竟。

【结果分析】

A.大嘴巴程度：★★★☆☆

你很注意选择适当的时机说话,但有的时候你还缺少进一步考虑问题的意识,因为有些话即使换一个场合也不适合立刻提出。适当的时机,合适的话题才是职场说话的正确之选。如果你在此方面多加注意,就会成为一个人见人爱的办公室精灵。

B.大嘴巴程度：★★☆☆☆

你处理事情的方法如你的性格一样沉稳内敛,你不给对方过多的压力,但容易给人感觉你是个冷淡的人。虽然你思路非常清晰,但可能缺乏一种对同事的热情,适时增加自己的"醒目度",令自己的人气指数直线上升吧！

C.大嘴巴程度：★☆☆☆☆

虽然你总是置身事外地对待办公室里发生的一切,但同事总感觉你是个有个性的人,不好接触。不是所有的事情都要保持沉默,适当地参加公司的讨论,多与同事接触交往,改变别人认为你冷漠的看法吧。

D.大嘴巴程度：★★★★☆

即使是鸡毛蒜皮的小事也会被这种类型人夸大得如陨石撞地球般惊天动地。这种类型人是办公室的焦点,他们是最容易"大嘴巴"的一类人,仿佛世界缺少了他们就少了许多乐趣。尝试着说话前先数1、2、3吧。

10.你的工作是高压电吗

工作压力对于现代人来说是很正常的一件事，它对人们也带来不同程度的不良影响。但是有压力也不完全是一件坏事，因为适当的压力可以激励我们的生活,挑战自身的能力,达到自己认为不可能达到的目标。问题是什么程度的压力属于适当的呢？你的工作压力是否超出了正常范围呢？请你以"是"或"否"作答,回答下面的问题。

(1)曾感到眼前一片黑暗,突然看不清楚。

(2)常常感到肩、颈部酸痛。

(3)曾有心悸现象。

(4)一爬楼梯就气喘不已。

(5)即使是在夏天,手脚依然冰凉。

(6)食欲不佳,吃什么都觉得不合胃口。

(7)饭后感到心窝处疼痛,且有想呕吐现象。

(8)精神一紧张,就易拉肚子。

(9)经常便秘。

(10)皮肤粗糙。

(11)每晚不易入睡,常失眠。

(12)经常感到头重,且有严重头疼。

(13)身体会突然发烫或怕冷。

(14)坐在拥挤的公共汽车上,常出现眩晕。

(15)身体有某种过敏症状。

(16)身体常感到发麻和疼痛。

(17)每逢月经时痛得要请病假。

(18)曾患过膀胱炎。

(19)手脚或全身感到松软无力。

(20)工作时容易疲劳,以至工作效率不高。

(21)上司在旁盯着,就无法自在地做好事情。

(22)很怕在众人面前讲话。

(23)必须立刻办妥的事,一急就忙得不知所措。

(24)常常歪曲他人的话。

(25)每当要做出选择时,常常无法决定。

(26)给人的印象是迟钝,不够灵活。

(27)即使和大伙在一起,仍觉得很孤独。

(28)容易计较小事,常常心情郁闷。

(29)常把事情往坏处想。

(30)容易因小事生气。

(31)非常在乎他人对自己的评价。

(32)置身于陌生的人群中,就会紧张害怕。

(33)常常焦虑不安。

(34)精神常处于紧张状态。

(35)没什么朋友。

(36)不易感动,感情变得冷漠。

(37)早上不易起床。

(38)常被人误解。

(39)无故地陷于不安。

(40)常常感到自己"很差劲",甚至会自我厌恶。

【评分标准】

每题答"是"的得1分,答"否"的得0分,最后累计总分。

【结果分析】

28分以上:工作压力为100%

属此类型者,身心压力正处于危险状态,应立即求助于医生,并设法改善生活环境,抛开一切,让身心完全放松。每天睡眠要充足,每餐营养要均衡。

20~27分:压力为70%

对前半部分的问题,大多数回答"是"的人,他身体的某部位可能已出现了问题。处于此状态者,在饮食方面宜吃猪肉、肝等含维生素B类的食物。对后半部分回答多为"是"的人,此时,不要过多地忙于工作,宜多放松身心。如悠闲地散步或做些活动筋骨的运动以及淋浴等,使精神的压力得到消除。

12~19分:压力为50%

处于此状态者,身体虽然没有什么明显不适的症状,但健康状态欠佳。此时,首先要检查自己是否偏食。每天宜均衡地摄取多种营养。下班后,应立刻从繁忙的工作中解脱出来,尽量放松自己,哪怕只是凝视天空,也能使心情轻松愉悦。

11分以下:压力为20%

在现代忙碌的都市中,压力是免不了的。不过,这种类型的人,一般属精力充沛、富有朝气、生活愉快、工作得心应手的人。为继续保持这种状态,必须睡眠充足,营养均衡,心胸宽阔,不拘泥于小事,这样,自然会身心健康。

11.你对工作的不满程度有多高

你觉得最适合你的工作环境应该具备以下哪种条件:

A.容易结识男朋友或女朋友

B.能够拓展人际关系

C.工作轻松

D.可以发挥所长

【结果分析】

A.希望能够在工作上进一步发挥自主性。你对目前的工作略有微词,虽然对职位还算满意,但工作上的自由度是否太低?如果对自己的技术和能力充满自信,不妨换一家公司试试看。

B.应该尽快转职。你对目前的工作大为不满。你是否因为环境和待遇不错而选择了这个自己缺乏兴趣的工作?其实,你应该换一个自己想做的工作,即使收入稍微差一点也无妨。

C.轻松愉快地工作。你对自己的工作还算满意,但可能是因为工作"很轻松"的缘故才令人感到满意。如果想要在工作上取得更大的成就,或许应该考虑转职。

D.目前的工作令你做起来很有干劲,你对自己目前的工作十分满意。职位和工作环境都令你很有干劲儿,所以每天都过得很充实。如果能够持续这种干劲儿,你一定可以获得相当的成功。但假如你是女性,有可能会因此延误婚期。

12.你的职场危险度有多高

(1)你是你的工作岗位上"非你莫属"的人物吗?

(2)你是有敬业精神、认真工作的人吗?

(3)你和你的工作团队配合默契吗?

(4)你的老板是个不爱挑剔的人,他(她)对你的态度很好吗?

(5)你与顶头上司是否很合得来?

(6)如果你以前一直被邀请参加重大决策的讨论,现在还被邀请吗?

(7)公司的关键人物在作决策时还征求你的意见吗?

(8)你的公司培养你担任一个更好的职务,并告知你是下一个人选,他们最终选用担任这个职务的是你吗?

(9)你仔细想想,最近管理层是否发生了人事变动?你属于新管理层想任用的"自己人"吗?

(10)你的老板告诉职员说,他欢迎大家提意见。但是,他对你的建议是否持欢迎态度?

(11)好差事是否总是分配给其他的人?每次有挑战性的任务,明明你是业务"大拿",老板是否总是分派给别人,而让你在部门中担任低级别的工作?

(12)管理层的每个人都没有向你透露消息,但他们看见你的时候是否有点儿神秘兮兮,甚至绕路而行?

(13)以前,你总是因为出色的工作受到表扬,而现在,每当你完成一个项目,是否会被告知没有达到预期效果?

(14)你觉得工作不再充满乐趣,向别人透露过吗?

(15)你是否属于上班偷偷聊天,经常爱请假的人?

(16)公司里,你是否属于那种"只是低头拉车,而不抬头看路"的人?

(17)你是个精英,周围嫉妒你的人不少,其中有和管理层相处甚密的人吗?

(18)你不停地提出对本部门的改进意见,结果你的意见是否石沉大海?

(19)公司调整工资,你觉得自己业绩不错,但是却没给你加薪,你发过牢骚吗?

(20)在你的办公室里,有专门挖掘"黑色隧道"的办公室小人吗?

【评分标准】

1~10题答"是"得1分,答"否"得0分;11~20题答"是"得0分,答"否"得1分。

【结果分析】

0~7分:说明你的职场处境非常危险,很有可能被炒出局,未雨绸缪是你明智的选择。你若不改正自己的问题,那就很危险了。

8~14分:说明你在模棱两可之间,也有危险,也许通过争取,有留下来的可能,但是你要很好地反思,吸取教训,及早处理好工作中于你不利的问题。

15~20分:说明你暂时还没有危险,但是面对风云变化的职场,你也不要掉以轻心,要坐实自己的职业生涯和坐稳眼前的位置,要明白"金饭碗"抓住了才是你的。

13.你属于工作狂人吗

如果你是一家大企业的负责人,有一位年轻貌美的私人秘书,你有权规定她的上班服装,你会怎么选择:

A.保守的套装,裙长过膝

B.突显身材的窄裙,不但可以带出去应酬,自己也赏心悦目

C.一律和其他职员一样穿职业装,公司要注意纪律

D.任其自由穿着

【结果分析】

A.十足的工作狂。你是个平常看起来很散漫,实际上只要投入工作便一本正经的人。"认真"是你一贯的做事方式,而且勇于负责,丝毫不马虎,是个十足的工作狂。

B.看起来像个工作狂。你懂得在该努力的时候努力工作,能偷懒的时候也不放过休息的机会。所以你在工作时精神特别好,还会注意工作环境的情调,你只能说是"看起来"像个工作狂。

C.工作严谨的人。你是个公私分明的人,虽然谈不上是个工作狂,但是只要是公事,你就不喜欢涉及私人的事情,所以你只能称得上是一个工作态度严谨的人。

D.工作热情要依工作性质而定的人。你是个奇才型人物,比较擅长策划性的工作,如果认真起来,做事一丝不苟;但是如果你根本没兴趣,你就会搪塞过去,不大理会。所以你是不是工作狂,完全视工作性质而定。

14.老板眼中的你是笨蛋吗

在一条小巷内,发生了老婆婆被杀死的案件。你是著名的神探,你猜凶器是什么:

A.菜刀

B.斧头

C.水果刀

【结果分析】

A.你的工作表现差到让老板对你忍无可忍,到了恨不得想杀掉你的地步;选择此种答案的人心里要有准备,因为你在老板心中不仅仅是笨蛋,甚至可能在很短的时间内让你卷铺盖走人,因为老板心中虽然有很大的期待,可是这类型的人永远都只能做到20分、10分。如果不好好奋发向上的话,可能你就是下一个被裁员的对象。

B.工作认真、个性迷糊的你让老板又好气又好笑;选择此种答案的人在工作上非常认真、努力,本职工作会做得非常好,可是在生活上、个性上会比较迷糊、散漫,在老板眼中看起来像是个永远长不大的大孩子。

C.表现像猴子般灵巧聪明的你让老板对你疼爱有加;选择此种答案的人的工作表现会让老板很满意,这样的人不仅在工作上非常认真,而且在为人处世以及人际关系上也做得非常好,在老板心中的地位会越来越重要。

15.第一天上班你会带什么

在经过许多轮筛选过后,你终于被心仪的公司录用了。去新公司上班的第一天,你认为必定要携带的物件是什么呢?从这些小物件就可以看出你的事业心和工作态度。不信就来试一试吧。

如果今天是你第一天上班,请问下面哪一样是你一定要随身携带的:

A.纸巾/毛巾

B.化妆品

C.笔记簿/电子秘书(快译通)

D.工作证/身份证

E.针线包

【结果分析】

A.默默耕耘型。你这个人没有野心,属于默默耕耘、不问升职、只求加薪的类型。你的工作态度非常好,只要肯钻研一定会得到上司的赏识。

B.好大喜功型。你好出风头,就算集体努力的成果你都会争功。提醒你,千万不要"为达目的而不择手段",要在事业上有所成就,良好的人缘是必需的。

C.爱岗敬业型。你的事业心非常强,目标未达到你不会轻言放弃。因为你的自尊心强,而且对自己要求高,所以造成沉重的心理压力。空闲的时候,要多外出旅行,放松一下紧张的神经,这样会更有利于你的工作。

D.圆滑世故型。你的优点就是爱钻研,而且懂得人情世故,处事圆滑的你,经常扮演和事佬的角色,帮助调解公司内大大小小的争执。

E:野心勃勃型。头脑精明的你,做什么都可以很快进入角色,所以能得到老板的重视。你的野心很大,相信已经有一个全盘大计,打算逐步向高层爬升。

16.近期你会遭遇哪种极致寒流

和朋友出去玩,野餐之后你躺在柔软的草坪上,想要美美地睡上一觉,迷迷糊糊中却被吵醒了,你觉得吵醒你的那个声音是什么呢:

A.手机响了

B.飞机飞过的轰鸣

C.朋友在叫你

D.小鸟的叫声

【结果分析】

A.选择这个选项的朋友,三年内你在事业上很可能会遇到危机,不一定说你的事业会下滑,因为很多时候危机里其实暗藏机遇,但是有一点可以肯定,就是你的事业上将有迫在眉睫的要事待你解决,你最好在这之前就做好准备。打起精神来,上班别再打瞌睡。

B.选择这个选项的朋友,三年内最让你郁闷的事是你将遇到一个貌似心理上有歇斯底里症的人。这个人也许是你无理取闹又好嫉妒的情人,也有可能是你神经兮兮令人讨厌的上司, 又或者是失恋失意老是无法自拔你怎么劝都没用但是还总缠着你的朋友,总之,身边人的情绪问题会让你在近三年内头大不已。

C.选择这个选项的朋友,你可能会因无法和同事或上司维持友善的关系而受到困扰。如果是学生,你可能会对新的学习环境或者社团关系不太适应。人际问题会是你近三年不可避免的困扰,建议你放松心情,敞开心门去交往,而不要一味寻找什么"沟通技巧"。

D.选择这个选项的朋友,如果你已经成为家长,你很可能正因为孩子的教育问题而困惑。或者你正考虑着一个继续教育计划,以便以后获取更好的工作。如果你还是学生,你需要的是好的书本及老师,只要努力不懈地开发自己的潜能,你会成为学有专长的人。

17.你的工作来自哪个星座

假如正逢经济不景气,公司发生了财务危机,已经一个月没领薪水了,这时候你会怎么办:

A.立刻辞职

B.要求老板加薪

C.要求老板至少发一半薪水

D.再忍一个月看看

【结果分析】

A.你是个较有野心的人,只要认为自己的实力不输给别人,对于自行创业就会跃跃欲试;有白羊座、狮子座和射手座自视甚高的倾向。

B.当各种条件不充分具备时,你可以忍受上班的苦楚,但羽翼丰满后,就会全力追求属于自己的事业;有金牛座、天蝎座和摩羯座倚势而为的倾向。

C.你有身兼数职的本事,任职于公司的同时又开发自己的事业,考虑得失后才决定辞职与否;有双子座、天秤座和水瓶座两边通吃的倾向。

D.如果没有完全的把握,你通常不敢独自承担事业经营的风险,所以偏好待在稳定的公司;你有巨蟹座、处女座和双鱼座追求稳定的倾向。

18.你有着怎样的领导风范

一位新上任的员工,没有多久你就发觉她偷懒,工作不努力,令同事之间互相猜忌,考虑过后,你决定解雇她,这时你会如何做呢:

A.叫助手告诉她已被解雇

B.叫她进房,然后直接把她辞退

C.以温和的语气和外交辞令向她解释,她实在不适合在公司工作

D.把她解雇,然后安抚其他下属,叫他们安心工作

【结果分析】

A.被动的领导风格。你逃避面前的困难,虽然这种作风并非完全无效,但如果要成功地采用这种领导方式,你的助手必须十分精明干练。

B.独裁的领导风格。你不能忍受别人犯错,一经指示便希望别人一丝不苟地把工作做到最好。这是一个传统的管理方法,但是在讲究人性化管理的今天已较少有人延用,因为这类主管较少受人爱戴。

C.民主式的领导风格。你和下属之间相当友善。每次要使用权力时便踌躇不前,虽然能顾及下属的自尊和士气,人人工作愉快,但是你部门的工作效率肯定不是全公司最高的。

D.队长风格。一方面你懂得在适当时刻运用权力,尽量和下属保持合作;另一方面又提高士气,极尽怀柔,令每位下属都觉得自己是队伍中的一分子。队长风格,就是今天在科学管理方式上认为最理想的领导者风范。

19.你应对职场动荡的能力如何

(1)你的同事/老板每次升职、转岗、离职,你都有预感吗?

(2)如果你现在的岗位明天突然消失了,你能胜任公司内的其他岗位吗?

(3)你通常对公司宣布的重大政策有预见吗?

(4)如果你所在的公司突然被收购了,而你必须离开,你在两个月内能找到新工作吗?

(5)你对公司所在行业的发展趋势是否相当了解?

(6)如果你的老板突然调走,目前没有新的安排,你有把握胜任这个空缺吗?

(7)你能正确地理解公司各种重大决策或政策的意图吗?

(8)如果下属或同事突然离职,公司不再增加人手,你有办法保证工作不受影响吗?

(9)你很清楚公司主要竞争对手的重大人事变动吗?

(10)如果你现在的岗位被拿出来在公司内公开竞聘上岗,你有信心重回岗位吗?

【评分标准】

以上各题“是”得2分,“否”得0分。

将(1)(3)(5)(7)(9)题的得分求和得出敏锐度分数A;将(2)(4)(6)(8)(10)题的得分求和得出应变力分数B。

【结果分析】

如果A>5,B>5,恭喜你,成长对你来说基本取决于行动。

如果A>5,B<5,你属于干着急型,能看到很多变化,但没有足够的应变能力。

如果A<5,B>5,你的应变力不错,但敏锐度不足,所以无法实现主动成长,但生存没有问题,因为你的适应力强。

如果A<5,B<5,你随时都会有职业危机,因此,你必须行动起来了。

20.你的职场软肋在哪里

(1)你每天都会用很长的时间学习专业知识吗:

是→(3)

否→(2)

(2)你觉得大学生活多少有些颓废吗:

否→(4)

是→(5)

(3)你经常给自己放假吗:

否→(5)

是→(4)

(4)你有很多和自己的专业不同的业余爱好吗:

是→(8)

否→(7)

(5)你有痴迷于偶像的经历吗:

否→(7)

是→(6)

(6)你经常参加演讲、主持之类的活动吗:

是→(10)

否→(9)

(7)你说话的语气从来都很不温柔吗:

否→(8)

是→(11)

(8)你平时是一个很谦虚的人吗:

否→(10)

是→(9)

(9)你总是觉得自己无论什么事情都可以办好吗:

否→(12)

是→(10)

(10)你是一个不愿意把自己的优点全表现出来的人吗:

否→(15)

是→A型

(11)你不注意写作时的措词吗:

是→(13)

否→(14)

(12)你有过求职失败的经历吗:

否→(13)

是→A型

(13)你有得到求职的面试吗:

是→D型

否→E型

(14)你经常上网收集资料吗:

否→D型

是→(15)

(15)吃饭的时候,你总是把自己最爱吃的留到最后吗:

否→B型

是→C型

【结果分析】

A型:自信心不足

你是一个对自己的能力不够自信的人。在就业之前,每个人都会经历寻找工作然后面试的过程。在这样的过程中,你总是会有意无意地想到,和自己一样想要这个工作的人还有很多,在他们中很容易就可以找到比自己学历高或者比自己经验多的人,这样看来自己的胜算不大。只要有这样的想法,你的自信心就会下降,在人前的表现也就没有你本来的那么优秀了。

B型:专业不够扎实

你是一个在任何方面都比较擅长的人,当然也就有很多不同方面的实践经验和理论知识。在这样的情况下,你的专业知识就不是那么专一了。很多工作都要求一个人的专业知识非常强,而其他方面的能力可以相对差一些。对你来说,还是不要只找和自己专业有关系的工作比较好。把自己的就业范围扩大一些,也许你会发现在稍微偏离你专业的领域里会有更好的发展空间。

C型:目标定得比自己的能力低

平稳且实际的人生是你所追求的,在就业方面,你也抱着这样的态度。只要可以找到一份稳定的工作就可以了,对于其他的方面,你认为在自己刚刚开始工作的时候并不需要要求那么多。这样,你就很容易去找一些比自己能力稍微低一点的工作,虽然这样被录取的机会比较大,可不被录取的机会同样大,因为有些公司会认为你太优秀了而不敢录用你。

D型:对工作的调查不够

找工作也和谈恋爱一样,需要彼此了解。你把自己的资料交给了面试公司,让对方对你有所了解。可是你对这份工作到底了解多少呢?如果在面试的时候被问到,你会很容易被问倒。所以说在你真正去应试这项工作之前,至少要对它有一定的了解,这样在彼此交谈的时候才不会出现尴尬的气氛,也不会让对方误解你只是为了"实验"才去应试的。

E型:个人简历不够强势

个人简历是取得面试机会或者说是被录取的第一步。如果这一步都没有迈出去的话,就会在接下来的竞争中感到更加困难。这样,你就需要在自己求职的个人简历上下功夫了。不但要把语言写得通顺完美,还要记得加上自己所有的工作经验和能力。不排除每个人都有夸大自己的能力或者添加没有经历过的事情的可能,但是你需要确定你添加的都是你了解的东西。

21.你会因何而跳槽

现在要煎蛋,你会选择:

A.太阳蛋(一边煎熟,一边半熟)

B.两面都煎熟

C.将蛋打散再煎

D.乱煎一通

【结果分析】

A.你很在意一家公司的气氛和环境,对你而言,只要是外表光鲜亮丽的公司,不管做什么工作,只要让你觉得在那里出入很露脸,就会冲动地想去上班,所以想要挖你墙脚的人,不妨带你去看看公司的规模,再耍一点嘴皮子,很快就可以水到渠成了。

B.做事稳妥是你的特长,凡事你都会按部就班去做,而不会想走一些捷径,相对也反映在你的跳槽指数上,你并不会主动想要离开旧东家,除非发生重大的事件或是公司一直存在你不满的事,不然你是可能老死公司的那种人,跳槽指数低。

C.虽然你做事也很实在,但是工作常跟着情绪走,造成绩效有起有落,很难维持在同一个标准上。一旦你决定要离开公司,不管有没有人来挖墙脚,或是有没有失业的危险,你的心态是该走就走,谁也留不住!要挖你的公司,只要和你对味就成功了。

D.你是一个八卦接收站,每次听到公司的一些飞短流长,自己就紧张兮兮地想要跳槽。建议你除非有专业的技能,否则依你这样朝三暮四的个性,没有老板受得了的。

22.哪种上司是你的职业杀手

假设你目前有三件急事要处理,这三件事分别是:A.看望重病的恋人,B.安抚想自尽的亲人,C.陪受了重伤的死党去医院。这三件事对你来说,哪件事最牵动你的心? 最牵动你心的事情排在最前面,稍微可以缓一缓的事依次排在后面。

【结果分析】

A—B—C:假如你完成的任务不符合上司的要求,你会立刻重新来过。假如上司硬是要求你改这里,修那里,你一定会觉得对方特别烦人。这是因为你对待工作还缺乏一点耐心,你不愿意重新检验自己的工作成果,一点一点揪出其中的毛病,并一一改正。然而遇到刁钻刻薄的上司,对方一定会要求你在每次完成工作后认真检查,这一点你最受不了。其实越是刁钻刻薄的上司越是能磨炼你的意志力,拿出耐心来做事,总有一天,你会觉得刁钻的上司不再是你的大敌了。

A—C—B:你认为只要踏实工作,总有一天能够赢得上司的褒奖。你的想法没错,但假如遇到腹黑毒辣的上司,问题就没那么简单了。你在职场上的表现有点太懦弱了,该你做的事你做了,不该你做的事你也做了,加班不敢要加班工资,生病遇事也不敢请假,你觉得自己这么努力,上司总有一天会被你打动,会重用你。然而事实却跟你期望的相反,你怎么努力,腹黑的上司也只当是看不见。懦弱的你不是腹黑上司的对手。要提醒你的是,当你遇到腹黑毒辣的上司时,千万不要再做包子了,否则,你永远翻不了身。

B—A—C:你考虑问题太过简单,心地善良,很容易相信别人。上司告诉你:"只要你肯放弃自己的年休,我一定会把升职的机会给你留下。"这种骗人的把戏你一定会中招。当你傻乎乎地期待升职时,上司又会告诉你:"对不起,这次我实在帮不了你,我提拔的那个人是上级指定要提拔的。你相信我,明年的年休你继续加班,我一定不会再辜负你了。"显然这又是一个骗局,你却会老老实实相信。对于口蜜腹剑的上司,你一点儿辙也没有。奉劝你不要因为甜言蜜语而放弃自己的权利,那样做是不值得的。

B—C—A:职场上,你就是不敢拒绝别人的老好人。有时候,你分明知道上司的要求是不合乎规矩的,会影响公司业绩,你却因为不敢说"不"而接受对方的意见,而当你按照霸道上司的要求去办事造成了严重后果时,对方又会武断地认为是你的办事手法有问题。这种时候你都不敢为自己进行辩解。建议你大胆把自己的想法说出来,假如实在无法沟通,不如辞职跳槽,总比让自己继续受委屈要好得多。

C—B—A:神经质的上司你搞不定。多疑的上司总怀疑你不认真工作,你不知道该如何辩解,你希望能以自己的努力来感染对方,但对方似乎完全不吃你那一套,你束手无策了。

C—A—B:想法固执的上司你搞不定。你不善于说服他人,如果你的上司固执己见,即便你指出了他的错误,对方也可能为了自己的威信不受损,不承认自己有问题,而你也没有办法说服对方。

23.你适合在今年换工作吗

(1)你在不同行业都有朋友：

是→(2)

不是→(3)

(2)父母擅长交际应酬：

是→(4)

不是→(3)

(3)家里表亲多：

是→(5)

不是→(4)

(4)你上学时代成绩好：

是→(6)

不是→(5)

(5)你很容易相信别人：

是→(7)

不是→(6)

(6)对现阶段工作很不满意：

是→(8)

不是→(7)

(7)有时间还会读书：

是→(9)

不是→(8)

(8)对现在的工作不满意还是对自己的表现不满意：

前者→(10)

后者→(9)

(9)别人对你的好你都会归还：

是→(10)

不是→(11)

(10)借钱及时归还:

是→(12)

不是→(11)

(11)身体总没力气:

是→A

不是→B

(12)计谋很多:

是→C

不是→D

【结果分析】

A.不适合换工作

从这个测试结果来看你在2016年并不适合调换工作,原因是你现在的岗位,自己已经非常习惯了,要你重新尝试和学习一个新的工作环境,会让你觉得很劳累,这段时间你的身体也不是很好,所以还是迟一段时间再考虑换工作的事情吧。

B.不得不换工作

从这个测试结果来看你是没有选择余地的,是必须要换工作的,其实你对现在的工作还是挺满意的,但是维持现状几乎是不可能的,所以你必须要换一份工作,而且你换工作的标准就是物质以及工作待遇,你比较想找个赚钱多的工作。

C.朋友介绍工作

看来你是一个很机灵的人,你身边的朋友很多,人际关系好,所以你有换工作的打算,而且你有可靠的人缘能够帮你物色一个不错的工作,同时这段时间你也可以顺理成章地遇到一份好工作,是很幸运的,你的人脉关系是你好运气的最关键因素。

D.跳槽/升职

其实你还是会在你现在所从事的行业继续工作,只不过你有被动升职或者跳槽的好运势,是现在的岗位上司帮你介绍的,说明你是一个能力很强,并且勤劳的人,你现在的上司都愿意帮你做事,今年是你很顺利的一年,工作上好好努力,相信你能再创佳绩。

24.你不可替代的优势在哪里

某天早上起来,你突然发现自己尿床,你有什么想法:

A.可能是我太累了吧

B.我在做梦吗

C.我的身体出问题了吗

【结果分析】

A.你迎接挑战的能力,是别人无法取代的。你是天生的斗士,无论面对怎样的挑战,你都能勇敢应对。你有不服输的个性,凡事又很踏实细致,做事一定会做好,让人佩服不已。

B.你的领导才能,是别人无法取代的。你是一个有领袖气质的人,如果你在一个团队,那你肯定是当之无愧的领导者,而且大家都很服你。你能从心理上征服下属,让大家齐心协力把事情做好。而且,你乐于分享自己的经验,传授自己的心得,别人能从你那学到东西,你的地位自然就会更稳固了。

C.你是大家眼中的快乐天使,这样的才能还真不是一般人能有的。你的人缘一级棒,你积极乐观的态度,也会感染大家。谁都无法忽视你的存在。

25.职场中你是长心眼的老江湖吗

在地铁上,你看到旁边的女子脱下丝袜,又让她男友亲吻双脚。此刻,你的反应是:

A.好奇地过去观看

B.拿出手机偷拍

C.默默走开

D.没兴趣看

【结果分析】

A.你关心的事情都比较小巧,不从大局而从小零件说起,让人听着很零碎。

而且你的思维是跳跃的,一个问题还没说清楚,七八个问题就被牵扯出来了,搞得别人头晕。要共同解决一个问题时,你事先早就把轻重缓急分得清清楚楚,挑轻的怕重的,给同事的感觉是这人一点亏都不能吃的。

B.你这种类型人想象力丰富,拥有一颗善良的心,你很愿意帮助别人,不会有害人之心,即使被欺骗利用了也不会放在心上,觉得没什么,无论遇到什么挫折都不会把善良丢弃。

C.你行动时过于谨慎,所以行动就显得迟缓,这种个性常被周围人误以为消极不振作,而性急的人则常在紧要关头为你感到忧虑,你这种保守的行为模式,在事业方面,可能产生正面的作用,但也可能产生反面的作用。你虽有坚强的外壳,但你的内心是温柔的,你不会去伤害别人,只是用那坚硬的壳保护自己。你深信只要对别人好,别人就会对自己好。

D.乐观、热情、喜欢挑战的你是一个顽皮的孩子,你唯一的缺点就是太过鲁莽,有时候也会做些小恶作剧,你会欺负自己喜欢的人,这并不带有任何恶意,只是你喜欢的表达方式。很多时候别人对你恶言相对,你也都只是一笑而过。

26.你的职场优势是什么

你参加了世界景观惊奇之旅,其中一项活动是让你站在一扇特殊的窗户前面,按下某个按钮之后就可观赏到你从未见过的景观,你希望看到的是:

A.充满挑战的崎岖山路

B.任何和食物有关的景色

C.一片绿油油的草原风光

D.海天一线的远眺美景

E.任何和树木有关的景色

F.繁星点点的黑夜

【结果分析】

A.千里马,目标坚定,勇往直前。带着一点冷峻的孤傲,双眼闪烁着智慧的光芒,以曼妙飞跃之姿,向目标勇往直前地奔去。你是集智慧和行动力于一身的千里马,有着明显的成功特质,因为你早已为自己的人生定好完美的目标,并且会全力以赴去实践。所以,无论你身处什么样的环境,都能有一番令人羡慕的成就。

速配志愿:既然老天给予你得天独厚的成功条件是智慧和执行力,那就好好地加以利用吧!适合你发展的领域是计算机、贸易、金融、出版、新科技等。

B.快乐猪,人生以快乐为目的。吃饱了睡,睡够了再吃,你的眼睛永远呈现迷蒙的状态,这辈子只有吃东西的时候最勤奋,其他时候不是偶尔找机会玩乐一下,就是躺着睡觉,十分惬意。你不懂什么是竞争、压力……你觉得自己只是在做一些自己想做的事而已,即使和周遭的人格格不入,你也无所谓。你的人生哲学就是:"精神重于物质,快乐就好。"

速配志愿:你无法在讲求规则、追求业绩的体制下发展,不但你会不适应,身边的人也会因为你而崩溃,所以适合你发展的领域是创意、艺术、室内设计、美容、烹饪等。

C.勤劳牛,脚踏实地,勤劳第一。日出而作、日落而息,从与世无争的平静表情里透露出一股安定灵魂的力量,在缓慢而节奏固定的步伐里,落实终其一生努力工作的目标。你的性格特质就是勤奋和规律地计划,你从来不妄想、不贪婪,只要把分内的工作完成,就觉得愉悦满足。你的执行能力很强,而且还有难能可贵的责任感。

速配志愿:若要你无中生有或想一些稀奇古怪的点子,可能会让你觉得生不如死,可是如果要你完成别人交付的工作,感觉就好多了。你适合发展的领域是秘书、行政、教育、专业技术等。

D.悠游鸟,自由自在,追求新鲜。娇小灵巧、悠游于天地之间,拥有自由的行动本能和不受拘束的心,必定要游遍所有未知的自然景观,历经所有的苦难、喜悦、悲伤、感动之后,才知倦鸟归巢,满足于完整的一生。你的反应力甚佳,社交能力更是一级棒,不喜欢规律或拘束的生活方式,如果能每天接触不同的新鲜事或认识不同的朋友,会让你的人生更有意义。

速配志愿:用你与生俱来的好口才和公关能力,为自己和世界创造更多的可能性。适合你发展的领域是传播、演艺、推销员、公关、旅游等。

E.聪明猴,聪明但没耐性。身手矫健、头脑灵活,表面上看来好像成天只会和其他猴子一起玩耍和采果子吃,但内心的思绪极为复杂,分分秒秒都在为下一步打算。说你是智能型的人物一点也不为过,你总是擅用自己的优势,让别人不自觉地喜欢你、欣赏你、肯定你,虽然有时候会在不经意间显露出不耐烦的一面,但是却无损于你在大家心目中的好印象。

速配志愿:以你的智慧和能力,想成为金字塔顶端的人并不难,适合你发展的领域是新闻、医学、法律、政治等。

F.神秘猫,忽冷忽热,超级情绪化。你那慵懒的姿态,犀利而神秘的眼神,仿佛能看透人类拙劣的虚假面具,时而贪恋温柔的呵护,时而厌倦一成不变的安抚,轻盈地纵身一跃,远走他乡,独唱流浪之歌。你对人总是忽冷忽热,一会儿热情黏腻、一会儿爱答不理,凡事都依你的心情而定,虽然有时也会被对方的情绪影响,但机会毕竟不多。你活得自我,所以做事情不喜欢被干扰,掌控权必须在自己手上。

速配志愿:千万不要让别人指挥你,最好由你来告诉别人"这个会如何""那个会怎么样"的职业比较适合你,所以适合你发展的职业是占卜师、心理分析师等。

第五章
爱情密码——完善才能邂逅幸福

1.你会在哪个转角遇到爱

如果有一天,让你选择在旅游节上为来宾赠送礼品,你会选择赠送:

A.糖果礼盒

B.书籍

C.有纪念意义的唱片

D.旅游节的设计图徽

【结果分析】

A.你是甜心式人物,对于爱情的幻想停留在梦想城堡中,有旋转木马的游乐场是你和他/她邂逅的最佳地点。

B.学院气息的你盼望在学习闲暇之余,能够一睁眼就看到心爱的那位。你心里一定很希望在图书馆里隔着书架看到那个他/她吧?

C.你喜欢自由,不喜束缚,但又很注重生活品质,不如说你有点小资。有品位的画廊、街角的咖啡店将是你和他/她撞出火花的好地方。

D.你是个非常循规蹈矩的乖乖宝贝,你的他/她就出现在你的身边,想想看,你的同学、校友或同事里是不是有一个他/她就要跟你擦出火花了呢?

2.你们的心灵之间隔着太平洋吗

假设某天,情人突然拿出一个盒子要送你,你打开后发现里面是餐具组合,你认为是什么餐具组合:

A.咖啡杯盘组

B.啤酒杯和玻璃盘

C.汤碗与和风小木盘

D.全是盘子

【结果分析】

A.心灵默契度99%

你们感情很好,也很有默契,不需言语,只要一个小动作就猜得出对方心里在想些什么,如果是白瓷咖啡杯,表示你们对彼此毫无隐瞒。

B.心灵默契度25%

你们彼此的沟通不足,有时根本不了解对方在想什么,可能因为一言不合就起争执。你曾有分手的打算,如果出现好的对象,可能马上就会移情别恋。

C.心灵默契度70%

你渴望关系更加亲密,希望可以天天腻在一起,但是如果太亲近了,可能会忽略其他的事。腻在一起并不代表了解,还是需要你们多沟通。

D.心灵默契度10%

如果女性选这个答案,表示渴望有更多爱情;若男性选这个答案,也许他已有新对象。如果双方爱情已不在,就该说出来,别勉强在一起。

3.你被暗恋的概率有多高

一群人约出去吃饭聊天,当中还有你正在暗恋的异性,这时你会点什么饮料呢:

A.香浓的印度奶茶

B.甘醇的蓝山咖啡

C.色彩缤纷的鲜水果茶

D.清凉简单的冰绿茶

E.健康原味的鲜榨柳橙汁

F.芳香的大吉岭热红茶

G.滋味独特的鸡尾酒

H.香甜的冰激凌苏打

【结果分析】

A.被暗恋指数:40%

你最大的问题是无法真正表达内心的情感,甚至有时会表错情,因此被周遭朋友暗恋的机会较少,也较容易因为你的表达不对而错失良机。

B.被暗恋指数:60%

成熟睿智的你对爱情是羞涩的,面对喜欢的人能侃侃而谈,却无法在交谈中表露自己内心深藏的爱意。虽然容易成为周遭朋友爱慕的对象,但多数时候是处在暧昧不明中。

C.被暗恋指数:90%

活泼爽朗、热情幽默的你,拥有招蜂引蝶的特性,唯独在感情上有点神经大条,但这也是你迷人的一点。你非常容易受周遭朋友暗恋,有时自己还不知道呢!

D.被暗恋指数:20%

你纯真善良,绝少在外形上下功夫,也不懂得言语暗示,因此十分缺乏打动异性的魅力,不太容易赢得周遭朋友的爱慕,反倒比较容易成为谈心的朋友。

E.被暗恋指数:70%

随和风趣的你,很有自己的想法,被朋友崇拜爱慕的机会不少,只是喜欢你的人不太敢马上表露自己的想法,多数会用暗示或迂回的方式表露。

F.被暗恋指数:50%

中规中矩的你特别善解人意,虽然不够浪漫有趣,却能给予对方安全感,只要对方懂得你的温柔,相处时间一长,便容易被你的个性所感动。

G.被暗恋指数:80%

你拥有聪明成熟的独特神秘感,不但懂得如何散发自己的魅力,也善于大胆地用语言或文字来挑逗对方的情感,被爱慕的机会很多,可说是桃花不断。

H.被暗恋的指数:35%

活泼可爱的你直爽而俏皮,虽然有点任性,但没有心机,是团体中的开心果,对爱情容易感到害羞,也有朋友暗恋你,不过多数时间都是你暗恋他人。

4.你会对谁一见钟情

假如你要帮恋人的牛仔裤打一个小补丁,你会选择下面哪一种图案:

A.半圆形

B.正方形

C.圆形

D.梯形

【结果分析】

A.你是充满浪漫幻想的人,所以能够令你一见钟情的,也是一个对未来满怀憧憬的人。当你们谈及对将来的理想及愿望时,你总被对方勾勒的蓝图所吸引。提醒你注意,在这个现实的社会,只有梦想而没有付出行动是没有用的,同样,令你着迷的那个人未必能够带给你幸福。

B.你是活得清醒的人,从来就不相信一见钟情,即使偶尔遇到让你眼前一亮的人,你也不会轻易有所行动,而是会持长久观望的态度,直到经过一段时间,待双方了解清楚之后才做出决定。所以,你虽然不太可能遇到浪漫的爱情,但往往能得到持久的爱。

C.有些肤浅的你过于重视外表,所以你的一见钟情也难免流于表面化,对那些打扮入时、风头很旺的人,你总是无法抗拒,一旦真正交往后,你也许会觉得双方个性不合想要离开,可是一见到对方衣着得体、风度翩翩地出现在你面前,你又不愿意离开他了,也许这种爱美的虚荣心会害了你。

D.聪明的你不容易被表面现象迷惑,不过,你却也会被那些头脑灵活、做起事来总是比别人优秀的人所吸引,尤其女孩子很容易因此喜欢上年长的、博学的男子,但你要分清楚这是崇拜还是真的喜欢,而且,你也要学会分辨他们是真的才华横溢还是只是夸夸其谈。

5.恋爱账户中你哪方面余额不足

你百无聊赖的时候去街上散心,等到想回家的时候,你决定买一样东西带回去。偶然间的决定,当然随意性很大。你希望买什么呢？请在下面的答案中任选一项:

A.去书店买本书看看,正好可以打发无聊的时间

B.一件漂亮的衣服最实用了

C.水果自然是最好的选择,免得家里没有还要出去买

D.带一些西式的面包,又好吃又好看,还不用做饭了

【结果分析】

A.你对爱情过于挑剔。你对爱情的要求很高,对方若不是魅力十足,有能力提供浪漫的生活,你们多半良缘无涉。你受过很高层次的教育,因而对生活质量要求较高——不仅要富有情调,而且要高雅精致,符合你要求的人并不多。记住,挑剔会使你失去很多机会。

B.你对爱情三心二意。身在情海中的你,常常游移不定。爱起来,你会不顾一切。可惜你这种热情不能持久。三天不到,你又觉得当初选择有误,于是另觅知音。在爱情上三心二意的你,虽在乎自己,却往往搞不清自己的感觉,因此时常心无定所。还是安静一点好,先弄清自己,再全力出击。这样才会得到你的梦中情人。

C.你对爱情全心全意。痴情的你,对爱全身心地投入,也要求对方坚定不移地爱你。你把一切看得太美好,一旦受伤,久久难以恢复。你认为只要全心全意地投入,对方也一定会如此回报你,且理所当然应回报于你。因此在不知不觉中,你对恋人的要求较为苛刻。请试着退一步看问题。对爱情执着是好的,但如果缘分已不再,千万别一门心思试图唤回对方的爱。过去的,就让它过去好了。

D.你对爱情非常现实。生活中的你非常现实,从不会委屈自己。爱情中的你也不会为了爱一个人委曲求全,虽然偶尔冲动,但最终理智会占上风。因此,在爱情路上你一般不会吃亏。你的毛病是,有时太计较得失,会让人觉得你不够真诚。

6.你的爱情何时出现

你面前有一杯咖啡、一罐可乐、一个苹果、一个汉堡,如果只能拿一样来吃的话,你会选择:

A.咖啡

B.可乐

C.苹果

D.汉堡

【结果分析】

A.咖啡:早熟的你心智年龄比同龄人成熟,这并不表示你就有早恋倾向,属于你的缘分要到大学阶段才会出现,而且很有可能一锤定音。

B.可乐:你就像个懵懂的小孩一样,大大咧咧,什么都不放在心上,现阶段的你非常渴望缘分提前降临,可命运就是要在百般考验你之后,才会将属于你的那个他送到你面前。

C.苹果:心思细密的你会过早掉入爱河。其实并不是每一段恋情都有美好的回忆,好好提升自身魅力吧!属于你的缘分可能要等你进入社会、参加工作之后才降临。

D.汉堡:热爱速食文化的你是个冲动派,天生爱冒险,越危险的事对你的诱惑越大,可能现阶段的你已经经历过几次恋爱了,可这几次恋爱都像小朋友玩过家家的游戏一样,你并没有到达最真境界,多爱惜自己一点,不要太过心急,属于你的缘分在大学阶段就会出现。

7.前任、现任你更爱哪一个

(1)你喜欢看韩国电视剧吗:

否→(3)

是→(2)

(2)你的生活目标是自己的梦想吗:

是→(3)

否→(5)

(3)你觉得自己的家庭生活很美满幸福吗:

否→(4)

是→(5)

(4)你的父母经常会吵架吗:

否→(6)

是→(5)

(5)你在感情上遭受过背叛吗:

否→(7)

是→(6)

(6)琴棋书画,你是否精通:

否→(8)

是→(7)

(7)小的时候父母对你的教育严格吗:

是→(8)

否→(10)

(8)你做事总是三分钟热度吗:

否→(9)

是→(10)

(9)你身边的朋友有很多吗:

否→(11)

是→(10)

(10)你的人生都是由自己决定、计划的吗:

否→(12)

是→(11)

(11)你认为婚姻是一辈子的事吗:

是→B型

否→(13)

(12)在事业和家庭发生冲突的时候,你也不会放弃事业吗:

是→C型

否→(13)

(13)你认为两个人结婚是为了什么:

爱情→A型

生活→D型

【结果分析】

A型:你爱的是你的现任

你会选择爱你的人,而不会选择你爱的人。你经历过背叛,让你对爱情失去安全感。不管你对曾经的感情多么惦念,你都不会再回头。你知道爱情的弥足珍贵,不会再追逐那些溜走的过去。你的快乐不仅来自恋人,身边的朋友、家人都可以让你快乐,所以你不会再重蹈覆辙,前任再好,也只是过去。对于过去,你拿得起,放得下。

B型:前任、现任都爱

你是一个对爱情充满无休止欲望的人,前任、现任你都爱。原因是你过于浪漫,对爱情需求无度。婚姻只是你爱情路上的一个站点,也许是自信也许是自卑,任何一个男人都让你无法关闭爱情的大门。虽然你很自强自立,但是感情的混乱状态,也会直接影响你的其他生活,怎么抉择还是要趁早,否则容易落得两个人都离你而去的后果。

C型:你爱的是志趣相投的前任

虽然你是一个对事业有着非一般执着的人,你想变成焦点人物。但你内心更需要一个体贴入微的伴侣,与你志趣相投,相互扶持,这是你最向往的生活。你的前任或许就是这样的人。不管你如何强大,多么耀眼,他都会温柔地和你聊天,和你谈你们之间的志向。

D型:你爱的更多的是财富,而不是哪个人

你的爱情是和征服画等号的,能征服你的只有权势和财富。前任,还是现任对你都不会有什么影响,因为你认为物质才是一切的基础,爱情也是建立在财富基础上才会幸福。你很有头脑,也很有主见,你不会凭着一时脑热而做无谓的事情,你需要一个可以呼风唤雨的伴侣,可以帮你撑起一片天,同时又让你仰望的人。

8.你的劈腿指数有多高

如果你一个人在房间里面睡觉,你的房间没有锁,房间门被打开,你的直觉是谁会进来:

A.你的父母

B.你的小狗小猫

C.你的情人

D.被风吹开的

E.小偷

【结果分析】

A.你如果发现对方说谎欺骗你,你就会生气变心。劈腿指数55。这类型的人在交往的时候会百分之百地信任对方,如果发现对方竟然欺骗自己,会非常生气而导致变心。

B.只要让你爱上了,一辈子都很难变心。劈腿指数20。这类型的人不会很轻易地爱上一个人,如果深深爱上一个人时,会爱得执迷不悟。

C.劈腿指数40。这类型的人在个性上会表现出很怕失去的感觉,因此对方做任何事情他都可以包容,决不会轻易主动提出分手或变心。

D.当梦中情人出现时,你就会对旧爱变心。劈腿指数80。这类型的人对爱情有企图心,对目前的对象不是很满意,会追求更好的情人。

F.劈腿速度超快的你,只要感觉不对说变就变。劈腿指数99。这类型的人跟着感觉走,只要对方一个眼神不对,或是讲句话让你不爽,你就会想分手。

9.你有怎样独特的爱情味觉

来到一家装修清新的甜品店,看着菜单上各种漂亮的水果捞图片,你不由得口水大流。服务员向你推荐了以下四款水果捞,你最想尝试哪一款呢:

A.原汁木瓜椰味银耳捞

B.什果串烧伴雪糕

C.木瓜果冻宾治

D.红豆南瓜雪芭

【结果分析】

A.你的爱情味觉比较温醇。银耳有滋阴止咳、润肺化痰、滋润皮肤、润肠开胃的功效,再加上木瓜和软滑的椰块,如果再放进冰箱里冷冻一下,不愧为夏日的清凉佳品。不过想要它原汁原味的话,就得多花一些时间了。正如你的爱情一样,同样是慢工出细活,慢慢地熬,最后会越来越让人爱不释手,舍不得放下。

B.你的爱情味觉是极端的。串烧的热辣加上雪糕的冰凉,你的爱情味觉是两个极端。对情人好起来甜甜蜜蜜,对情人坏起来又冷若冰霜。你热得快,冷得也快,所以感情多半很短暂。不过,你会全心全意地投入到每份感情中,因此,你多疑,不许感情有任何缺点。但你的行为却与你的内心有极大的反差,往往让情人不知你在想什么。

C.你的爱情味觉是脆弱的。果冻的透明美丽,往往让人不忍心吃下它们。而宾治是印度地方饮品,与红酒有着密切的关系,调和完毕后的颜色非常漂亮。宾治与木瓜果冻的结合是美丽而精致的,一如你的爱情,非常漂亮,但却很脆弱。虽然酒里还有着木瓜的原汁原味,但是在面对爱情的时候,还是应该让自己更加坚强、勇敢一点。

D.你的爱情味觉是平凡的。雪芭由较少的牛奶制造,因此脂肪含量比一般的冰品低,食用起来更加健康,但是它的糖分却很高,因此不能过量食用。而红豆却有减脂的功效,一起食用,就不用担心会长胖了。可以说,你的爱情虽然有很多弊端,但从整体上看,却又是那么和谐,一如大千世界中的男男女女,虽然偶有争执,却甜蜜非常。

10.你是什么类型的伴侣

(1)你认为爱情虽然重要,但是事业更重要:

是→(4)

否→(2)

(2)金钱和地位是确保爱情的根本,没有了这两样,就谈不上爱与不爱:

是→(6)

否→(3)

(3)只要真心相爱,年龄、背景和学历等因素都无关紧要:

是→(6)

否→(5)

(4)你喜欢穿皮衣多过于西装:

是→(5)

否→(7)

153

(5)只要是上级交代的事情,有再大的难度也会毫不犹豫地应承下来:

是→(7)

否→(8)

(6)总觉得"如果当初没有……我的人生一定比现在完美":

是→(9)

否→(8)

(7)心情不好时,宁愿出去喝闷酒,也不想让爱人知道:

是→(12)

否→(11)

(8)很喜欢戴墨镜或戴帽子:

是→C型

否→D型

(9)喜欢做好人:

是→(10)

否→(11)

(10)如果对方硬是提出分手,你会报复吗:

会→A型

不会→B型

(11)舍不得丢掉旧情人的照片:

是→B型

否→A型

(12)总是能够出其不意:

是→D型

否→C型

【结果分析】

A型:你的心机之重让人心生恐惧,同时你的执着程度也让人恐慌。你是那种一旦爱上了就不顾一切的人,而且为了得到自己心爱的人会耍尽心机和手腕。你完全不把世俗标准放在眼里,只要看对眼了,就勇往直前,即使赴汤蹈火也在所不惜。物极必反,正因为如此,你容不得半点背叛。万一对方对你的付出并不领情,或是背叛了你,你会丧失理智,不惜采用极端的方式来报复对方。哪怕玉石俱焚也要为自己的真情讨个说法。这样的你是不是活得太累了？爱的代价过于沉重会把自己压垮，不妨放松心情，转移一下自己的注意力，否则时间久了，你的伴侣会对你越来越畏惧。

B型：你是难得的有情有义的伴侣，跟你在一起非常幸福。不管工作多忙、压力多大，在你心中，情人永远是第一位的。同时，你热情开朗，总能适时地以言语或行动表达情感，相信你爱的人永远都不会感到寂寞。但是，万一有一天，你的情人离开你了，你很有可能因为承受不住这种打击而一改往常的表现，从此封闭自己。如果真的发生这种不幸，千万不要沮丧，以你对感情的认真和付出，相信没有谁不会被你感动的。

C型：你神秘莫测，常常会让人怀疑你甚至从来没有谈过恋爱，或者从来没有喜欢过任何一个人。看起来你的生活只有工作，但事实上，你或许曾经在感情上受过伤，或许是始终等不到正确的人，所以你干脆将这种痛苦转移到工作上，想以此来转嫁感情上的不如意。表面上你很坚强，也有很多好朋友，但当你遭遇到困难时，你还是需要一双只属于你的手。不要再沉默下去了，多少次原本可以很美好的感情就在你的沉默中溜走了，想要找到自己的幸福，就要主动出击。

D型：你爱得很天真，也很深沉。如果说你不浪漫，那真是天大的冤枉。虽然你总是带着一脸无赖的表情，而且又不习惯把甜言蜜语挂在嘴上，但事实上却对爱情充满了憧憬。生活中的你也是新奇有趣的，你的情人总是被你难缠又赖皮的样子逗得哭笑不得。但不幸的是，你并不善于表达情感，或者你从不企图从爱人身上索取什么，反而习惯用笑话和白痴的行为来掩饰心中的汹涌波涛。但是如果对方不知道你的真实想法，不了解你的处境，又怎么能心甘情愿地和你共同面对一切呢？也许你会为了对方隐瞒一切，而你又怎么知道对方也许也为了你隐瞒一切独自承担着痛苦呢？只要将一切挑明，双方都不必活得那么累。

11.谁能给你稳稳的幸福

哪种男人能给你一生的幸福呢？下面的这个心理测试就可以为心存疑惑的你找到答案，让你找到你理想中的"他"。

(1)如果可以选择,你会选择住在:

便捷的都市→(2)

宁静的乡村→(3)

(2)买衣服时,你重视品牌吗:

相当重视→(4)

不太会→(5)

(3)你想到传说的山中冒险吗:

和朋友去就敢→(5)

不太敢→(6)

(4)你是不是经常逛百货公司:

无聊时会去→(8)

有需要才去→(6)

(5)你觉得自己在处理感情问题时:

有时很悲观→(6)

会感情用事→(7)

(6)跟异性独处一室是否会脸红心跳:

遇到喜欢的就会→(9)

不太会→(10)

(7)你敢不敢品尝一些奇珍异味,例如老鼠肉、鸵鸟肉:

根本不敢→(9)

会试一试→(10)

(8)你怎么看待师生恋:

正常→A型

觉得怪怪的→(10)

(9)你经常被人说自己在装可爱吗:

有时会→B型

有,但次数不多→C型

(10)如果事业与爱情无法兼顾时,你怎么办:

以事业为重→A型

相信爱情→D型

【结果分析】

A型：富有的男人。你很重视物质生活的享受，拒绝不了美好事物的诱惑，虽然金钱不是万能的，可是你却万万不能没有钱，所以，富有的男人正是你希望的归宿。同时，因你对钱的偏好，使你对赚钱也很有手段。不过，假若你不能节省而任意挥霍，有可能会被别人看作"败家女"。

B型：威武、勇猛的男人。你具有依赖他人的个性，渴望遇到一个能够随时保护自己、让自己有所依靠的男人。体贴、温柔与善解人意是你的长处，这也是你被很多男人钟爱的地方。不过，如果因此使你变得处处依赖男人，使之感到成为一种负担，则反而会使爱情离你远去。

C型：帅气、英俊的男人。你天性不喜欢丑陋的东西，更不喜欢和没品位的男人交谈，而英俊潇洒的男人是你的最爱。除此之外，成熟、谈吐不凡、浑身充满魅力的男子也会是你的首选。而且，你自己也比较注重穿着打扮，善于装点自己，让自己漂亮而充满诱人的气质。不过，你偶尔极端的看法，凡事不经大脑、脱口而出，往往成为你得罪人的缘由。

D型：称心贴己、能与自己交心的男人。你很聪明，厌恶一切世俗的虚假，你只想遇到一个真心疼你的男人。而且，你天性浪漫，讨厌枯燥乏味的爱情，希望生活里充满着爱情的甜蜜与惊奇，因而有时会故意制造"曲折离奇"的爱情体验。不过，这些小聪明有时反而会成为错误，伤了你爱的人。

12.你的最佳结婚年龄是多大

炎热的夏日，快要入睡时遭遇停电，你会选择：

A.去睡觉，凑合着用扇子扇风

B.暂时不睡，干坐着，电应该很快就会来了吧

C.去楼下散散步，吹吹风，顺便问物业何时来电

D.反正太热睡不着，不如去有空调还有座位的地方享受凉快

【结果分析】

A.你适合的结婚年龄：26~28岁

你是一个可以克服一定的困难达到目的的人,对于现实之中环境的变化,你拥有良好的应变能力以及完美的适应能力。对于结婚,你不是一个适合早婚的人,因为以你的适应能力,可以在年轻的时候锻炼好自己的各种能力,等到适婚年龄,即26~28岁,再选择一个最佳的人。到那时,你已经在社会生活中十分顺手了,再凭借你对人的适应能力,相信可以拥有幸福的生活。

B.你适合的结婚年龄:27~32岁

年轻的你是懒洋洋的,思想行为其实也还是一个小孩子,如果不经历一定的世事,恐怕很难成熟。对于感情与婚姻,稚嫩的你也完全没有概念,难说早早结婚最后会不会以离婚收场。所以不如等你经历一些磨难,对于婚姻有一定认识之后才结婚,有利于婚后生活稳定。而成熟的时间要视个人情况而定,当你觉得你有了足够的勇气承担婚姻的责任,那就是你的最佳结婚年龄。

C.你适合的结婚年龄:28~31岁

你是一个拥有明确目标的人,往往这样的人适合去创业,在创业初期,是不应该为家庭所累的,因为你已经拥有责任心,缺的只是现实中的物质与金钱。但是,这样的你往往要明白事业的高峰永无止境。所谓"三十而立",30岁之前就要把婚姻大事解决了,完成你人生的第二次转型。此时,你的思想观念也会因为家庭的建立而改变,这对你的事业也有一定的帮助。

D.你适合的结婚年龄:22~26岁

对于一个贪图享受的人来说,趁着年轻的时候有青春的资本,凭借自己的眼光,找到一个可以结婚的人是最好的选择。因为你的性格爱享受又不怕折腾,26岁之前早早地结婚有利于收敛自己的性子,知道什么是责任,并且学会为了家庭而奋斗。以你的追求,与家人一起创造幸福生活不是不可能的,如果晚婚的话,恐怕到时候你将会很难找到合适的人,对你个人的成长也有一定的影响。

13.你的婚姻是否和谐美满

(1)能说出配偶至交好友的名字

(2)能明白配偶目前正面临何种压力

(3)能知晓近来一直惹怒配偶的一些人的名字

(4)能道出配偶的某些人生梦想

(5)能了解配偶基本的人生哲学

(6)能列出配偶最不欣赏的那些亲戚的名单

(7)能感到配偶对你了如指掌

(8)分居两地时,你会经常思念配偶

(9)你时常会动情地抚摸或亲吻配偶

(10)配偶由衷地尊重你

(11)婚姻中充满了热烈和激情

(12)浪漫仍绝对是婚姻生活的一项内容

(13)配偶欣赏你所做的事情

(14)配偶基本上喜欢你的个性

(15)大多数情况下性生活令双方满意

(16)每天下班时配偶乐于见到你

(17)配偶是你最要好的朋友之一

(18)热衷彼此倾心交谈

(19)讨论问题时双方均会做出许多取舍(俩人均有影响力)

(20)即使彼此意见相左,配偶也能尊敬地倾听你的观点

(21)配偶通常是一位解决问题的高手

(22)彼此的基本价值观和目标大致契合

【结果分析】

相符的12条及其以上:若你的情况与其中的12条及其以上相符,那表明你的婚姻极其牢固,不用担心会有破裂的危险。

相符的少于12条:这表明你的婚姻有待改善。你不妨从加强交流和沟通等基本方面入手,逐步提高你的婚姻质量。

14.你的感情道路为何总是曲折多变呢

周末到餐厅与朋友聚会,遇见一位神情落寞却十分潇洒的男孩子,一个人独自喝着咖啡。你对他产生了好奇,请问你会对这样的帅哥有哪些联想呢:

A.他被女朋友抛弃了

B.在等人

C.遇到失意的事

D.想勾引女孩子

【结果分析】

A.你不懂得如何与情人相处。你常常在爱情上遇到挫折,与情人相处不和,不是你欺负他就是你被他欺负。你需要花费心思考虑你们两人之间未来的关系发展了,如果你已经连续换了三个情人,建议你找个专家谈一谈,以终结你的爱情厄运。

B.你欠缺追求异性的技术。你欠缺追求异性的技术,同时你也怀疑异性对你交往的认真态度。你对情人的态度常常是有求必应,又故意闹情绪,使两人相处不悦。你欠缺自信,又欠缺对别人的信任。

C.你对人性欠缺了解。在爱情的道路上,你常常种下很多感情却没有回收,多半是因为你不懂得别人真正的需要是什么,而你只是一厢情愿地单向付出。你对人性欠缺了解,如果遇人不淑会使你吃上大亏。因此在你爱上别人时,多听取长者或朋友的意见,再付出你的真情吧!

D.你太易轻信别人。你是非常有品位,容易满足的人,在感情世界中,受到过许多引诱与欺骗。年轻的你,不懂得挑选有品德的另一半,被骗许多次都没有人帮助你。现在的你终于转变了,你不再是轻易相信任何甜言蜜语,做美梦的人了。

15.你为何得不到对方的宠爱

(1)和别人约会都会早到:

是→(5)

否→(2)

(2)与另一半约会时看到地上有十元钱,你会捡起来吗:

是→(3)

否→(6)

(3)坐地铁时,你比较讨厌:

很吵的随身听→(8)

很浓的香水味→(4)

(4)你每天会带记事本吗:

是→(8)

否→(12)

(5)和别人相撞你会说抱歉吗:

是→(10)

否→(6)

(6)你的穿着打扮:

很定型→(7)

变化很多→(8)

(7)你的座位整理得很干净:

是→(13)

否→(11)

(8)你自认开车技术很好吗:

是→(11)

否→(12)

(9)你曾被说过口才很好吗:

是→(7)

否→(13)

(10)你常看女性杂志吗:

是→(7)

否→(9)

(11)你是个很圆滑的人吗:

是→(15)

否→(14)

(12)你喜欢什么香水:

淡雅的→(15)

浓艳的→(16)

(13)你认为办公室应当禁烟吗:

是→(17)

否→(14)

(14)你是个喜怒哀乐不形于色的人吗:

是→(19)

否→(18)

(15)看到远处走来的朋友,你会:

大声地打招呼→(20)

等对方先打招呼→(19)

(16)你是个吃饭很有礼貌的人吗:

是→(15)

否→(20)

(17)你和别人在一起多为:

说话的人→(14)

听话的人→(18)

(18)如果时光能倒流,你想有两个以上谈恋爱的对象吗:

是→A型

否→B型

(19)去KTV唱歌你多为先唱歌的人吗:

是→C型

否→B型

(20)你和比你小的异性说话多以：

某某先生称呼→C型

某某弟弟称呼→D型

【结果分析】

A型：你的要求过于苛刻。你是个十足的完美主义者，对对方任何事情都不允许有一丝一毫的不完美，在别人眼中你是个严于律己，也严以待人的人。

在爱情世界中，你的要求相当苛刻。在谈恋爱前，你会很理智地打听对方的各种条件，如家庭背景、外貌、学历、收入等。和对方谈恋爱时，你又会将对方当成自己的真正另一半，管东管西，让对方觉得压力很大。其实，作为完美主义者，你过得也很辛苦，如果能努力改变自己的话，相信会活得较轻松，也能获得别人的喜爱！

B型：你的理性让对方无法容忍。你是个兼具智慧和理性的人，能从各种不同的角度观察事情，分析判断能力相当好，因此周围的人有问题时都会向你请教。在工作上，你很得上司的信赖及同事的喜爱。

在感情世界中，你依然不改理性本色，在对方面前更是缺乏温柔与体贴，喜欢和他一争长短，久而久之，他就越来越无法容忍你，最后只好分手。所以，你还是卸下理性的面具，好好享受爱情游戏的规则吧！

C型：你的虚荣心会使对方受不了。你是个条件很不错的人，不仅很有味道，而且聪明伶俐，从小到大从来不缺追求者，在团体中你也是最亮眼的那一个。

由于你给人一种异性缘很好的印象，很容易被贴上"一定有异性朋友"的标签，让一些对你有好感的异性纷纷打退堂鼓，让你错失了一些好姻缘。而且，你也是个虚荣的人，喜欢将情人当成炫耀的工具，并且随时叮咛对方不要丢你的脸，使对方怀疑你到底有没有真心爱他，最后，他可能因失望而黯然地跟你说再见。

D型：你容易忽略对方的感受。你是个相当有交际手腕的人，和任何人都能相处很好。你喜欢交朋友，所以谈起恋爱来也不会把时间只分给对方，而会和以前一样与朋友们聚会唱歌。这让另一半认为你根本不在乎他，害怕你会移情别恋另觅新欢，以至于提出分手的要求。所以，即使你很喜欢交朋友，也不可因此忽略了对方的感觉，只有好好沟通才能达成共识。

16.你嫁给穷小子的概率是多少

你坐在公交车上,而公交车上刚好坐满了人,身边有下列五个人,你会让位给谁:

A.大肚子的孕妇

B.老太太或老先生

C.残障同胞

D.抱着小孩的妈妈

E.凶狠的大流氓

【结果分析】

A.你的母爱太强烈,会为爱一肩扛,你嫁穷小子的概率为80%:这类型的人,对方越弱或是越没有钱,越会激发你的母爱,属于为爱不怕吃苦型。

B.年龄越长,你越觉得财富比爱情重要,你嫁穷小子的概率为40%:这类型的人会随着年纪的增长而觉得现实其实是很重要的, 经济状况平稳的对象是他考虑的重点。

C.你只选择潜力股,会选择令人期待且有上进心的穷小子,你嫁穷小子的概率为55%:这类型的人有自己的判断力,他选择的对象即使是穷小子,也是一个能力、学历以及企图心旺盛的穷小子。

D.你是爱情至上的人,只要爱上了,就算是一起受苦也愿意,你嫁穷小子的概率为99%:这类型的人内心非常脆弱,只要爱上了对方就完全不顾外界的状况了。

E.你是金钱至上的人,要面包不要爱情,你嫁穷小子的概率为20%:这类型的人对于现实的压力不愿意去面对,宁愿找一个安全的避风港就好了。

17.你会一直孤单到老吗

(1)你会将自己的房间收拾得干净整洁吗:

是的→(2)

不是→(3)

(2)业余时间你经常一个人外出吗:

是的→(4)

不是→(5)

(3)你常与父母沟通吗:

是的→(6)

不是→(7)

(4)参加朋友的派对,你很介意自己没有舞伴吗:

是的→(8)

不是→(9)

(5)你有三个以上的知心朋友吗:

是的→(9)

不是→(10)

(6)你有经常迟到的毛病吗:

是的→(9)

不是→(10)

(7)你觉得家务事女人就应该多做一点吗:

是的→(10)

不是→(11)

(8)你有经常相亲的经历吗:

是的→(12)

不是→(14)

(9)你有一直暗恋的对象吗:

是的→(12)

不是→(13)

(10)自己形单影只,看到别人出双入对,你会投去羡慕的目光吗:

是的→(13)

不是→(15)

(11)你常会一个人去看电影或是到街上闲逛吗:

是的→(14)

不是→(15)

(12)曾经与自己有过感情经历的人同他人走进婚姻的殿堂,你会觉得心里酸酸的吗:

是的→C型

不是→A型

(13)有异性朋友在场时,你是否会变得兴奋并较平时爱表现自己:

是的→A型

不是→D型

(14)你比较注意储蓄吗:

是的→B型

不是→C型

(15)你经常会为自己设想围城内的生活吗:

是的→C型

不是→D型

【结果分析】

A型:你的性格比较开朗外向,对爱情生活充满了美好的想象,单身只是你暂时无奈的选择。你对于寻找另一半实际上非常期待,如果遇到令自己心仪的异性,告别单身只是时间的问题。你早已有了很好的心理准备,随时便可能步入幸福的二人世界。

B型:你有很强的独立生活能力,外在的干预会搅乱你固有的生活方式。你对梦想中的生活要求非常高,尽管难有一个切切实实量化的标准与高度,但依然很难有人能真正走入你的心中,令你死心塌地与单身生活决裂,开始新的生活。

C型:你的思想有点传统,目前的社会状况与你的想法往往格格不入,令你难以接受。虽然你心中对爱情与婚姻生活充满了向往,但你的内心比较自私,觉得自己的幸福需要他人付出才能达到。所以,你的单身并非完全出于自愿,你会努力地改变现状,摆脱单身状态,哪怕最后委曲求全,降低标准,也不会将自己变成剩男剩女。

D型:你的性格古板内向,会将自己的真实想法藏得很深,对于二人世界与婚姻生活似乎充满了敌意,往往沉浸在自己的内心世界中,享受一个人的快乐与宁静。在外人看来,你孤僻而又神秘,除非有人能有使你感到震撼的美丽与力量,彻底将你征服,否则你将会永远生活在自己的世界里,成为外人眼中谜一般的城堡。

18.什么让你的爱情之舟搁浅

这里是南太平洋上的珊瑚岛,白沙、翡翠色的海、仿佛可看透的蓝天,构成一幅美景。在波浪拍打的沙滩上,有一位美女独自漫步,海风吹起她的金发,她拥有健康的肌肤,还有模特般的惹火身材,但她是一丝不挂的。她为什么一丝不挂呢?请选择一个理由:

A.那里是属于裸体营俱乐部的小岛

B.她以为自己是穿着泳衣的

C.她是个女演员,正在拍摄电影

D.那里是个无人岛,岛上只有她一个人

【结果分析】

A.受伦理观阻碍的类型。你是个天生守规矩的人,在恋爱上常常被社会道德规范所束缚,而无法踏出最重要的一步。何不率直地行动呢,勇敢地迈出这一步,你的爱情也许将会是另一番景致。

B.受自卑感阻碍的类型。你是否常常自认没有很好的条件而自行放弃?你容易将自己评价得太低而且又害怕被拒绝、害怕伤害自己的想法,这正是你恋爱上失败的最大原因。你应当先培养起自信之后,再来开始谈恋爱。

C.受完美主义阻碍的类型。任何事情不做到完美就无法释怀,这种心理羁绊了你的恋爱脚步,使应该有结局的恋爱也不了了之。你最好能够认识到在这个世界上没有十全十美的人,也唯有如此你才能找到真正属于自己的幸福。

D.人际关系的多虑成为阻碍的类型。你过度在意周围的人,而无法自由恋爱,希望得到有父母和朋友们祝福的恋爱,你的这种想法太强烈,而致使最在意的恋爱也失败了。不要奢望每个人都认同你的想法,最重要的是依自己的价值观行动。

19.你的感情属于哪一类

热恋中的情人常会不计时间和金钱,疯狂地煲电话粥,打电话时间的长短可以衡量出思念的深浅。选择打电话的时机也能透露出你对爱情的看法,你通常会选择在什么时候给你的他(她)打电话呢:

A.想到就打

B.上班中

C.马路上

D.睡觉前

E.刚睡醒

【结果分析】

A.爱情和友情兼顾。在对方的眼中,你们都是完美的公主和王子,你们可以从对方的身上汲取自身所需的东西。你们是属于"双赢"型的情人,可以让彼此的生活过得丰富多彩,即使你们一边热恋,还可以一边照顾友谊,绝不是"有异性没人性"的情人。但你们容易被这种完美的爱情所蒙蔽而看不清对方的缺点,即使发现也不会轻易提出。所以若你心中对他(她)有何不满,一定要随时提出,否则积压久了,容易以火山爆发的方式揭幕。

B.爱情生活实践家。你的爱情通常会以细水长流的形式出现,总是先从朋友做起,等双方都熟识后,爱情才会悄悄开始。你是典型的"爱情生活实践家",总是把情话藏在心里。你认为爱情是生活的一部分,但不是全部。因此你虽然注重爱情,却不会被爱冲昏头。你会拥有最平凡也最幸福的爱情。

C.爱情魔法师。你会揽住对方的心,因为你总是能给他(她)意外的惊喜和电影般浪漫的故事情节。你很能在生活中的小地方找到让彼此开心的诀窍。你很愿意和他(她)沟通,也能明白他(她)心里的想法。所以你是最会在平凡生活中找乐趣的"爱情魔法师"。

D.爱情殉道者。你可以称得上是一个不计代价的"爱情殉道者"。爱情是你生活中最重的色调,可以掩盖住其他的一切。只要你认定了付出的对象,你便会不顾一切地对他好,就算被放逐天际也心甘情愿。热恋中的你通常会忽视自己的感受。但是你必须明白,世界上没有绝对公平的游戏,付出与得到并不一定相等。如果你一旦付出了就无法收回,你需要在付出之前多加考虑,因为执着的人往往更容易受伤,受伤了也不知道怎么去面对,更不用说给自己疗伤了。

E.爱情斗士。你是一个见缝插针、战无不胜的"爱情斗士",你对爱情很主动,遇见好机会一定好好把握,通常很乐意为对方付出,并体贴对方的需求,即使付出与回收不成比例,你也少有埋怨,因为你相信爱情是必胜的。跟你恋爱,不用担心你会寻死觅活,更不用担心你会手足无措。有你在身边,是一件轻松快乐的事。

20.月老为什么会遗忘了你——女生版

(1)你平常是否喜欢看时尚杂志:

A.有啊,我都会买,特别喜欢看

B.很少吧,平常很少看这种杂志

C.朋友如果买了就借来翻翻

(2)你目前有没有做发型设计:

A.没有,只是整理整齐就好了

B.没有,顶多只是染染头发而已

C.有,我到专业店去设计过

(3)你平常是否有吃一些小零食的习惯:

A.有,但吃得不多,担心身材走样

B.吃得很少,我不怎么喜欢吃零食

C.有,我嘴巴常常不停地吃零食

(4)你觉得自己是不是一个很爱花钱的女人:

A.是,常常禁不住诱惑拼命花

B.偶尔,有时会忽然狂乱花钱

C.不是,我喜欢存钱

(5)学生时代你是否有过打工的经验:

A.没有

B.有,我多半是到便利商店工作

C.有,我会找家教或补习班的工作

(6)如果给你选择,你会当哪个故事中的女主角:

A.被王子亲吻的白雪公主

B.被王子拯救的睡美人

C.麻雀变凤凰的灰姑娘

(7)你房间的布置通常是怎样的呢:

A.东西不多,看起来清爽整齐

B.比较偏向单一色系

C.放了不少心爱的东西,是一个凌乱但可爱的小窝

(8)你常运动吗:

A.经常会去打打球或是去健身房

B.我不喜欢运动

C.不常运动,不过基本上我挺好动的

(9)如果你突然在路上捡到一笔钱,这时候你会:

A.虽然心动,不过可能会把它交给警察吧

B.当然是拿来自己用,可以买很多东西呢

C.不知道该怎么办,找亲朋好友想办法

(10)你觉得男朋友的年纪最好是:

A.比我小,我不太喜欢被人管

B.大小无所谓,只要爱我就可以了

C.比我大,因为会比较成熟

【评分标准】

每个选项后的数字代表该选项的分数,根据自己的选择统计出测试的总分数:

(1)A:1分　B:5分　C:3分

(2)A:5分　B:3分　C:1分

(3)A:3分　B:5分　C:1分

(4)A:1分　B:3分　C:5分

(5)A:3分　B:1分　C:5分

(6)A:1分　B:5分　C:3分

(7)A:5分　B:3分　C:1分

(8)A:1分　B:5分　C:3分

(9)A:3分　B:1分　C:5分

(10)A:1分　B:5分　C:3分

【结果分析】

10~20分:你的原因出自于"眼光高"

你本身的条件不错,追求你的男人也不少,可是你却总是不满意,总在期待一个条件更好的男人来追求你。虽然追求者中也有人能让你心动的人,只是他们也有某些缺点让你无法接受。所以你虽然有异性青睐,却仍然待字闺中。建议你要把眼光放低一点,不切实际的高标准、高要求是不现实的,放低你的眼光,好好地用心去经营一段感情,你会发觉爱情的温馨和美丽。

21~30分:你的原因出自于"矜持"

你不是没机会,你的条件也很好,但是你过于矜持了。女人总是喜欢被捧在手心上,总是希望心仪的他可以再多付出一点,总是希望他能通过你的重重考验。偏偏每个追求你的人总选择半途而废,让爱情的春天迟迟无法来到你身边。你要注意尊重并顾及男方的感受,不要过于刁难他,经过部分关键考验,衡量后,就接受吧,也免了中间的分分合合和情感折磨,这样岂不更好?

31~40分:你的原因出自于"做作"

你喜欢在异性朋友面前耍酷,总是表现自己冷酷的一面,却忘了展现自己那颗温柔善良的心。尤其在自己喜欢的人面前,你更会让他误会你不喜欢他,甚至讨厌他。虽然你心里并不想这样,可是你的所作所为却只会让人那样认为,从而使你们渐行渐远。你要注意自己的言行举止,抛弃冷酷的面具,在喜欢的人面前多多展示你的温柔,相信幸福就在不远处等着你。

41~50分:你的原因出自于"自卑"

你对自己没什么自信,也不太爱打扮自己,给人的感觉总是内向而又文静,像是躲在角落里的丑小鸭。你也很少跟异性相处,尤其每次跟心仪的他讲话时都会紧张甚至有点排斥,导致人家就算真的对你有感觉,可能也不敢付诸行动。自信一点,要敞开自己的心扉,勇敢地去面对和追求属于自己的爱情,当然,也不要错把友情当爱情。

21.月老为什么会遗忘了你——男生版

(1)你平常一个人无聊时,多半会到哪里去逛逛呢:

A.要杯果汁就可以坐下来看书的地方。

B.不知道,可能骑(开)车到处乱跑。

C.到闹市区人多的地方到处看看。

(2)你有没有特别喜欢的明星:

A.有啊,不过我同时喜欢好几个。

B.没有,我觉得那些明星没有什么了不起的。

C.有啊,我是某某的超级忠实追星族。

(3)如果有机会,你会追你喜欢的那个明星吗:

A.一定会,我特别希望和她做男女朋友。

B.应该不会,感觉像是两个不同世界的人。

C.应该会吧,不过要多多了解她的生活圈才是。

(4)你认为要在工作上干出成绩,靠的是什么呢:

A.靠努力,埋头苦干总有一天会成功。

B.靠实力,有能力的人不怕失业没饭吃。

C.靠表现,让自己给领导留下很深刻的印象。

(5)跟朋友出去,你的意见特别多吗:

A.我很有主见,人家也多半都听我的。

B.会提建议,不过还是大家一起讨论比较多一些。

C.很少,我通常都是比较随和的倾听者。

(6)人家都认为你讲话很大声吗:

A.不会,很多人还觉得我太小声。

B.会,有时候不自觉就提高了音量。

C.应该不会,好像很少有人这么说我。

(7)你平常是否喜欢摆弄一些小玩意:

A.不多,突然心血来潮时才会那么做。

B.很少,其实我很少触碰正业以外的东西。

C.没错,虽然很幼稚,不过我又没妨碍到别人。

(8)你会不会有在婚前花心、婚后再收敛的想法:

A.如果是很有感觉的对象,会看情况。

B.还是不敢,男人还是不要太花心的好。

C.可能会吧,只要我婚后对她很专情即可。

(9)你希望自己的爱情,最好有怎样的开始:

A.出现一个让大家都惊艳的女性,最后被我追到。

B.突然发生,而且对方还是怎么想都想不到的。

C.很偶然、很奇妙的巧合,遇到心仪的她。

(10)你觉得女朋友的年纪最好是:

A.比我小,我有一点大男子主义。

B.比我大,因为她可能会比较成熟。

C.大小无所谓,只要看着顺眼就行了。

【评分标准】

每个选项后的数字代表该选项的分数,根据自己的选择统计出测试的总分数:

(1)A:3分　B:5分　C:1分

(2)A:3分　B:5分　C:1分

(3)A:1分　B:5分　C:3分

(4)A:1分　B:3分　C:5分

(5)A:5分　B:3分　C:1分

(6)A:1分　B:5分　C:3分

(7)A:3分　B:5分　C:1分

(8)A:3分　B:1分　C:5分

(9)A:5分　B:3分　C:1分

(10)A:3分　B:1分　C:5分

【结果分析】

10~20分:你的原因出自于"害羞"

你平常跟女性朋友的接触较少,尤其是在心仪的对象面前,常害怕表现不当而犯错误。这样反而让对方对你印象不好。和女生说话时,你也常常头脑一片空白,不知道自己究竟在干什么。虽然讨厌这样的自己,事后也做了相当程度的反省, 可是相同的事情却还是一再发生。建议你要积极主动地表现你的才华和魅力,用你的优点去感染对方,不要害怕犯错。

21~30分:你的原因出自于"矜持"

你不是没机会,你的条件也不错。只是你希望对方能主动向你告白,女生通常喜欢跟心仪的人"暗示",如果对方不理睬就会找寻下一个对象。所以你的过分矜持会让机会一再从身边溜走。你要放下架子、抛开矜持,你应该知道女人更偏爱那种被人捧在手心里的感觉,反其道而行,恋情可能马上就会到来。

31~40分:你的原因出自于"肤浅"。

你喜欢在女性朋友面前作秀,证明自己的能耐,却常常秀过了头,结果非但未能为你加分,反而让人感觉你过于肤浅。对方偶尔一句言不由衷的"好棒""好厉害",却又常常使你会错意。所以无论你怎样表白,也只是将失恋的个人记录再次刷新而已。在女孩子面前表现自己时千万要注意"度"的把握,注意分寸,要真切,不要让人感觉你很肤浅。

41~50分:你的原因出自于"固执"

你很固执,对爱情过于坚持己见。习惯以男生的立场为出发点去谈感情,忘了考虑女孩子的立场及心理感受。虽然你总觉得为她付出很多, 很爱她也对她好,可是对方却不见得就领情。固执的人很难想象别人眼中的自己。也要小心因情感而酿成悲剧,使你成为社会事件的主角。要学会做个倾听者,多为对方考虑,了解女孩子的心理感受,不要一味地付出,要让双方共同来经营你们的爱情。

22.你会爱错什么人

假设有一天,你骑车经过一个地方,发觉自己有东西掉了,可是又没办法回去拾。这时你检查自己的装备,你会希望掉的不是以下哪一项:

A.手机

B.男(女)友送的有纪念性的东西

C.皮包(有钱及证件)

D.刚买的心爱物品

【结果分析】

A.你容易爱错"身份地位差异悬殊的对象":你认为不同领域的人在一起生活,感觉上会很刺激。

B.你容易爱错"有恶习或前科累累的坏人":这类型的人在爱情中很不切实际,会为当时的情景而感动。

C.你容易爱错"让人又爱又恨的花心大萝卜":你在潜意识中常常会爱上永远抓不住的假象。

D.你容易爱错"成熟富有的已婚人士":你内心深处对于爱情没有安全感,因为你希望自己的爱情有稳定的感觉,让自己没有后顾之忧。

23.谁是你的月下红娘

如果你快要结婚了,你打算在婚宴上穿什么颜色的晚装呢:

A.红色

B.绿色

C.蓝色

D.黄色

E.紫色

【结果分析】

A.全靠朋友

你认识异性的途径多是靠朋友。由于你性格内向,又不太懂与人相处之道,令你错失不少结识异性的机会。幸好你身边有很多同性好友,你可以通过他们认识到不少有条件的对象。提议你闲时不妨多跟他们出去玩,将有助提升你的异性缘。

B.网上情缘

好静的你,与其出去结识异性,倒不如留在家里上网,又或与网友聊天。平日你已经少有社交活动,而且朋友以同性居多,接触异性的机会近乎为零,所以那些网上交友区、聊天室就成为你认识异性的最佳途径。不过网上世界的人和事,是真是假都没有人会知道,谨记要带眼识人。

C.桃花处处

你天生就是个乐天派,无论男女老少都非常喜欢亲近你。日常生活中即使你没有故意去认识人,别人也会自动来认识你。这全归功于你的开朗个性以及那张永远带着微笑的脸,让人有如沐春风之感,不知不觉间已经杀死不少异性了。

D.进修识人

为人上进好学的你,闲时喜欢参加不同的兴趣班或进修课程来使自己增值。虽然你一心想好好学习,但谁叫你天生甚有异性缘。所以说呢,想结识异性就要多学习多读书啊!

E.工作结缘

热爱工作的你,由于表现不错,而且办事效率高,令高层十分器重,经常派你代表公司出席不少活动,再加上你很有社交能力,在这些场合中总能成为众人关注的焦点。建议你不妨多留意工作上所接触的人。

24.你会远嫁他方吗

(1)没事的时候,你会经常与好久没有联系的朋友联系一下吗:

会的→(2)

不会→(3)

偶尔→(4)

(2)在网络中,你有没有交到什么很要好的朋友:

有的→(3)

没有→(4)

曾经有→(5)

(3)出远门最喜欢的交通工具是:

飞机→(4)

火车→(5)

巴士→(6)

(4)如果要看着外面发呆,你会选择:

阳台上→(5)

窗子边→(6)

车窗外→(7)

(5)你更喜欢一个人站在阳台上看什么地方:

楼下→(6)

远处→(7)

天空→(8)

(6)辞职了,你会选择去下面哪一个地方散心:

波澜壮阔的海边→(7)

一贫如洗的小山村→(8)

金碧辉煌的古代文化建筑→A

(7)出了一款你很想拥有的手机,如果刚好有一笔钱够买,你会买吗:

会的,立刻买→(8)

等过段日子降价了再买→(9)

不会买→(10)

(8)如果要拍婚纱照,你会选择下面哪一个地方:

海边→(9)

丽江→A

江南水乡→B

(9)下面的星星,你喜欢哪一颗:

北斗星→C

启明星→D

金星→A

(10)如果前方有一对情侣穿了情侣装,你觉得那会是什么颜色的情侣装:

绿色→B

蓝色→C

黑白色→D

【结果分析】

A.不会远嫁

远嫁,是一件很痛苦的事,一切从头开始,没有朋友没有亲人,无论伤心还是开心都没有人分享。这些问题是你考虑和顾忌得最多的。也因为如此,你往往不会选择远嫁。除非嫁的人是一个有钱的家伙,可以担负你经常回娘家常住的费用与时间。否则你不会远嫁,不是不适合,只是你不会。

B.可以远嫁

父母往往不会支持女儿远嫁的,一来嫁过去没有能谈心的朋友,有时不开心也只能自己闷在心里,父母想你的时候又不方便去看你,或者你也不方便回娘家看望自己的父母亲。不过你倒觉得,远或近都不是什么大问题,毕竟现在交通如此发达,你又个性独立,只要有感情,还是可以远嫁的。

C.看感情问题

你是一个重视感情的人,远嫁或近嫁这种事情,你觉得并不重要,嫁对人更重要。如果嫁对了人,自己一辈子的幸福就此到手,虽然父母无法时常看望,但是也可以慢慢解决这个问题。但是如果嫁错了人,没有感情,你才不会远嫁呢。而且如果是不喜欢的人,即使嫁得近,也没有什么用吧。

D.不适合远嫁

你是不太适合远嫁的,首先是因为你比较懒,懒到什么程度呢,大概就是自己目前在这里过得挺好的,为什么要舍弃现有的生活圈子,跑去一个没有朋友和亲人的地方？再次你依赖家人,也不会轻易就放得下自己的父母,你也没有那么强大。因此,你不太适合远嫁。

25.你的宿命情敌是谁

如果你闲在家,被邻居拜托照看一个五岁的小朋友,你会采取哪种照顾方法:

A.哄小朋友赶紧睡觉

B.耐心地和小朋友玩,给小朋友讲故事

C.让家里其他人照看

D.把小朋友扔一边,自己玩电脑,偶尔看看小朋友情况

E.把小朋友带到户外玩

【结果分析】

A.邻居

在你的邻居中,最不乏一类有魅力的女人。她不一定要长得很美艳,但是比你有女人味儿,通常只要她的一颦一笑,就能足以让男人为之倾倒。这样的女邻居总是能不用费太多功夫,就能迅速勾走男人的魂。而如果你的邻居与你喜欢的人认识了,打过交道,很有可能就会抢走你的爱情。

B.闺密

得不到的总是最好的,你和闺密经常在一起,你喜欢的人却得不到她,所以总是在他心里有一个念头。加之你的一些毛病都已经暴露了,所以,她就显得比你更加好了。尽管闺密可能并不会将你的男人放在眼里,但是架不住他的私心出轨呀。而且有的闺密会有妒忌心,看到你幸福,搞不好也会从你的背后插一刀。

C.女同事

这里的女同事,有可能是你自己的同事,更大的可能是他的一些女性同事。由于他们两人一起共事,产生办公室恋情,也不是不可能。有的同事比你好看,比你能力强,比你能说会道,你喜欢的人一看到这样的同事,会觉得你一无是处。近期同事也有可能会抢走你的爱情,如果有可能,尽量不要让同事与自己的恋人有任何私下相处的机会。

D.亲戚家的孩子

从小到大,亲戚家的小孩都是你噩梦一般的存在,因为她就是传说中的别人家的小孩,跟你比穿着,比成绩,比一切。你又是一个善良的姑娘,平时已经受够了这样的比较。在亲人聚会的时候,她总让你在亲戚面前抬不起头。原本可能是别人想给你介绍个优质对象的,可是亲戚家的小孩一出现,也就没有你的什么事儿了,因为缘分爱情都到她那边去了。

E.宿敌

有一种人,一直以来就是你的对手,上学的时候她总是要和你比成绩、比班干部职位的大小,工作的时候也可能遇到这样的人,这类人称为你的宿敌。大概是命中注定的吧,所以这类可能会抢走你的爱人。更重要的是,如果你看中的人她也认识,那她就可能会又要与你展开竞争,哪怕她根本就不喜欢这个人。

26.你最擅长何种爱情攻势

当你开车或骑车在路上时,最讨厌遇到什么样的驾驶者:

A.不打方向灯,想转弯就转弯的人

B.用极慢的车速在快车道上慢慢前进的人

C.动不动就紧急刹车的人

D.犹豫不决,一下往左、一下往右的人

【结果分析】

A.你不喜欢让人知道你心中的想法,总是在暗中决定好一件事,然后偷偷进行。你很低调,不会大张旗鼓。所以,当你看上一个人,要对他(她)展开攻势时,采取的方式也比较温和、细心,会让人有一种贴心的感觉,因此很容易赢得对方的好感。

B.在自己的轨道上依自己的方法做事。你是一个有冲劲的人,做事如此,谈起恋爱也是如此。只要是你喜欢的对象,你不会在乎外人的眼光,而且会凭自己的热情去克服困难,取得对方的好感。对方会被你追到手而没被吓跑,多半是被你的热情所感动。

C.你属于那种习惯按照礼仪规范、社会标准、常人眼光来行事的人。你不敢冒险,对于轰轰烈烈、可歌可泣的爱情也是敬而远之,认为那太伤神了,从没想过要去尝试。你总是小心翼翼,不会做出夺人所爱的事情。因此你的恋爱攻势也比较保守,不会让人感到吃惊。

D.你很果断,行事风格也很直爽。拖拖拉拉、藕断丝连最令你受不了。相爱就在一起,不爱了就分开,对你而言这是最简单不过的方式了。在一段感情关系中,你也表现得比较豁达,既不会勉强自己,也不会为难对方。你不是不重感情,只是喜欢真正志同道合的恋人而已。

第六章
心理扫描——心安，身才能安

1.你的心理弱点在哪儿

在一个凶杀案现场,被谋害的是一位年轻女子,遇害时手中正好抓着一支断裂的口红。请用直觉推断她遇害的原因:

A.强盗闯入家中劫财劫色

B.男友报复她移情别恋

C.暗恋她的人所为

D.情敌下的毒手

【结果分析】

A.你潜意识里最大的弱点是害怕患病。你最害怕的莫过于自己得了不治之症,受尽治疗的折磨,你害怕身体的痛苦和死亡的威胁。

B.你心里的弱点是害怕死亡。但不是你自己的死亡,而是你最亲密的人的死亡。因为你的感情依赖度非常高,尤其对父母、配偶、兄弟姐妹。当不幸发生后,你将无法承受。

C.你最感到恐惧的是自然界无法解释的现象。灾难、恶魔等会在你的梦境或意识模糊的时候出现。这是你非常不易克服的弱点。

D.你心里的弱点是害怕背叛。你无法面对情人变心或亲密的挚友出卖你。在他人恶意背叛你时, 你会脆弱得失去所有的反击能力。不过这个弱点不易被察觉,非要到面临困境时才会显现。

2.你的忧郁来自何方

现在桌上有四种不同口味的丸子,你最喜欢吃哪一种:

A.爆浆撒尿牛丸

B.新竹贡丸

C.珍珠丸子

D.小鱼丸

【结果分析】

A.你的忧郁来源就是你自己。爱自找麻烦的你常让自己莫名忧郁。这类型的人想太多了，很多事情已经发生过了，可是他内心仍然在拔河，自己不停地反问自己，常常身陷淤泥沼中。

B.你的忧郁来源是身边的小人，谣言太多，会让你心情很受伤。这类型的人莫名其妙会招惹一些小人，有的时候会觉得希望黑白分明，大家要有正义感，可是通常都感受不到，因此心里非常难过。

C.你的忧郁来源是对未来没把握，对现在不够满足觉得有点忧郁。这类型的人是完美主义的性格，内心深处缺乏安全感，觉得未来不知道会发生什么事情，现在也不满意，自然而然就会很忧郁。

D.你的忧郁来源懂得自得其乐的你根本不想浪费时间去忧郁。这类型的人格特质认为快乐比较重要，人生苦短，该玩该快乐的事情自己都做不完，哪有时间去理无聊的人或事情，不如找一些快乐的事情让自己过得多姿多彩。

3.你正面临什么心理困惑

此时夜深人静，寒风凛冽。工作不如意、爱情没着落等的不幸仿佛都降临到你身上。心情沮丧的你来到公园散步，此时眼前出现哪一件事物会让你更加烦恼：

A.花坛

B.秋千

C.小狗

D.男孩子

【结果分析】

A.花坛代表梦、希望和爱。你是个不易把心事吐露给别人的人，有时甚至表里不一，所以你平时应该多找些知心朋友聊聊心事，他们或许可以帮你渡过难关。

B.秋千代表赤子之心、依赖之心。你是个心直口快的人，想说什么就说什么，因此很容易得罪人，建议你不妨多察言观色，为人处世圆滑一些。

C.小狗代表活力、积极性。你通常不会很细心地为别人着想，因此别人会觉得你太自私,只会顾虑自己,所以奉劝你多多体谅别人。

D.男孩子代表信赖感、社交性。你的选择表示你是一个神秘主义者。你习惯在别人面前做老好人,常隐藏自己的本意,你过于在乎别人对自己的看法,有时候会适得其反,所以建议你还是尝试着多表现真正的自己。

4.释放压力的最佳方法是什么

你接受朋友的邀请,一起乘船出海去钓鱼。当天的天气很好,你的心情也很愉快。你们在海上钓了一阵子鱼之后,决定暂时休息一下。于是你们便把锚抛下,在海上预计停留两个小时左右。这时候,你觉得你会选择在哪里休息呢:

A.到船的最上层去

B.到船头的甲板上去

C.到船舱里面去

D.到船尾去

【结果分析】

A.希望在高的场所休息,表示你很在意自己在别人面前的表现。为了消除自己的压力,在心情不好时,你可以去吃自己喜欢的食物或是逛街等,都可能转变你的情绪。让心情好起来,相对来说,你的工作就会进行得非常顺畅。

B.选择在船头部分的人,在你的内心深处,一直都抱着"想要到外地去旅行"的念头。船头这个地方正代表着想移动的愿望,建议你不妨到国外走走或是泡泡温泉。如果这两样都暂时没办法实现,去看海也是很好的解除压力的方法。相信若是那样做,你的压力就会被风吹散了。

C.船舱是乘客聚集的地方,也就是传达信息的地方。选这个答案的人,基本上你很想和大家一起快乐地度过。当然最适合你消除压力的方法就是和朋友们喧闹地在一起。当你感到郁闷或是心情黯淡的时候,不妨以你为中心办一个聚餐或是唱唱歌。在朋友面前把你心中不满的话全部倒出来之后,你的压力也会消除许多。

D.选在船尾,表示你现在的精神和体力都相当疲劳,什么事也提不起劲儿来做。最适合你的休息方式就是:把你的电话线拔掉! 将工作或是课业都暂时抛到一边去,一个人悠闲地度过。如果什么都不做也无法让你静下心来的话,建议你看看书或是录像带,也是非常有效果的。这样过个两三天之后,等到你的心中有想做事的感觉时,再去恢复你的工作。

5.你有金钱焦虑症吗

本测试包括20道题, 每道题都与对金钱的态度有关。作答时以四种方式记分:选A记1分,选B记2分,选C记3分,选D记4分。选一个最适合自己态度的答案,写下正确的号码。全部作答完毕,再根据记分方式算出总分。

A.从来不

B.有时候

C.常常

D.经常

(1)我担心赚钱会使自己迷失了人生方向

(2)我担心朋友若知道我有钱,会向我借钱

(3)我担心如果我赚太多钱,我会扯进复杂的税务问题

(4)我担心不管我赚多少钱,永远都不会满足

(5)我担心如果我有很多钱,别人喜欢我是因为我有钱

(6)我担心钱会使我沉溺于我所有的恶习

(7)我担心如果我赚的钱比朋友多,他们会嫉妒我

(8)我担心如果我大把大把地赚钱,钱会控制我的生活

(9)我担心如果我有钱,别人一有机会就想欺骗我

(10)我担心钱会成为我追求真理的障碍

(11)我担心如果我有很多钱,我会一天到晚害怕失去它

(12)我担心钱会使我变得贪婪,并且野心勃勃

(13)我担心管理为数不少的钱会造成我无故的压力

(14)我担心如果我赚了很多钱,我会失去工作的意愿

(15)我担心如果我有很多钱,我会利用钱去占人家便宜

(16)我担心拥有很多钱会使我的生活不再单纯

(17)我担心拥有很多钱会使我的生活出现大的变故

(18)我担心金钱真是万恶之源

(19)我担心拥有大量的金钱会使我陷入失败的境地

(20)我担心我没有能力处理巨额的钱财

【结果分析】

20~24分:虽然金钱焦虑程度低与成功有关,得分太低却可能显示这种人缺乏兴趣或雄心。焦虑程度低但处于可控制的程度,表示具有可改变或改善生活的良性关系。如果你得分很低,很可能是因为你对现状太过满足,充满信心而没有金钱焦虑,或者你是想避免遭遇钱财问题而做出必要的改变。究竟是哪一种原因,得好好问问自己。如果是第一个原因,恭喜了,金钱焦虑根本不会阻碍你的成功。

25~30分:这种人对现有的钱财状况颇感舒适,商业知识广博,他们相信自己完全可以控制成功的机会,并对成功地处理金钱问题深有信心。得分落在此组的人,能正面看待自己的目标,承担必要的风险,迈向自己所希望的未来。

31~37分:这种人对金钱在生活中所扮演的角色感到不确定。对他们而言,金钱会引起别人的关注,取得和持有都会令他们担心。如果他们的焦虑会驱使自己去控制好钱财,就可能踏上成功之路,如果老是想逃避钱财风险,整天因为没有安全感而害怕,他们的焦虑就会阻碍进步。如果得分落在此组,你可能会被焦虑所误,但只要你愿意,仍可以做到自我掌握,迈向成功。

38~57分:这种人很难去享受自己所拥有的钱财。而且,他们的焦虑会使挑战和走向成功毫无报偿,因为他们觉得成功只会带来害怕失去(成功)的焦虑。

焦虑的人因此会把自己隐藏在一些保护性的行为里,诸如强制性的储蓄或不信任他人。偶尔,这些焦虑程度高的人也会失去防卫,以不太恰当的方式和外界接触,不过,万一接触失败,就会加深他们的焦虑。得分落在此组的人是很难成功的。

58分以上:这种人需要赶紧寻求解除焦虑的方法及技巧,或许还包括专业的治疗。焦虑极端会万念俱灰,不想追求任何目标。得分落在此组的人,对周围的人根本无法相信,不可能享受成功所带来的任何乐趣。最重要的是,这种人很难成功,因为焦虑程度太高,会付出昂贵的代价。

6.焦虑症倾向自测

"没有或很少时间"为1分;"小部分时间"为2分;"相当多时间"为3分;"绝大部分或全部时间"为4分。

(1)觉得平常容易紧张和着急

(2)无缘无故地感到害怕

(3)容易心里烦乱或觉得惊恐

(4)觉得可能要发疯

(5)觉得一切都很好,也不会发生什么不幸

(6)手脚发抖打颤

(7)为头痛、头颈痛和背痛而苦恼

(8)感觉容易衰弱和疲乏

(9)觉得心平气和,并且容易安静地坐着

(10)心跳得很快

(11)因为一阵阵头晕而苦恼

(12)有时觉得要晕倒似的

(13)吸气呼气都感到很容易

(14)手脚麻木和刺痛

(15)因为胃痛和消化不良而苦恼

(16)常常要小便

(17)手常常是干燥温暖的

(18)脸红发热

(19)容易入睡并且睡得很好

(20)做噩梦

【结果分析】

将各项得分相加得出总分,再乘以1.25,四舍五入取整数即得到标准分。焦虑评定的分界值为50分,分数越高,焦虑倾向越明显。

7.你的身体快乐吗

(1)早睡早起是一个良好的生活习惯,那么你是一个早起的人吗:

我会早起洗澡,吃早餐,看下当天的报纸、杂志、电视等→(2)

不,最好不要早起,就算是,也是匆匆出门→(3)

(2)你一般晚上几点入睡呢:

23点之后→(6)

23点之前→(4)

(3)你喜欢吃比如豆腐、豆浆、炒黄豆之类的豆制品吗:

喜欢→(4)

不喜欢→(5)

(4)早餐是人一天最重要的一餐,只有早餐摄取了足够能量的人才能在一整天保持一个较好的状态。你的早餐按规律吃吗:

是的,非常规律→(5)

不是,没有什么规律,有的时候吃,有的时候不吃→(6)

(5)水果是维生素A和C的主要来源,也是维持酸碱平衡、电解质平衡不可缺少的。你能保证平均每天都吃一个以上的水果吗:

不能→(7)

能→(8)

(6)世界上最美丽的事情有很多种,每一个人的生活体验不一样,所感受到的最美丽的事情也不同。那么世界上最美丽的事情你认为是下面哪一件:

和恋人的初吻→(7)

看日出→(9)

(7)你有一生都吃不腻的东西吗,下面什么东西是你吃到世界末日,都吃不腻的东西呢:

奇异水果→(8)

各种小面食→(11)

(8)芥末在日式料理中起到很重要的作用,特别是对于那些生冷的食物,芥

末可以消毒杀菌。那么你喜欢吃芥末吗:

喜欢→(9)

不喜欢→(10)

(9)现在未婚同居在未婚男女中是一件再普通不过的事情了,通过同居双方可以提前了解对方的脾气秉性,看看对方是不是自己想要的那一个人。不过未婚同居也会给双方造成伤害。你觉得未婚同居谁会比较占便宜:

男方→(10)

女方→(11)

(10)临死之前,你用剩下的力气只能对你爱人说三个字,你会说什么:

好好过→(12)

看着我→(13)

(11)毕业之后自己要扛起来的事情真的很多,比如买菜做饭就是一件很考验人的事情。如果你和你的同居室友一起分担家务,一定要从买菜和做饭这两样事情中选择一件,你愿意干什么呢:

买菜,做饭手艺不行→(12)

做饭,买菜太费功夫→(16)

(12)在唱歌时朋友点了下面哪一首歌,会令你有切歌的冲动呢:

老鼠爱大米→(15)

纤夫的爱→(13)

(13)你认为结婚纪念日应该是哪一天:

结婚证上的日期→(14)

举行婚礼的日期→(16)

(14)你怎么对待你那辛苦积攒的人民币:

存银行→(17)

拿来炒股票→(15)

(15)形容长得丑的话,你觉得下面哪一句话最毒:

你长得真有创意,活得真有勇气→(16)

你长得好像车祸现场啊→(18)

(16)今天公司里面来了一个很大的客户,老板亲自点名让你好好招待他们,如果客户跑了唯你是问。如果晚上陪客人吃饭,酒足饭饱之后你会带客人去下面

哪一个场所:

KTV唱歌→A

桑拿室→C

(17)又到了出游的好时光,你最近最想去的地方是:

江浙沪一带的江南水乡→(16)

云贵川一带的好山好水→(19)

(18)一天你误闯黑店,掌柜端出了两种食物,你直觉哪一种被下毒:

叉烧包→A

汤面→C

(19)曾经有一份爱情摆在你面前,你没有珍惜,如果这份爱情可以重来,你选择答应还是拒绝:

答应→(18)

拒绝→C

(20)你曾经设想过未来吗? 未来你想过什么样的生活,现在的你行动了吗:

衣食无忧的一般生活,还没有开始行动→D

衣食无忧的高品质生活,开始行动了→B

【结果分析】

A.身体的快乐指数 ★★★

你的有些生活方式不大健康,经常熬夜玩游戏或者出去玩,当你自我感觉这种状态很爽的时候,你其实并没有想过你的身体已经提出了抗议。黑眼圈、打瞌睡等都是你的身体在向你提出抗议,如果你长时间深夜处于这种亢奋状态,你的身体很可能已经亚健康了。千万不要做趁着自己身体年轻吃老本的买卖,当你年老回头看时,太不划算了。

B.身体的快乐指数 ★★★★★

恭喜你,你能较为合理地安排自己的饮食和作息,你的身体很健康,没有什么不适和小恙,目前处于很快乐的状态。不过想要继续保持你的身体的快乐程度,需要你每天都对它呵护备至,比如需要经常吃豆制品。豆制品中含有丰富蛋白质及人体必需的氨基酸,是平衡膳食的重要组成部分;还有水果,水果是维生素A和C的主要来源,也是维持酸碱平衡、电解质平衡不可缺少的物质。

C.身体的快乐指数 ★★★★

对于自己的某些生活方式,你很偏执。比如挑食,只选择自己爱吃的食物,对于那些不爱吃的东西,很多年你都不会看它们一眼的。虽然这样做让自己的嘴巴上的味蕾大快朵颐了,但长此以往你的身体就会出现一些小毛病。把身体的健康指数寄托在复合维生素上可不是什么高明的主意,千万不要把小小的药片当成万能的救命稻草,一旦你自己形成了药物依赖,那可是一件相当可怕的事情。

D.身体的快乐指数★★

繁忙的工作让你的身体一直不能得到很好的休息,三餐饮食的不规律更是加重了你身体的负担。目前你的身体很不快乐,它有一肚子的委屈等着向你诉说,无奈现在的你根本没有时间去聆听它的心声,你总是想着忙完这一段时间的工作之后再去好好善待自己的身体,殊不知身体并不像你想的那样,像你的下属一样听话,等你忙完了这段时间,可能它的情况会变得更糟糕了。

8.你是哪种被害妄想症

(1)热的时候吹空调容易得空调病。在你觉得最热的时候,有人在你的房间里打开了空调,你觉得这个人会是:

A.家人

B.和自己有矛盾的人

C.自己

D.恋人

(2)油墨的味道会让人嗅觉出问题,先闻闻报纸上的油墨,再闻闻自己的手背,会有一股很轻的花香:

A.不知道是不是真的,反正我闻不到

B.的确是这样,以前怎么没注意到

C.根本不可能

D.好像有一点点,不过闻不太清楚

(3)“非典”期间,假如突发高烧,你会:

A.等等看,过几天不退烧再说

B.赶快到医院隔离治疗

C.肯定不会是"非典",我心里有数

D.再观望一下吧,再看看有无其他症状

(4)参加一个宴会,你发现所有人都穿着拖鞋,你会:

A.不换鞋,也不理会

B.悄悄出去,换上拖鞋再进来

C.觉得周围人都在发疯,故意走到显眼的地方

D.不换鞋,但尽量待在不显眼的地方

(5)30%的人右手食指关节会有一个小突起,用左手使劲按压一下食指关节,是否感觉到里面的骨骼突起:

A.有也无所谓,我不在乎

B.似乎感觉到了,有一个突起,不会导致疾病吧

C.根本不用去试,我肯定没有

D.没有摸到,我应该是没有的那部分

(6)买蔬菜的时候,一袋上面印有"绿色无污染",另一袋没印,你会选择:

A.随手拿一袋看上去水灵的

B.无污染的

C.无污染是骗人的,就拿普通的,还便宜呢

D.无所谓,不太相信这年头还有无污染

(7)你如何看待路边的小摊:

A.觉得不卫生,不过细菌又看不见,用一次性餐具也凑合了

B.天啊,简直是细菌培养皿,根本不能吃

C.不干不净,吃了没病,现在人比苍蝇还抗病菌呢

D.用自己的器皿买回家吃会放心一些

(8)先去吃了一顿大餐,其中有一道菜是第一次吃;然后吹了空调;又吃了西瓜,突然觉得肚子疼,你认为原因是:

A.就是西瓜吃多了

B.餐馆的菜不卫生,以后再也不吃这道菜了

C.肚子疼纯属巧合而已

D.都是空调惹的祸

(9)戴着一个古董项坠,有人说这个项坠会带来霉运,听到几个人这样说你会信以为真:

A.不管别人怎么说,也不会放在心上

B.听到一个人这么说就赶紧摘下来

C.越多的人这么说,越引起我的好奇心

D.三人成虎,再戴着心里总有别扭的感觉

(10)眼看着一个壮汉在自己面前打倒了一个人,然后壮汉向你走来,你会认为他是:

A.大概只是来找自己要什么东西吧

B.肯定是来攻击自己的,所以赶快逃跑

C.没准像电影里一样,走到面前给自己深鞠一躬

D.不知道,来者不善,刚才没准是杀鸡给猴看

(11)来到公园散步,突然不知哪里一声巨响,身边的人突然都跳进湖水里,你会:

A.看了看周围,最终还是没有跳

B.不管三七二十一,跟着也跳进去

C.心里暗笑,都是神经病

D.迟疑了一下,然后小心翼翼走下去

【评分标准】

选A得1分,选B得−1分,选C得2分,选D得0分。

【结果分析】

22~14分:攻击型妄想

你已经走到了被害妄想的反方向极端上,你的性格是大大咧咧、马马虎虎,再发展就变成了一种攻击型性格。

13~6分:自欺型妄想

对你的形容词有两种:积极乐观或者自欺欺人。你习惯把万事万物都向好的方向去理解,因此自得其乐,异常轻松。就算有人拿着刀子气势汹汹地走到你面前,你都会认为他是来推销厨具的。你身上找不到半点被害妄想的影响,认为这世界上一切都是平和而美好的,都是互相帮助的。

5~−3分:盲从型妄想

其实你未必就像表现出来的一样谨慎,不过每当看到周围人这样做了,自己

不跟着一起做,心里总会觉得不安。说实话,你的好多防范措施不过是自欺欺人而已。看起来不卫生的食品,只要周围人都说"这个没问题",你就会心安理得地吃下去。稍微克制一下吧。

−4~−11分:被害型妄想

你已经患上了被害型妄想症。你总觉得外面到处是危险,人人都有可能伤害自己。小心也要有个限度,吃菜怕有农药,游泳怕得传染病,这样的你是最容易感染群体癔症的类型,恐怕没有事情也会活活被自己吓死,真是风声鹤唳、草木皆兵。你最适合做个套中人,这样才能保证不受到外界任何伤害。

9.你患有宝宝恐惧症吗

自测对象仅限未婚男性,以"是"或者"否"作答。

(1)如果你已答应别人暂时照顾他的小宝宝半天,而恰好你的女友又同时约你出去的话,你是否肯定不会带小宝宝一同"赴约"?

(2)如果你在外想上洗手间时,有位年轻的妈妈请你照顾她刚会走路的儿子到男厕所里去"方便",你是否肯定会拒绝?

(3)如果你在游乐场坐大转盘时,忽然发现身边一个小孩子的鼻涕已经"决堤",你是否会装作视而不见?

(4)你是否肯定无法与两个或两个以上,年龄不超过2岁的小宝宝"和平共处"至少24小时?

(5)如果你心爱的东西被小孩子弄脏甚至弄坏的话,你出现愤怒的时间是否肯定会超过一分半钟?

(6)如果你和女友在约会时遇到一个可爱的小朋友,你的女友只专注于这个小朋友,却完全忽略了你的存在,你是否真的会心生忌妒与不满?

(7)如果让你选择妻子,你是否宁愿选择坚决不生育的女性,也不愿选择希望生多个孩子的女性?

(8)在婚前也曾和妻子愉快地设想过拥有爱情结晶的你,在婚后与妻子感情依旧的前提下,是否突然害怕与她谈论要宝宝的事情?

(9)在妻子怀孕后,你是否会十分担心孩子出生后,自己的生活会变得一团糟?

(10)你是否坚持认为孩子会是你与妻子浪漫爱情生活的"终结者"?

【结果分析】

A. "是"的个数为1~3个

还好,你现在只是"宝宝恐惧症"的轻度患者。建议你在心理上作自我调节,如看看自己从前童趣盎然的相册,听听妈妈"数落"你幼时的"顽劣",了解孩子成长中必经的"闯祸过程",理解他们由于认知程度的限制而造成的错误,从而对他们产生耐心和爱心。

B. "是"的个数为4~7个

小心,你已是"宝宝恐惧症"的中度患者了。建议你逐渐增加与宝宝接触交流的机会,努力寻找并体会他们的可爱之处。当然,如果能找一个幼儿园老师做女朋友就更好了,潜移默化地熏陶会令你"事半功倍"。

C. "是"的个数为8~10个

唉,告诉你一个不幸的消息,你已经沦为了"宝宝恐惧症"的重度患者。现在唯一的办法就是:强迫学习,强迫体验。"头悬梁,锥刺股",把关于"宝宝恐惧症"的测试好好细读十遍,然后进幼儿园实习锻炼十个月,或许你还有救。

10.你的看不开指数有多高

你知道你自己内心深处最害怕什么吗? 现在默念1~5,然后再依直觉选个数字,就能知道你潜意识里对什么最看不开。

A.数字1

B.数字2

C.数字3

D.数字4

E.数字5

【结果分析】

A.看不开指数:20,是最能看开一切的人,唯一让你有些顾虑的就是"无聊和空虚"。通常选到"数字1"的人,内心都是充满阳光的,总表现得无忧无虑。

　　B.看不开指数:60,最担心没有人关心你,你希望自己能在朋友或家庭当中扮演核心的角色,被忽略将是你感到最忧虑的事情。

　　C.看不开指数:80,最害怕失败,选"数字3"的人,因为自身能力强,对自己信心十足,所以失败将是你最害怕发生的事情。

　　D.看不开指数:40,最害怕运气不好,因为你对自己的人生是有规划的,当运气破坏人生规划时,你会变得极为沮丧。

　　E.看不开指数:100,最害怕老,虽然外表看起来很坚强,但当年华老去时,你的内心总是会感到空虚和害怕。

11.从吸烟姿势看男人的心理

　　想了解男士的内心世界吗? 他们的吸烟姿势可告诉你男人的心理。

　　A.用水浇灭香烟

　　B.烟还燃着,就直接丢入烟灰缸

　　C.爱用脚踩灭香烟

　　D.烟灰已经很长,却不在意

　　E.香烟快烧到嘴巴,还一直吸

　　F.喜欢将香烟叼在嘴角,烟头微微上翘

【结果分析】

　　A.此种类型的人具有神经质的性格,做事时过于考虑他人的感受和追求事情的完美结局。虽然能够表现出对他人的责任心和细致关怀,但结果往往因考虑得过于周到而损失了一些不该损失的东西。

　　B.此种类型的人自我控制力不强,经常将自己的感情任意表现出来或强加于人。做事不负责任,自由散漫,不顾及旁人,经常在不经意间伤害他人。

　　C.此种类型的人无论发生什么事,他都想吸引别人的注意力,诱惑周围的人。有时会刻意追求一些新异的刺激来自我满足,并且往往具有攻击性,不肯轻易服输。

D.此种类型的人非常谨慎,一般用心很深,并且善于将自己隐藏起来,非常自信。由于不善与人交流,常常遭到误解。虽然考虑问题比较周到,但也可能因此失掉机会。

E.此种类型的人往往过于相信自己的能力,有时不能客观地分析当前的形势。他们属于发展性很高的类型。

F.此种类型的人对自己缺乏信心,总是在理想与现实之间徘徊,常将失败归咎于自身,喜欢自责。但是如果这类人具有积极向上的心态,他会利用这一特点,将自己引向一个比较高的目标,不断地追求,最终获得成功。

12.你的心理衰老程度如何

有的人还很年轻,但心理已经衰老了,并且在日常生活中处处表现得老气横秋。原本青春的你,心理是否已经衰老了呢?请阅读下面的测试题,然后回答"是"或"否"。

(1)一点儿不能宽容别人,甚至对自己的亲友也是如此

(2)自己会一味地干某些事,或者一味地想某件事而不听别人劝告

(3)心情紧张时会头脑糊涂,不甚清醒

(4)经常会流泪哭泣

(5)有时觉得自己生不如死

(6)经常感到心里害怕或者胆怯

(7)总是愁眉不展、忧心忡忡

(8)别人对自己稍有冒犯就火冒三丈

(9)会无缘无故地想念自己不熟悉的人

(10)经常觉得情绪紧张、坐立不安

(11)自己的身边如果没有熟人,会感到恐惧不安

(12)脾气十分暴躁

(13)看别人做事,心里觉得不放心

(14)曾在精神病医院治疗

(15)总希望有人同自己闲聊

(16)常常犹豫不决,难以下决心

(17)容易感情冲动

(18)别人请求你帮助时,你会感到不耐烦

(19)在别人家吃饭,会感到别扭

(20)骤然见到生人时会手足无措

【评分标准】

回答"是"得1分,回答"否"得0分,最后汇总分。

【结果分析】

4分及以下:属于心理没有衰老。

5~8分:属于有些衰老。

9~12分:心理比较衰老。

13~16分:心理很衰老。

17~20分:心理极度衰老。

13.你渴望堕落的程度

突然间想要帮妈妈一点忙,结果就打扫了家里的卫生,可是却弄坏了对妈妈来说很重要的东西,这个东西是:

A.爸爸送的一直很爱用的马克杯

B.非常漂亮的玻璃花瓶

C.在结婚纪念日买的,非常贵而且高级的水晶酒杯

D.把穿衣镜弄倒还打破了

【结果分析】

A.害怕堕落派:和爸爸聚在一起时用马克杯不是很具生活感就是很平民化的物品,所以,堕落跟你有点距离,你其实是个很正经的人。

B.渴望堕落派:花瓶是人看得见的东西,也存有某种程度的拘泥感,不过,好像很快就有替代的花瓶出现。这是在表示你有不管怎么样都不可以大肆破坏既

有的概念的心理，无法踏出第一步。

C.挑战堕落派：水晶酒杯之类的物品，不但非常高级而且被视为很重要的东西。所以弄坏它，是表示你堕落的愿望强烈，也许已实际做过了。

D.正在堕落派：穿衣镜等照出全身的东西，只要有一点破损就很糟糕，怎么不会造成大骚动呢？其实只要稍微有机会，你马上就会踏出下一步。

14.你的心理极限在哪里

(1)你的童年是什么样子的呢：

A.在父母的宠爱下度过的

B.在相当孤独的情况下度过的

C.我和父母的感情比较一般

(2)你现在的经济能力如何呢：

A.收入不太高，但是够用了

B.收入相当宽裕，可以尽情地买奢侈品

C.每个月都是月光族

(3)下面哪一种情况更符合你在公司里的处境：

A.让你和性情不同的人一起工作，简直是活受罪

B.我对新来的人总是有防备之心

C.大家都认为我很有团队精神

(4)睡不着的时候，你的一般选择是：

A.服用安眠药物，总之要让自己睡着

B.动用数绵羊大法

C.睡不着就睡不着，起来上网或看电视剧

(5)有公司的同事不打招呼就来到你家的楼下，打电话说要上来玩，你会怎么办：

A.非常生气，震惊居然有这么不懂得尊重别人隐私的人，想办法拒绝掉

B.没办法让他们上来了，可心里还是很不愉快

C.挺开心地欢迎他们上来度过快乐时光

(6)你和老公一起看电视,转台时忽然看到一个你很讨厌的歌手在唱歌,可你的老公却表现出很有兴趣的样子,你会:

A.用手挡住眼,大叫太恶心,看不下去,让他一定换台

B.用别的办法让他转台

C.不说什么,反正一会儿那个歌手也要下场了

(7)最近几次遇到不愉快的事时,你的情况都是怎么样的:

A我完全是行霉运,坏事不断,一次比一次感到苦恼

B.努力支撑,坏到极点总也有转折点吧

C.有些不开心,但很快能坚持过去

(8)你觉得下面哪一条是上司对你最贴切的评价:

A.责任心超强,对没有完成的重要事情,你会吃不下饭睡不好觉

B.懂得顾全大局,善于团结大家的力量

C.能力一流,最擅长开拓陷入困境的市场

(9)如果你需要换一个新发型,你一般会考虑什么样的美发沙龙呢:

A.先请同事或朋友介绍一个相熟的美发店,要有50%的成功把握你才去做发型

B.找一个比较有名的美发店

C.看心情,说不定哪天下班就随便走进一家了呢

(10)你的身体情况如何呢:

A.只要流行感冒,你就会被感染上

B.心情不好的时候,身体就会变得很差

C.每年生一两次病是常事

(11)如果在名品店购物时,销售小姐对你爱理不理,你会怎么做:

A.找名品店经理投诉,一定要逼得销售小姐道歉才行

B.非常不爽,对她冷嘲热讽,而且要朋友都不要到那里买东西

C.一笑而过,何必和她们一般见识

(12)晚睡两个小时会使你第二天明显精神不振:

A.是的

B.不是

(13)看完惊险片很长一段时间内,你一直觉得心有余悸:

A.是的

B.不是

(14)你常常觉得生活很累:

A.是的

B.不是

(15)当你错过了一次电梯而需要步行上楼梯五分钟时,你会感到非常沮丧:

A.是的

B.不是

(16)当你与恋人闹意见后,你一直无法消除相处时的尴尬:

A.是的

B.不是

(17)每到一个新地方,你是否常常会出些问题,如吃不下饭、睡不着觉、拉肚子、头晕等:

A.是的

B.不是

(18)你很偏食:

A.是的

B.不是

(19)当你与恋人发生不愉快时,你是否想过离家出走:

A.是的

B.不是

(20)你在书上或报纸上看到一些疾病的症状的时候,总觉得和自己的现状非常相像:

A.是的

B.不是

(21)看到苍蝇、蟑螂等讨厌的东西,你感到害怕:

A.是的

B.不是

(22)你常常因为想心事而躺在床上久久不能入睡:

A.是的

B.不是

(23)在人多的场合或陌生人面前说话,你是否感到窘迫:

A.是的

B.不是

【评分标准】

1~11题选择A得0分,选择B得1分,选择C得2分;12~23题选择A得0,选择B得2分,最后汇总分。

【结果分析】

15分以下:温室里的花朵女人

你的心理承受力较弱,经不起突如其来的变故。这可能和你一帆风顺的经历有关。你心灵脆弱,经受不住刺激,更经不起意外打击,即使稍不遂意也会使你寝食不安。这是你的一大弱点。建议你主动扩大心理承受面,愉快地接受生活挑战。同时也要少想个人得失,因为应付困难的能力说到底是对个人利益损失的承受力。

16~25分:外强中干的知性女子

你的心理承受力一般。在通常情况下不会有什么问题,但在大的变故面前就会有些麻烦,千万别以为自己是可以承受一切的女超人,把所有问题都自己扛。事实上,你只是习惯于承受压力,但却并没有真正学会如何去消除紧张。最佳的办法还是多学习自我放松之术,适量减少自己的各项事务,重新获取生活的平衡。

25分以上:美丽的钢铁女战士

真不简单,你的心灵和自己认为的一样坚强。像你这样的女子,敢于迎接命运的挑战,而且有不平凡的经历,能面对现实,对来自生活的冲击也可以应付自如,随遇而安。不过还是建议你别让自己太累太急,多点时间放松,懂得张弛有度才是保证每天都有好状态的秘方。

15.你的内心世界正在演绎一场悲剧吗

你难得偷闲来到度假村,住进向往已久的高级饭店,放下行李,换上舒适的服装,心里觉得真是愉悦舒畅、轻松无比。这时你走近窗边,打开窗户之后,你看到:

A.一眼就看到饭店附设的豪华游泳池，同时有人在戏水

B.看到湖面上有许多游艇

C.隐约看见远方有一座小岛

D.看到窗前有一片小花园，种满了各式各样的植物

【结果分析】

A.你属于45%悲观型。一般来说，饭店房间的窗户，离附设的游泳池都不会太远。也就是说，虽然你的眼光并不短浅，但内心觉得未来是不可预测的，属于45%悲观的类型。建议你多看看名人传记，让他们的成功经验来激励你创造未来。

B.你属于45%乐观型。能一眼就看到整个湖水的你，表示对未来抱持着颇大的展望，也有信心朝着自己的目标前进。可说是属于45%程度的乐观者，建议你做事前多看多听，避免流于过度主观。

C.你属于90%超乐观型。竟然能够隐隐约约地看见远方的小岛，表示你实在是一个无可救药的乐观者。你的未来纵使有挫折、困扰，也无法阻止你继续乐观下去的天性。不过，建议你尽量把别人的意见听进心里，免得乐极生悲。

D.你属于90%超悲观型。虽然窗前的植物很美，但你只选择这么近距离的东西，可见你一定是个极为悲观的人。偶尔浮上心头的乐观念头，肯定一下子就被你心中的小恶魔给弄死了。建议你一定要多接触光明面的人、事、物，帮自己早日走出这超悲观的阴影。

16.你的自我毁灭程度有多高

现在你要在一个月里减3千克体重，你会选择：

A.进行绝食，每天努力运动

B.使用苹果减肥法与只吃主食的方法

C.只吃分量不多的早午餐，晚餐完全不吃

D.考虑营养的均衡三餐，饮食照常，配合规律的运动

【结果分析】

A.过度自信，极易自我毁灭

基本性格:绝食时还持续运动的你,为了达成目标,给了自己不太合理的压力,经常落得连自己都感到失望的结果,原本的期望也因此破灭——你可能要有"不管怎么努力都没有用"的心理准备。

内在性格:在最终的时候,你的"只能努力做到"的结论比"做得到的就是做得到"的观念强。有时候要接受"不论怎么努力也无法成功"的事实,太过勉强或想法太过简单,过度极端的想法都容易导致你深陷困境、无法走出。

B.适可而止,不要过分要求

基本性格:选择比较困难的减肥法,自我毁灭程度颇高,只要陷入困境,不论情况或原因是什么,都会变得比平常更努力,但当努力不等于成功的时候,你会无奈地放弃。

内在性格:看起来像是追求自我发展,但实际上却易自我毁灭,总是要求事情马上有结果,结果没出来之前也不会简单放弃。记住,你不属于完全破灭型的人,稍微忍耐一下就有机会突破困境。

C.只要努力,成功便指日可待

基本性格:只选择早午餐的你,基本上是属于自我发展型的人,常常把"我做什么事都不行"这种话挂在嘴上,让周围的人都觉得你是破灭型的人。实际上,只要持续不断努力就会成功。

内在性格:不管陷入何种困境,都保持努力姿态的你,会得到他人不错的评价,但经常没有计划地做事是你的一大缺点,因此陷入困境的时间可能会拖得很长,在无法分析困境的原因及长时间无法突破困境的情况之下,当然无法获得进步。

D.在陷入困境前,就可想出解决之道

基本性格:答案是均衡的饮食加上规律运动的你,不管陷入怎样的困境都会拼命地努力解决,是典型的乐观者,因为你可以正确地分析产生困扰的原因,很快就能摆脱困境。

内在性格:在陷入完全的困境之前,你就可以从困境逃脱,这是因为你自我发展的行动所产生的功效。这种人很少真正地陷入困境,所以虽然有解决困难的能力,实际上可能有意想不到的脆弱。

17.你的报复心有多可怕

如果你遇到歹徒持刀抢劫,旁边有些可以充当武器的物品,你情急之下会拿起哪件来反抗:

A.旗子

B.椅子

C.刀子

D.石头

【结果分析】

A.善用心机型

你是个很懂得用脑筋的人,当有人得罪你时,你不会当场发作,而是暗中等待时机报复。

B.直接反击型

你爱恨分明,所以当有人冒犯你时,你的反应也很直接,好恶全写在你的脸上。如果对方肯道歉便罢,若不道歉又继续冒犯你的话,你一定会让他吃不完兜着走。

C.以牙还牙型

你很重视朋友,所以心里容不下对方的背叛与出卖。当被对方伤害时,你"以其人之道,还治其人之身",你只会报复一次,以后与对方也不再是朋友。

D.借刀杀人型

你是标准的"狡兔三窟",当你觉得对方实在不可原谅,想给他点颜色瞧瞧时,也早已铺好后路,并借刀杀人,把对方卖了还让对方替你数钱,这也是你的本事。

18.你天生的劣行是什么

在以下的各种物品当中,你最喜欢东西是哪一件:

A.缎带

B.小纽扣

C.发夹

D.指甲油

E.酒

F.皮带

G.牙刷

H.袜子

I.针

J.小杯子

【结果分析】

A.大嘴巴

你是朋友心目中值得信赖的人,很多人都会对你坦白倾吐心事,但因为向你吐苦水的人多,而有点大咧咧的你又搞不清楚哪些能说、哪些不能说,因此常在不知不觉中,不小心将别人的秘密说漏了嘴。

B.自私

如果没有利益冲突,你还是个不错的人。但一旦与自身利益有关,你那自私的劣根性就会悄悄跑出来。虽然自私是每个人都会有的态度,但你的情况要比别人严重一点。要小心,如果总是忽略别人的利益和想法,可是会让人讨厌的。

C.说谎

你常在不小心的情形下说点儿小谎,也许不是出自恶意,也不伤大雅,但累积成大谎时,会变得很难收拾,而且会降低别人对你的信赖度。俗话说:一个谎言要用十个谎言来弥补。

D.贪心

贪心其实也是大部分人都会有的毛病,不过你的程度稍稍严重了些,有时会给人贪小便宜、贪得无厌的负面印象。你应该有的态度是,不要那么习惯以金钱的多寡来衡量人和事物,也不要处处斤斤计较,免得让人觉得你小家子气。

E.骄傲

也许你不自觉,也或者从外表上看不出来,但其实你是个内心相当有自信的人,甚至有点骄傲,也会不自觉地瞧不起比你差的人。你会对周遭的人打分数、分等级。建议你还是放松心情和大家交往吧,也要谦虚一点接受别人的意见。

F.懒惰

平常和一般人一样,深入了解才知道原来你真是个懒惰的人啊!能坐就不会站、能躺就不会坐,做事不够积极,拖拖拉拉,这是导致你失败的原因。懒其实不是太大的毛病,只是这样对于你读书或是做事的效率和成果来说,都无法取得好的效益。

G.粗线条

这个毛病你自己也不知道,但周遭人却深受其害。因为粗线条的你常会带给别人麻烦,又心直口快地得罪人。虽然粗线条也有粗线条的可爱,但生活上常有忘记带钥匙、忘了关火等糊涂事。要想办法别让它们发生,否则久而久之,也会让人觉得厌烦。

H.迟到

你的坏习惯就是爱迟到,和朋友约会时总是会迟到个五分钟或十分钟。虽然时间很短,但等候的人滋味可不好受,况且迟到成习惯时,在朋友心底会留下不好的印象。你可能是为了打扮或是习惯拖拖拉拉,才会导致迟到,只要注意点就没事了。

I.不爱干净

你的房间是不是一片混乱?所有的东西都乱放,积了灰尘也视而不见。没错,你的毛病就是不爱干净,不爱将时间花在维护周遭环境上。你可能觉得,反正方便就好,何必花那么多精力整理呢?虽然这不是个太大的问题,但如果让环境整洁一点,心情也会变好、比较有精神。

J.浪费

如果你的经济状况还不错,那也就算了,就怕你明明经济状况不好,还热爱血拼。常常买不该买的东西,特别喜欢价钱昂贵的名品。有时候,贵的东西不一定适合自己,所以请量入为出,别太浪费。

19.你有多变态

当你抓到了一只蟑螂,你接下来会怎么做:

A.用火机把它烧焦

B.直接丢进马桶冲掉

C.用剪刀把它五马分尸

D.拼命用鞋子拍打,直至血肉模糊

【结果分析】

A.你的外表看起来很正常,但在内心深处可能隐藏着小小的变态因子。不过社会眼光和道德规范对你的影响太过深远,现在的你,理智可是远远超过好奇心的。

B.你是个快乐的现实主义者,大脑里完全容不下一丝变态的想法。朋友要你参加违反善良风俗的怪行为,你多半会用搞笑带过甚至假装听不见。总之你和变态没联系。

C.你真是有够变态的,而且是绝对的变态!

D.你的内心常处在挣扎中,强烈的好奇心惹得你有种冲动要尝试一些违背善良本性的事,但是理智仍会在最后为你把关,不至于真的去做。

20.你是个是非精吗

半夜你非常的饿,你去便利商店买些食物,你最想选哪一样:

A.茶叶蛋

B.关东煮

C.热狗

D.御饭团

E.泡面

【结果分析】

A.茶叶蛋:你那少根筋的个性,会莫名其妙地惹一些是非。你沾惹是非指数80%:这类型的人正义感十足,你认为很多事情要说清楚,真相要还原,当你看到一些被人家欺负或者不公平的事情就会跳出来主持正义,可是有时候不知道状况是很危险的。

B.关东煮:你会因为一时嘴快耳根子软而冲动惹出无谓的是非。你沾惹是非指数55%:这类型的人天性非常善良,认为世界上的人都应该是好人,可是要小心世界上坏人可是比好人多,因为自己心软做一些事情时,很多坏人就会出来,这时候就会有很多无谓的是非出现。

C.热狗:你有贵人指点,会以趋吉避凶的原则避开身边是非。你沾惹是非指数40%:这类型的人听的进忠言,因此很多人都愿意跟他交朋友,互动非常的好,当他有危急或者有危难的时候,这些朋友就会成为他的贵人,会适时的在他身边给一些建议。

D.御饭团:你目前低调的作风,会让是非都离你远去。你沾惹是非指数20%:这类型的人目前个性比较保守而内敛,经过之前的大风大浪之后,会觉得低调一点明哲保身比较好一点。

E.泡面:你目前是人在家中坐,是非都会自动敲你家门进来。你沾惹是非指数99%:这类型的人条件很好,所以树大会招风,虽然只是尽力地把自己做好,可是在很多人眼里是会眼红的,所以是非会莫名其妙地出来。

21.你心里种下多少恶搞基因

如果你养了一只狗怕他在家里无聊,你会租哪一种光盘给他看呢:

A.恐怖惊悚片

B.浪漫爱情片

C.搞笑喜剧片

【结果分析】

A.压根就是恶魔投胎

天生血液中就有整人基因的你整起人来如鱼得水,一点都不费力,要你安分守己简直要了你的命:这类型的人潜意识血液中有整人的因子,要不是碍于法律或各种道德规范压抑着他,否则会做出各式各样的坏事了,不过得罪他的人还是要小心,当他报复起来时你可能连自己怎么死都不知道。

B.简直是天使下凡

个性像白纸的你根本没有整人的念头,跟你相处完全不必担心你会整人:这类型的人虽然很善良,但是有怪咖的个性,不过他不想去害人,只是自己活在自己的世界里,根本不知道外界的人到底有多坏。

C.整人的天分要看情况才会显露

个性还算善良的你平时不会主动整人,但是当坏人出现令你忍无可忍的时候,要起坏来令人跌破眼镜:这类型的人其实很善良,觉得凡事以和为贵能让就让,可是当有人柿子挑软的吃越来越过分时这类型的人就会把脸板起来,或者是开口讲几句较凶的话。

22.扫描你内心的那些毒素

下面三件事,有六种排序方式,你最不愿意做的事排在最前面,相对起来,你不那么排斥的事依次排在后面。

假如,你有三个朋友都遇到了麻烦,小A要帮表姐照看一天宠物狗,那只狗异常调皮,把他的家搞得乱七八糟,小A请你去帮他收拾一下屋子。

小B的婆婆要尝尝她做饭的手艺,小B根本不会做饭,她要你帮她去把饭做好。

小C的外公想吃某家店铺卖的花生糖,但那家店铺不知道搬到哪里去了,小C请你帮他找找那家店铺。

【结果分析】

A—B—C:你的心灵毒素是因为受到了爱情伤害而不再相信感情。很多人都跟你一样,对待感情的态度往往是"一朝被蛇咬,十年怕井绳",受过感情方面的伤害,往往不敢再敞开胸怀去接受真爱。

A—C—B:你的心灵毒素是因为事业不顺而失去斗志。大部分人是小麦,小麦干燥后,被大风吹倒,很容易就折断了,少部分人是荞麦,荞麦很有韧性,大风来的时候,它们会弯曲,但不会彻底折断。你却缺乏这样的韧性,就像小麦一样经不起风雨。

B—A—C:你的心灵毒素是经历了多次失败,内心积满了悲观情绪。你不相信世界上有真爱,因为你失恋过,你不相信一个平凡的人能追求自己的梦想,因为你在追梦路上摔倒过很多次。你不相信未来还有美好的幸福等待你,因为你经历的苦难多过于快乐。

B—C—A:你的心灵毒素是遭遇过背叛,满心都是怨恨。遭遇背叛的确是一件不幸的事。但如果遭遇了不幸,就一直怨恨对方,也是不值得的。怨恨只会让你受伤的心更加千疮百孔。想排毒,先学会原谅吧。

C—B—A:你的心灵毒素是听惯了失败的例子,对未来感到胆怯。你总是喜欢把别人的悲剧故事套到自己身上来,你甚至会刻意寻找电视剧上的悲剧人物跟自己的共同点。因为太悲观,根本不敢前进,变得越来越怯懦了。

C—A—B:你的心灵毒素是找不到人生的意义,内心充满困扰。有时候,你会觉得玩、逛街、看电影、喝咖啡都没意思……总之就是干什么都没意思。你的迷茫与困惑源于你的能力不足以令你达成目标。先不要想什么人生目标,试着提高自己的价值才是最重要的。

23.你心里住着什么“鬼”

一天,在森林里,一只大肥猪和一只小瘦猪,遇到了大灰狼。你觉得这个故事接下来怎么写比较合理呢:

A.大肥猪吓唬小瘦猪说:“大灰狼要吃掉你啦！”

B.小瘦猪对大灰狼说:“我又瘦又小,还是用大肥猪能做出更多的肉肠。”

C.大肥猪对小瘦猪说:“别怕,我又大又壮,可以保护你的。”

D.大肥猪和小瘦猪都被大灰狼吃掉啦

E.它们3个成了好朋友

【结果分析】

A.你内心的“鬼”是一个有霸权主义思想的将军

无论你的外表多么温顺,但在内心深处,你有着一种超出常人的优越感。你也往往对自己在某一方面的才能感到相当自信。就算帮助别人,也是为了能够展现自己的这种优越。

B.你内心里的“鬼”是一个胆小怯懦的小女孩

你的心里,缺乏足够的安全感。小小的异常状况,就能让你忧郁不安好些日子。如果不能自己说服自己,那么别人的安慰往往没有什么用。为了保护自己,你的思想和行为也容易因为害怕而变得具有攻击性。

211

C.你内心里的"鬼"是一个乐观,具有正义感的"英雄"

你对这个世界的看法公正,承认美好和邪恶并存;而且相信通过自己和大家的努力,邪恶也能被克服。因此在日常生活中,只要还有努力的空间,你都会尽量去争取,要你屈服可不是那么容易的事。

D.你内心里的"鬼"是一个老成持重的老人

你有着和年龄不相称的成熟,像老人一样思虑过度,用惯性思维来看待进行中的事物;甚至会因为对某件事物进行悲观的预测,而放弃了努力的机会。自己就算真心喜爱某样东西,也会自觉地把它当作"无理要求",拼命压抑着。

E.你内心里的"鬼"是一个天真乐观的小孩。

你相信这个世界是美好的,邪恶的事物最终都将被美好所感化。因此,你对他人通常没有任何防备之心。或者你现时所处的优越环境,根本就没有让你受到伤害的机会。正因为如此,处于真空状态的你,一旦受伤,往往会伤得比任何人都重。

24.你为什么活得那么累

总是在夜深人静时才能稍微喘口气吗? 你还在为工作、家事、人际、理想、爱情而终日劳碌吗? 你最近为何而累? 请构想以下的画面:

A.一匹在原野上奔跑的骏马

B.一栋乡村式的小房子

C.一个在照相的摄影师

D.一座维纳斯的雕像

现在从这四样东西选出三样。你没有选择的那项就是你目前痛苦难受的根源,也是你目前急于摆脱的处境。

【结果分析】

A.骏马代表工作

B.房子代表家事

C.摄影师则是人际关系

D.维纳斯雕像是和爱情有关的

第七章
财商解密——幸福不能没计划

1.你具有亿万富翁的潜力吗

亿万富翁的美梦许多人都做过,然而将梦变成现实的却只是少数人,为什么呢?关键还是要把握好机会。现在来测一测你有没有可能成为大富翁吧!你的新房子正在装潢,你会在哪一部分花最多的钱:

A.客厅的沙发、开关

B.卧室的床

C.淋浴室的浴缸、马桶

D.厨房和梳理室

【结果分析】

A.天生有致富的命。你天生有致富的命,可惜不太会把握,回想一下自己花钱的态度,别太注意"表面功夫",要考虑收支平衡。其实你是个财运不差的人,别一直偷懒,放弃可以进财的机会。

B.不会受穷而已。你是个高品位的人,天生上流社会的人物,或许目前你的财务状况还谈不上大富大贵,但是你总是口袋快见底时又刚好有适时的补充。你不会受穷,只是也称不上是大富翁。

C.你是天生的富翁命。你看起来实在不像是会成为大富翁的人,但是人不可貌相,你偏偏是最有机会成为大富翁的人。你的财运很好,做什么工作都赚钱!连你自己都不清楚是怎么变成大富翁的。

D.你的财运不好。你看起来表面像是会成为大富翁的人,但是也许生不逢时,你偏偏注定要为钱所困。你的财运不好,改变一下你的工作态度,也许会有转机。

2.谁是你的财神小福星

若你下班后想拒绝不喜欢的相亲男的邀约,你会找个什么理由:

A.直接说不想去

B.公司加班

C.朋友聚餐

D.部门活动

E.身体不适

【结果分析】

A.支持你的人

其实你身边的人当中,可能会有一些人经常打击你,他们当中有一部分人是开玩笑,有的人是真的要打击你。支持你、相信你能成功的人,他们才是会带给你正能量的人。如果你想做一件事情,他们的支持与鼓励,让你做成功,而一旦做成功了,你就会有滚滚而来的财运。

B.有头脑的人

有的人头脑相当灵活,对于赚钱的事情,有很多的想法与点子。可能你不足够灵活,但是你是那种一旦抓住了一点机会就不会放手的人。你与他联起手来,从他身上吸取一定的灵力,加上自己的一些定力与能力,发财还是指日可待的。所以你身边如果有经济头脑,并且太自私的人的话,你就好好珍惜他吧,他可是要催旺你财运的人哦。

C.勤俭节约的人

勤俭节约的美德在今天也依旧要保持下去,而对你来说,或者钱是能赚到的吧,但是能赚到钱不代表能守住钱。有的人财运不算好,正是因为他留不住财,钱财只不过是来自己这里走走过场,马上又流向其他人的口袋。所以你要想财运真的好起来,还是不能大手大脚地花钱,要学会存钱、如何理财和如何节约吧。

D.你要守护的人

爱与守护,看起来是差不多的,但又不同。比如你爱朋友,却不一定会愿意守护他们。而你想要守护的人就是你爱的人。当你想守护一个人的时候,你想要有钱的意识就会觉醒。比如,你的伴侣,你的孩子,他们是你想守护的人的话,你就会努力为了他们,把自己变得更强,努力挣钱。

E.逼迫你坚持的人

你有一定的头脑,有很多的想法。你的这些想法与点子,也的确不失为一条生财之道。但是为什么你这么穷?问题就出在你不能坚持上。明明只要坚持下去,你就一定会成功,但是你因为没有什么束缚,就不会坚持。如果有能逼迫你坚持下去的人,比如父母、老板、恋人等,那么只要你坚持了,还怕没有钱吗?

3.你理财的误区在哪里

公司终于肯放你长假了,于是你和朋友到国外去旅行。要回国的时候,朋友建议和你到该国的跳蚤市场购物。这个市场里的物品价格极有弹性,朋友告诉你,在此地还可以找到不少能升值的物品,并且回国以后很难买到。那么,你会倾向于"淘"哪类物品呢:

A.古董相机

B.手工织毯

C.古银首饰

D.书画艺品

【结果分析】

A.不会节省的误区。你对于钱财的运用没有什么观念,开源和节流两种工作,你宁可只做前者。你认为花钱就是要让自己开心,所以,自然不会愿意委屈自己。在购买每一件物品时,你都会觉得很值。其实你可以试着去投资,因为你的品味不错,能够选到可以增值的物品,那么你的收藏癖好,就不只是让你花大钱,还能有一点回收价值。

B.无防范之心的误区。你的情感丰富,耳根子软,对很多人毫无防备之心,对于推销员的话会照单全收,因此,在你每次出门时,家人总是为你提心吊胆,深怕你的信用卡透支。因为你是感性消费,支出的数目有高有低,所以最好是先编列预算,控制自己的花费,才可能挽救财政危机。

C.趋于保守的误区。你对于每一分钱都很重视,认为财富就是靠这样一点一滴积累起来的,当然不能小觑。虽然你从各方面都可以省下一些钱,为数也很可观,可是这样的速度还是趋于保守,没办法有效率管理钱财。所以你应当试着去做一些投资。

D.不切实际的误区。你有一点不切实际,做什么都只为了完成梦想,缺少对现实的考虑。对于理财,你也觉得十分头痛,不知该怎么开始做起,也不愿卷入股票游戏中,终日对着数字荧屏发呆。虽然知道要留意相关消息,你却还是很被动。你最好能够找个可信赖的人,帮你打点这一切,那是最理想的状况。

4.未来的你会成为"负翁"吗

你去银行领一百元,下列三种组合你最喜欢哪一种:

A.一张一百元

B.十张十元或一张五十以及五张十元

C.两张五十元

【结果分析】

A.现在努力打拼的你,越老存款会越多,活到八十岁都花不完:这类型的人之前经历过人生的高潮或低潮,觉得钱非常重要,因此会慢慢重视存钱,有钱才会有真正的安全感。

B.对家人或自己慷慨又败金,小心最穷的人就是你:这类型的人非常懂得赚钱,可是心太软了,只要家人或朋友跟他开口他就会借给对方,因此这类型的人要量入为出。

C.你会量入为出,不会乱花钱:这类型的人懂得开源也懂得节流,存款跟负债完全都在自己的掌控之内。

5.你有赚大钱的诀窍吗

如果你和三个同伴共同乘坐一辆出租车,你通常会选择哪个座位:

A.司机旁边

B.后排中间

C.后排右边

D.后排左边

【结果分析】

A.你是个理智的人,懂得遵守市场规律,不会做出什么错误的判断。如果有一天你真的在生意上遇到了麻烦的事情,你会理智地选择放弃,再去重新寻找生意目标。你也是个镇定自若的人,不会因一些突发事件而手忙脚乱,总之,你会在发财的道路上越走越顺。

B.你并不适合做生意,因为你有一颗脆弱的心,无法承受生意中出现的危机,也无法去处理、化解这些矛盾。你适合选择一个稳定的工作,每月领取一份满意的工资,过一种安详、平和的生活。

C.你做事喜欢精心策划与设计,是个细心的人,你会在花钱之前想到一切后果,不会对突发危机没有准备。

D.你是个执着的人,会用尽全力去追逐梦想,但有时候你不会审时度势。建议你学会在必要的时候选择放弃。

6.你的"钱"途一片光明吗

(1)我经常会向经验丰富的富人请教,并认真听取他们的建议:

A.是

B.否

(2)我通常能够将全部精力投入到自己的致富工作中:

A.是

B.否

(3)我认为对销售人员来说,诚信比油嘴滑舌的劝导更重要:

A.是

B.否

(4)我通常将所有成就的人作为自己的榜样,并努力让自己成为像他们一样出众的人:

A.是

B.否

(5)每天起床后,我都会告诉自己,今天要付出比昨天更大的努力,这样才能进步:

A.是

B.否

(6)失败不是我的强项,更不会阻碍我前进:

A.是

B.否

(7)我善于制订工作计划,并常常能够将计划付诸实践:

A.是

B.否

(8)我认为赢取他人的信任是件很容易的事:

A.是

B.否

(9)对于既定的目标,我通常能根据现有条件采取行动:

A.是

B.否

(10)我以往的致富行动绝大多数以胜利告终:

A.是

B.否

(11)我有很多固定的客源,我的诚实与努力是他们选择我的主要原因:

A.是

B.否

(12)我习惯在预定的时间内完成计划工作:

A.是

B.否

(13)我从来不会轻易改变自己的目标:

A.是

B.否

(14)处理突发事件时,我沉着应对,通常能很好地解决问题:

A.是

B.否

(15)我一直都是言出必行的人:

A.是

B.否

(16)我热衷销售工作并为了工作付出十分的努力:

A.是

B.否

(17)通常有人将重要的事委托于我,而我也能够帮助他们处理好:

A.是

B.否

(18)大多数时候,身边的朋友都会将心里的秘密毫无保留地告诉我:

A.是

B.否

(19)我懂得通过赢取别人的信任来提高自己的工作效率,但是从来不会利用别人对我的信任去做有损于他们的事:

A.是

B.否

(20)对于他人的隐私,我向来守口如瓶:

A.是

B.否

(21)我是个非常守时的人:

A.是

B.否

(22)我能够充分利用有限时间来学习:

A.是

B.否

(23)我懂得如何提高自己的信誉度,同时能很好地维护自身形象:

A.是

B.否

(24)我认为事业成功过了,人生才是真正的成功:

A.是

B.否

(25)我懂得细分目标,再将其一一实现:

A.是

B.否

【评分标准】

以上各题选A得1分,选B得0分,最后累计总分。

【结果分析】

0~10分:建议你多努力,因为通常汗水与回报是成正比的,因此,想要成功必须付出艰辛的努力,当然,还要注意以诚信取胜。

11~19分:你是个很有潜力的人,因此一旦潜力被激发出来,极有可能成为有所作为的人,因为你懂得合理运用自身的条件来工作。

20~25分:你具备了成功者的绝大多数优点:坚毅、执着、诚实、睿智,因此只要能够选对方向走下去,成功就唾手可得。

7.你最近的意外收入来自哪里

若你抽到大奖,奖品是一箱黄金,所以你现在要订一个箱子把它装起来。你觉得你会用哪个箱子来装你的黄金,把它从那个抽奖中心运出去呢:

A.箱子全部都是橘色的

B.箱子全部都是黄色的

C.箱子是紫罗兰色搭蓝色

D.箱子是淡粉红色搭淡蓝色

E.箱子是蓝色搭橘色

【结果分析】

A.意外之财指数40:来自家庭跟亲友小小的回馈和小小的补贴,数量不是很大,但是却有一种温暖的感觉。

B.意外之财指数60:来自过劳的工作,就是说做得比人家多,所以就多赚一点。

C.意外之财指数100:来自处处的好运,不管是工作还是感情,走到哪里都会有财来,有的时候是机会,有的时候是明显的财,不一定是明显的钱,但是很快就会转换成钱,进入你的口袋。

D.意外之财指数80:金钱投资上容易有好运回收,所以之前有些套牢的股票或是一些小投资,都会有钱回收。

E.意外之财指数20:来自开源节流,水龙头关紧一点,用环保袋之类的,事事计较,才能够得到一点点的小钱。

8.为何你的财政总是赤字

(1)你每个月有多少零花钱:

100以上→(2)

100以下→(3)

(2)你对于理财的态度怎样:

钱就是用来花的,不用理财→(3)

每次都很谨慎地用钱→(4)

(3)自己喜欢的东西,不管价格多么昂贵都会买吗:

喜欢的为何不买→(4)

价格难以接受就不买→(5)

(4)当你急于用钱的时候,你会向谁借:

向父母→(5)

向朋友→(6)

(5)会注意财经信息吗:

不会→(6)

会→(7)

(6)总是喜欢在朋友面前装富翁吗:

是的→(7)

不是→(8)

(7)朋友总是向你借钱吗:

经常→(8)

偶尔→C

(8)会买仿名牌的东西吗:

会→(9)

不会→E

(9)经常幻想自己以后发达了要买自己喜欢的东西吗:

是的→(10)

不是→B

(10)想不到要存钱吗:

是的→A

不是→D

【结果分析】

A.恭喜你,你是非常典型的月光族。你的钱总是像流水一样哗啦啦地流走,因为你总是认为有钱可以获得一切,不懂得理财。其实这是不对的,钱总有花完的一天,但是钱早花完和晚花完可是两个完全不相同的概念,劝你还是收敛一下,多存存钱吧。

B.你其实非常不像月光族,大概是你每个月的零花钱本来就少的缘故,所以你才会觉得钱不够花吧。你觉得没什么东西可买,但是又总想买一两样东西,久而久之,口袋里的钱就统统"飞"走了,所以说,要注意一下自己用钱的习惯。你有自己理财的办法,这是非常好的,但是对你来说,要实施起来就有些困难了。以后记着,不是必要的就别买了,要不然等到真的需要花钱的时候就会两手空空,后悔莫及。

C.只能说你是一个不善于管钱的人,也许你不喜欢把钱放在固定的地方,所以有时候会找不到钱,在家里翻一翻说不定能收获一大笔财富哦。你经常学习对于自己有利的一些方法来帮助自己,但是江山易改,本性难移。不过幸好,你犯下的错误并不大,还来得及亡羊补牢,以后可要好好理财啊!要先学会爱钱,钱才会甘心被你管。

D.你很懂得管束自己,总是把事情梳理得井井有条,懂得什么时候该花钱什么时候不该花钱。只要好好进修一下,你会是一个理财高手呢。

E.你是个很实际的人,基本上已经脱离月光族的轨道了。但只是基本,你的内心深处还是有一块月光族的领地的。从测试结果看,你最大的问题就是太实际,生活必需品买一大堆放在家里,但是过期之后就不能用了。

9.近期你会破财吗

请凭直觉在四组颜色中选出你最喜欢的一组:

A.深蓝色跟浅蓝色

B.黄色跟紫色

C.比较深一点的粉红色跟比较浅一点的粉红色

D.浅蓝色跟浅粉红色

【结果分析】

A.工作伙伴会要你请客,但是情况可不是吃饭那么简单,因为这一餐很有可能会让工作伙伴食物中毒,结果你还要赔上医药费。还有一种是你的孩子可能会开始跟你要钱,或是如果你养宠物的话,你的宠物可能会要打预防针,或者是要去看医生。

B.你的朋友、家人会向你借钱,虽然说的是借钱,其实是要你给他钱,所以建议你要很认真地跟他沟通,告诉他钱要花在刀刃上。还有一种就是你会被商家狠狠地敲竹杠,他们会一直劝你去买东西,可能那个商家是你的家人或是你的朋友介绍的,所以你不好意思不去买。

C.你的情感对象会跟你要钱,需索无度。也许你很忙,没有时间陪伴他,他就会跟你要钱来寻找一些安全感,或者是他会要求你买小礼物。这类朋友通常是比较害羞的,他通常都活在自己的幻想世界。

D.你最近不会被敲一笔,反而你还会敲诈别人,因为可能你之前很难得到这样的机会,现在终于有了,当然要好好地放肆一下了。

10.你从事什么行业最赚钱

下面有四种花,请选出你最喜欢的一种:

A.木棉

B.玫瑰

C.郁金香

D.香水百合

【结果分析】

A.木棉花是一种很朴素的花,从其高高的树形看,你选择木棉花说明你是一个爽快的人,是不会耍阴谋诡计的人。你交友处世都喜欢直来直去,从不在背后用阴招儿。你不适合从事经营业,如果你具备文学艺术天分的话,写作也是能挣大钱的行当。

B.选择玫瑰花的你,是一位浪漫、任性而无拘无束的人。你追求宽松的生存空间,你一生中把最好的时光都用在吟风诵月的虚幻中。你颇有艺术天分,但请注意,你的挣钱机会不是从事体力劳动。

C.你是一个感情丰富的人,你对感情十分热衷。但你做事虎头蛇尾,如果一丝不苟地工作的话,你就有发财的希望了。

D.你是个生活态度非常严谨的人。你的生活总是有条不紊,你的发式永远不会改变。你喜欢洁净,有较高的审美能力。劝你一定要选个好职业,你是个标准的"百万富翁"胚子。

11.金钱对你的诱惑指数有多高

现在让你扮鬼脸,你最想在脸上加强哪个部分呢:

A.惨白的脸色

B.长舌头

C.七窍流血

D.眼冒绿光

【结果分析】

A.被金钱诱惑指数20

对钱有原则的你,任何金钱诱惑对你都没有用。这类型的人在性格特质上有阳光的一面,他觉得钱虽然很重要,但是尊严更重要,所以任何让他觉得尊严受到影响或是面子挂不住的事情他都绝对不会去做。

B.被金钱诱惑指数55

怕被骗的你,对金钱诱惑会提高警觉,认真评估。这类型的人从另一个角度来讲就是被骗怕了,从以前的经验当中已经学会冷静地评估,再加上个性很小心,有人要骗他的时候,他就会提高警觉。

C.被金钱诱惑指数80

只要是合法的金钱诱惑,你都会想尝试一下。这类型的人觉得工作很重要,赚钱也很重要,内心深处属于拼命三郎型,只要有合法的工作机会,不管多么辛苦都会努力去做。

D.被金钱诱惑指数99

容易见钱眼开的你,觉得被钱诱惑是一种福气,不要白不要。这类型的人认为不赚钱才是不道德的事情,所以如果有金钱来诱惑他就会觉得是天上掉下来的福气,会紧紧抓住这个机会。

12.财神何时才会眷顾你

每题共有三个选项:A是;B不知道;C否。选择适合你的一项。选A为3分,选B为2分,选C为1分,最后汇总分。

(1)你经常买福利彩票吗?

(2)你喜欢吃甜食吗?

(3)你喜欢打麻将吗?

(4)你喜欢说些令人吃惊的话吗?

(5)你的体重适中吗？

(6)你常去商店买打折的物品吗？

(7)小时候你拥有许多玩具吗？

(8)你的亲友有人经商吗？

(9)你看到想要的东西一定要得到吗？

(10)你喜欢追逐时尚吗？

(11)你能独自一人完成一项任务吗？

(12)你从小到大从未缺过钱吗？

(13)在银行有你的户头吗？

(14)你很少借钱给别人吗？

(15)你觉得自己很聪明吗？

(16)你会同意以分期付款的方式买房、买车吗？

(17)你每日都去储蓄吗？

(18)你愿意为了大局而牺牲小的利益吗？

(19)你会在公共场合捡起一角钱吗？

(20)你从没做过丢钱或被抢劫的梦吗？

【结果分析】

1~20分：花钱如流水型

你的一生不会有太多的储蓄。不是不能挣钱，而是不能存钱，"得过且过""今朝有酒今朝醉"这种观念在你脑海中根深蒂固，只图眼前的享受，不为以后着想，丝毫没有储蓄的念头。

计划用钱，减少开支，对你而言是件痛苦的事；用钱大方，大量送礼赠物，这样会让你觉得很开心。很少考虑自己，常为别人大肆挥霍，来满足自己的虚荣心。不过你确实有赚钱的能力，跟用钱一样。能大量用钱也能大量赚钱，换句话说，你是属于高收入、高支出的类型。25岁到35岁间，赚钱、花钱最为显著，这时候若能好好攒钱，不过分挥霍，应该会有安适的晚年生活。这类人因有赚钱的本领，若能牢记"节俭"的原则，也可成为一方首富。

21~30分：老来有财运型

你小时候可能非常缺钱用，连零花钱也是少之又少，不过在20岁、50岁后，随着年龄的增长，你也越来越能赚钱，而且你本身又不太浪费，也不随便向人借钱。

对于钱财,你会谨慎使用,参加投资事业首先考虑的就是不动产股份公司、储蓄银行等事业。有关可获大利润但容易招致大亏空的投机业、赌博业,你不屑一顾,没有丝毫兴趣。

不过你必须按部就班、脚踏实地去赚钱、存钱,相信你会有比普通人多存好几倍。如果你赚钱后就急着去挥霍,就不可能成为大富翁。40岁左右是你赚钱的大好时机,投资金属、宝石和不动产等,甚至独自经商,都是你赚大钱的良机,成为亿万富翁也有可能。结婚时应该慎选配偶,善于管财的人才是你的好对象,并因此可以脱离贫困的窘境。即使丧失了这些良机,成不了亿万富翁,也能成为小财主,可以过上舒适、不愁物质享受的晚年。

31~44分:缺乏财运型

因为目前你缺乏财运,自小就没有财神光顾,心中最好不要存有赚大钱的念头,也不能从事投机事业,否则不但赚不到钱,反而会吃不了兜着走的。

年轻时没有财运,财神久久没有降临,从儿童时代起就缺乏金钱的栽培,对钱也不重视,袋子里或钱包里从没有可观数目的余钱,可以说是两手空空、家徒四壁的人。大约二十七八岁才会有金钱,生活上不再有愁钱的困境,但一接近50岁又再度面临缺钱的困境,也不可能得到双亲的接济。

这种类型的人在40岁到50岁之间较有财运,这时期一旦不能把握,过了50岁,想赚钱就更难了,反会为此受自己儿女或家人怨恨,对你敬而远之,因而孤独晚年。所以你一生中存钱的唯一良方就是节俭,尽可能存钱,尽可能有计划地用钱,丝毫也不能浪费。在通货膨胀时期赚了钱,与其储蓄不如购置不动产来求稳固。这种攒钱的方式是有些辛苦,不过你的一生会很平安。社会变动激烈或经济混乱,最能发挥你赚钱的本领,孜孜不倦地赚钱,该用则用,该省则省,因此而能拥有几百万元的人也为数不少。

45~60分:财运滚滚型

不会满足于平凡的生活,憧憬飞黄腾达。虽有过分的欲望,可是不会招致严重的不幸。你是财运高照的类型,抱着与其孜孜不倦赚钱、存钱,不如意外发大财的想法。在20岁就会以不动产、遗产、投机事业等走财运。你的性格决定了你50岁左右适合自己开工厂、制造商品,而且这种产品并非一般人能注意到,由于没有竞争者,因此大赚其钱。女孩子也跟男孩子一样,能经营商业致富。婚后丈夫也可成巨富,这时期正是财运高照的时候,要是有更高明的手腕,成为巨富并非不可能。

这种在不知不觉间致富的机会,换成他人,反是一大风险。不过在50岁左右所赚的钱,也容易大量花费在异性身上,然而你也不会为此而弄得人财两空。你一缺钱,就会设法赚钱,到50岁财神再度降临,做任何事都能一帆风顺,生活上不会有拮据的困境。过了60岁,花掉的金钱虽想再赚回来,但已身不由己了。所以你要为你的晚年生活留条后路。

13.你的发财梦是黄粱一梦吗

偷窥的经历可以说每个人都有过。如果有一天,当你走在街上时,发现高高的围墙上有一个小小的孔洞,你希望从洞口看见什么:

A.一对男女

B.富丽堂皇的大宅邸

C.花园或草坪

D.看门狗或警卫

【结果分析】

A.你是一个标准的乐观主义者,因而你一定要仔细审核自己的致富目标是否切合实际,是否在你的能力范围之中。

B.你是一个金钱的崇拜者,总在憧憬着奢华的生活。你的挣钱目标是客观的,你总会有办法达到致富的目标。但需要告诫你的是,要为了事业而努力工作,不要只是为了金钱而拼命。

C.你是一个很现实的人,目标总是很客观、很容易实现的。你总是稳扎稳打,如果再多一点儿闯劲和激情的话,那就更完美了。

D.怯懦是你给人的第一个感觉,所以做起事来总是谨慎恐惧,唯恐出错,适合做与会计有关的工作。不会发大财,原因是你怕冒险,怕钱多了会有新的麻烦。你的生活平稳安宁,生活目标很现实。

14.你为什么总是没有余财

假如有一天,在回家的路上,你看到了一个女士的小皮包。直觉告诉你,这个小皮包里面装的是什么东西呢:

A.不少现金和信用卡

B.现金和化妆品

C.现金、手机和钥匙

D.里面什么都没有

【结果分析】

A.对钱没有安全感。这种类型的人已经很会赚钱了,而且也很有生意的头脑,很用心地在赚钱,可是内心深处,对钱永远缺乏安全感,因为要担心的事情实在太多了。

B.没有生意头脑。这种类型的人内心深处非常软弱,再加上很容易相信别人,耳根子很软,所以钱也会在这种情况下大肆地流失,因此要小心地将钱守紧一点。

C.你舍得花钱让家人好好享受。这种类型的人觉得赚钱的目的就是要让自己跟家人活得更好,花钱就是享受生命,家人也一起享受,因此赚得越多,花得也越多。

D.你对赚钱不够积极。这种类型的人个性随缘,不够积极,如果个性不改的话,不要妄想钱会从天上掉下来。

15.你身体里有钻石基因吗

(1)你喜欢以下哪一位总统夫人:

劳拉→(3)

南茜→(2)

(2)假如只能在以下的类型中选择,你更愿意自己被传和哪一类男人有"绯闻":

石油大亨→(3)

娱乐大亨→(4)

(3) 你认为嫁给一个有钱有势的男人会比嫁给一个平凡的男人得到的幸福少些吗:

也许会吧→(5)

不排出这种可能,要看具体的男人→(4)

(4)你在什么样的装束中感觉最好:

休闲装+球鞋→(5)

西服套装+高跟鞋→(6)

(5)你无事可做的时候,会怎样消磨时光:

做点事情,整理家居或盆栽→(8)

和女友相约去购物或闲聊→(7)

(6)给你派一个去钓钻石王老五的任务,你会选以下哪个地方去"垂钓":

高尚社区的停车场→(7)

大公司云集顶级写字楼的电梯间→(8)

(7)你愿意给日常生活中接触到的异性留下什么样的第一印象:

温柔或甜美的→(8)

纯洁或冷艳的→(9)

(8)假如和你相恋已经一年的恋人要求和你拟定婚前财产协议再讨论婚约,你会有什么样的反应:

怎么能这样呢,太没有诚意了→(10)

既然这样,应该在协议里谈好分手赔偿→(9)

(9)假如你被两个男人都很有诚意地追求,一个男人是世界首富,年方40,却丧失了性能力,而一个男人只是一个普通的公司职员,却英俊潇洒,很有魅力,你会怎样:

当然是选普通职员了→A

和世界首富精神恋爱和职员肉体恋爱→B

(10)当你成为一个突然拥有大量财富的女人后,你会怎样对待这笔财富:

待在家里好好享受生活→C

做点善事,再做点自己喜欢的事→D

【结果分析】

A.钻石型女人

具有深刻的洞察力和独立精神,富有智慧和探索的勇气,你自己本身就散发出耀眼的光芒,当然对很多钻石男人来说也富有挑战性和吸引力,你不会轻易地被钻石男人吸引,当然,也不会拒绝与你合拍的钻石男人的追求,你希望钻石男人可以帮助你站在一个更高的起点上追求自己的事业,实现自己的理想和目标,善于发挥自己的智慧。

B.镶嵌型女人

富有女性魅力,性感而活泼的你,能散发出独特的光彩,你会和钻石男人相处得相得益彰。由于对爱情和婚姻关系秉持一套独特的观念,从不掩饰自己对财富和成功的喜爱。很多钻石男人会乐于和你分享他们的成功。你的生活也会因此映射着钻石的光彩,变得丰富多彩,充满乐趣。当你觉得钻石男人缺乏吸引力或不能满足你的要求时,会毫不犹豫地转身离去,因为你的身边从来就不缺乏钻石男人。

C.源矿型女人

你散发出平安、祥和的能量。骨子里,你比较认同传统的男强女弱的关系,希望自己扮演恋人的支撑者和辅助者的角色,既使你拥有很大的能量,也会很注意不要自己抢过恋人的光芒,对爱情忠诚、家庭观念很强的你,具有包容心,有一部分钻石男人会被你这种平稳的内心能量深深地吸引,视你为伴侣。随着时间的推移和时光的打磨,你会逐渐体现出自己的珍贵的价值,尤其是在对方遇到挫折和困难的时候,你有勇气和对方一起迎接挑战和对方一起共渡难关。

D.合金钻石女人

由于对生活的期待值和企图心非常强,你对感情忠诚度很高,极端追求完美,容不得半点瑕疵,无法接受感情的背叛。光芒过于耀眼和强烈的你,使很多人不敢轻易追求,因此,常常会感到内心的寂寞。你应该懂得适度地掩藏自己刚硬的一面,不要凡事都亲力亲为,学会让你身边的人,因你的光芒而快乐,而非被你的光芒所灼伤。

16.从刷牙方式测试你的花钱程度

你刷牙的方式是下面哪一种呢？

A.慢慢仔细地刷

B.急速刷两三下完毕

C.一边让水龙头开着一边刷牙

D.只漱口就完毕

【结果分析】

A.吝啬型。由你的表现看,你对金钱略有神经质,但一分一毫不马虎,有时被认为是吝啬。

B.普通型。由你的表现看,你不是挥霍无度,也不是一毛不拔,属于普通一般型。

C.挥霍型。由你的表现看,你没有钱的观念,有时大把挥霍,身上不留一文。

D.负债型。由你的表现看,你好大喜功又浮华,手里有多少钱就用多少钱,且会前债未清又借贷。

17.揭开你缺钱的小秘密

根据颜色的心理分析,测试你缺钱的原因。七个颜色的信封,你直觉认为哪个信封里会有10000元:

A.红色

B.绿色

C.紫色

D.蓝色

E.褐色

F.黑色

G.白色

【结果分析】

A.选红色的朋友是孔雀型。这类型的人很爱面子,同时也很好强。对于他们来说,千金可散,面子不可丢,而这样撑场面的情景一旦多了,他们就缺钱了。

B.选绿色的朋友是白兔型。这类型的人内心深处非常善良,而且心很软。如果亲戚或者朋友有需要,他们会毫不犹豫地尽己所能地提供帮助,所以他们的缺钱是因为太有义气和太善良。

C.选紫色的朋友是变色龙型。这类型的人往往不会对自己苛刻,所以他们通常按自己的想法来花钱,讨得自己开心,然后荷包就瘪了。

D.选蓝色的朋友是猎犬型。这类型的人会为了理想而不顾一切,像猎犬一样追求自己的目标。对于他们来说,为了梦想而散尽积蓄又有什么关系呢?

E.选褐色的朋友是骆驼型。这类型的人很保守,有钱的话,会紧紧地捏在手里。但是,他们对于理财的理解实在不大深刻,所以常常会因为投资不当而缺钱。

F.选黑色的朋友是黑豹型。这类型的人欲望很重,再加上不服输的个性,很容易为了争一口气而破财。女性的话,在商店里看中一样东西,如果售货员的态度不好,她就会立即刷卡买下。而男性的话,如果女朋友想买什么,他会立即买下,以表示自己有足够的经济能力。

G.选白色的朋友是猫头鹰型。这类型的人很有责任感,特别是对于家庭重任,更是义不容辞地扛起。但是,当他们为别人考虑得太多时,就会发现,钱是攒不下来的。

18.测试你的败家指数

今天晚上公司举办日式烤肉餐会,偏偏你的魔鬼上司交代了一大堆工作要你处理,好不容易做完了上司交代的工作,你已经饿得不行。此时,善解人意的同事挥手道:"快来这里,我们已经准备好吃的了!"一看,烤肉架上正摆着刚烤熟的食物,你会:

A.假惺惺地说:"没关系,你们先拿!"

B.太饿了,立刻将架上的食物一扫而空

C.将架上的食物取走八成

D.将架上的食物取走一半

【结果分析】

A.你是一个"起而行,不如坐而言"的人。对于理财,总是想到就嚷嚷,却不见你真的为理财做出积极的行动,这样的你,自以为败家指数不高,然而工作了几年,却总是存不了什么钱,原因就在于你太不注意钱的流向了。仔细记录,你会发现有很多钱都是不该花的。

B.你是一个对钱很敏感的人,翻开记事本,除了每日行事之外,应该还有一本记账手册吧!这样的你,或许很清楚钱的来源及流向,但是会不会觉得钱存得很慢呢?败家指数低的你,不妨学习如何理财,而不是守着钱不动,为你的老年生活想想吧!

C.你是一个令理财白痴羡慕的人,在购买漂亮衣服的同时,存折里的数字仍然不减,这是因为你很懂得控制金钱收支,并且对自己有一定的期许。这样的你,败家指数虽然不低,却因为懂得理财而让自己生活无忧。

D.你是一个懂得存钱,也舍得花钱的人。平常节省的你,很可能一次性花掉大笔经费,令人不敢置信。这样的你,败家指数可说是视心情而定。提醒你,平日的你虽然对金钱小心翼翼,却要留意周遭人士,别因为一时贪财反被骗。

19.你的理财倾向如何

假设你想买房子。若一栋大楼共有十层楼,你会比较喜欢买哪一层楼的房子:

A.第一层楼

B.第二、三层楼

C.第四、五层楼

D.第六、七层楼

E.第八、九层楼

F.第十层楼

【结果分析】

A.由你的表现看,你是相当实际的。

B.由你的表现看,你偏向仔细斟酌。

C.由你的表现看,你喜欢多存点钱。

D.由你的表现看,你容易突然花钱。

E.由你的表现看,你时常脱离预算。

F.由你的表现看,你缺乏数字概念。

20.怎样的致富过程最适合你

每个人都有一个致富梦,而致富离不开储蓄,你想知道自己适合怎样的致富过程吗? 请由第一题开始,选出一个适合的答案,再依照提示前往指定题号。

(1)请问你是否有戴手表的习惯:

有→(2)

没有→(3)

(2)你是否有随时照镜子的习惯:

有→(4)

没有→(5)

(3)路上有人要你填调查问卷,你是否会停下脚步:

是→(6)

否→(7)

(4)如果要你戴眼镜,你会选择:

一般眼镜→(8)

隐形眼镜→(9)

(5)你是否戴眼镜:

是→(6)

否→(7)

(6)你喜欢穿皮鞋上下班吗:

是→(8)

否→(9)

(7)你在工作上是否很努力:

是→(9)

否→(10)

(8)你目前是否有感情困扰:

是→A型

否→(9)

(9)你是否有无法掌握时间的困扰:

是→B型

否→C型

10.你是否朋友众多:

是→D型

否→E型

【结果分析】

A型的人:你很稳重,虽没有什么偏财运,懂得节流是你的优势。在工作上你也是属于稳扎稳打型的,不会有什么大建树,但能力求不失误。你是老板眼中尽职尽责的好员工,却不会是个好老板。努力工作,做好你分内的事,加上你天生勤俭刻苦的本性,你也可以累积到一笔不小的财富。

B型的人:你的偏财运不错,工作上你也容易走偏锋,总想着一夜致富。你的脑筋很灵活,也比别人动得还快,只可惜你大多数的想法都过于好高骛远,不切实际,只有心动并未行动。不妨大胆去做投资。

C型的人:你的分析能力很强,也有敏锐的直觉,很容易就掌握市场的脉搏进而创造奇迹。只是你目前可能苦于信息不足而无法一展才能。你的天赋只有靠你不断地锻炼才可以用上。多涉猎相关的书籍,多请教同业的前辈,等基础实力足够又何愁不能平步青云、一飞冲天?

D型的人:你本身不喜欢工作,也有点好吃懒做。对工作常缺乏热忱、提不起劲,生活慵懒,只想过太平安逸的日子。除非你是含着金汤匙出生,一辈子不愁吃穿,否则你的人生只会充满诸多无奈。想要安逸的日子不是不可以,趁着年轻好好努力,拼命赚钱,你的底子不会比别人差到哪里去。

E型的人:你很适合投机炒作。你的信息来源渠道一向畅通,加上你凡事快、狠、准的精确判断力,不得不承认你很适合短线炒作。你可以投资股票,也可以炒作房地产,多半都能获得不错的成绩。但是,需要注意的是你的开销也大,赚的钱不见得能够承受你的亏损。因此成功致富后别忘了回馈社会,如此才能名利双收。

21.年终,你赚得盆满钵满吗

你的面前突然出现五瓶果汁,你直觉哪一瓶有毒:

A.龙眼汁

B.榴莲汁

C.菠萝汁

D.芒果汁

E.葡萄汁

【结果分析】

A.恭喜你,因为今年你的年终奖金会是如你所预料的多,基本上跟你心里头预估的不会差太远,会让你觉得还算不错,因为这个数字可说是你觉得很合理的数字,而你的公司基本上也不会亏待你。

只是发年终奖金的速度有点慢,跟你原本的预期时间差了一点,让你有点小小的失望,以为公司是有意拖欠,不过基本上应该只是单纯做作业流程的问题,让奖金发下来的速度有点延迟,金额方面是不会有改变的。

B.你今年的年终奖金恐怕是不如你所预期的多,你会发现最主要的原因是有小人在你的老板面前讲你的坏话,偏偏你可能并没有那么多的防备心,而你的老板却被这个小人所蛊惑,对你印象分数不佳。

也因为印象分数大打折扣,在考评你的考绩和年终奖金时,基本上对你是非常严格,就算你的表现很不错,却也是鸡蛋里挑骨头,意见非常的多,你再好的表现都被认为是还不够好,自然就大大影响你最后拿到的数字。

C.你有点容易被晃点,因为公司虽然承诺给你的数字还算漂亮,让你觉得非常开心,问题是当你拿到确定的结果,才会发现这跟公司原本承诺你的有一段差距,使得你从天堂掉下了地狱,心情也大受影响。

很多信息其实都已经被隐藏起来,你的公司本身并没有太公开的消息,整体的发展状况比你所预想的还要差,但你确实有点过度乐观地去看待公司原本承诺你的年终奖金数字,没料到整体发展状况并没有那么好,也让你的年终奖金跟着缩水了。

D.今年你的年终奖金恐怕是没有办法如你所愿的,你自己应该也很清楚,整体的大环境影响了公司的发展,坦白说公司的收益本来就没有很好,能够发出来的年终奖金也就跟着少了很多,只是你拿到时还是有点傻眼。

原则上你要了解,整体的状况比你想象得还要更糟糕,也因为如此,你要有点共体时艰的感觉和想法,这样拿到年终奖金的时候才不会太过灰心难过,坦白说在这样的环境下,你还有年终奖金可拿,已经是要感恩的了!

E.整体来说你是低估了你能拿到的年终奖金,虽然说你认为今年公司的收益不算太好,而你的表现也只有平平,应该没办法拿到太多的年终奖金,不过事实上整体的状况却比你所预估的好上了太多,让你拿到意料之外的数字。

你是有点悲观了些,其实老板对你很爱护,你的很多好的表现他们都看在眼里,而事实上公司的发展也没有你想得那样不好,是你多担心了,不过先把数字拉到最低标准给自己一些心理准备,这也是种不让期待变成伤害的聪明做法。

22.创意能否改变你的财运

新年以后,你和她(他)第一次约会是一起去庙里进香。你许愿今年万事如意,结果抽了一个大吉签。如果要你把这个好签系在树枝上,你选以下哪个树枝:

A.尽量高的树枝

B.一伸手就够得到的树枝

C.低矮的树枝上

【结果分析】

A.属于可自由创意的类型。你独特的思考方式常让周围的人惊讶、担心或害怕。如果你有合乎时宜的点子,很可能就会招来大财运。可你的点子若太脱离现实,脱离常情,就不易被人理解,容易变得孤立。若想在生意上获得成功,就必须冷静地从各方面检讨自己,好好发挥你的才能。

B.在超市的陈列架上,卖得最好的商品皆摆在眼睛高度左右的位置上。因为这些商品最易被看到,也最易拿到。选择这种高度的人,创意常是合乎常情的,不脱离固定的形态,也可以说你是一个脑筋颇为顽固的人。你的一生不会有太大的失败。通常你能做水准以上的工作,对自己的能力和感觉很有自信。如果你想要有很好的创意,最好改变一下观点。如此,你会意外地得到好主意,而财运也必会为之大开。

C.你对自己的判断很没自信,常常为这为那烦恼不已。你对新的事物总是敬而远之,相当消极。因此,你与其从事凭着瞬间的创意来决胜负的工作,不如从事需分析、检讨过去的实绩和经验来做出判断的工作。你不喜欢多样化的生活,只想守着一个人过日子。因此,比起做个领导者,你更适合做个幕僚,如此才能发挥你的特性,招来财运。

23.提高财运指数你需做哪些努力

假设你需要在鬼屋里住一夜,发生什么事情会让你崩溃:

A.厕所马桶不时自动冲水

B.窗外有婴儿哭泣声

C.有莫名的脚步声在屋子里回荡

D.屋子里温度很低,时不时还会吹来一阵阴风

【结果分析】

A.多帮助别人就能提高你的财运指数。财气就是人气,想要人气旺,自己就得做一个和善的、乐于助人的人,别人跟你相处起来觉得舒适,自然也就愿意跟你相处。你帮助别人的,大多数人都会记在心上,将来还给你。

B.脚踏实地的工作就能提高你的财运指数。不要指望能靠买彩票发达了,每天彩票机吐出那么多张彩票来,你确定自己一定是能够中奖的那一个吗?还是脚踏实地工作吧,等待加薪升职是最靠谱的。

C.少交损友就能提高你的财运指数。识人眼光不准很影响一个人的运气。跟那种满肚子坏水,成天无所事事的人在一起,自己也会失去斗志,你落难的时候,他们不但不会帮你,很可能还会踩你一脚。少交那种朋友,运气自然也会好一点。

D.切勿见高拜见低踩就能提高你的财运指数。不管对待什么人,自己的态度都要保持一碗水端平。对待任何人都保持一颗平常心,与人好好相处,财运也会比较容易光临。

24.你有钱少忧郁症吗

阴天的时候,待在家干什么会让你觉得很舒服:

A.喝咖啡,看书

B.上网喝奶茶

C.吃火锅看电视

D.窝在床上玩手机

【结果分析】

A.你的钱少忧郁症已经很严重

没有钱,你就会缺乏安全感。毕竟,穿衣吃饭,不管干什么,都需要花钱。眼看别人能花钱买到自己想要的东西,自己却无法为自己的欲望埋单。这的确是一件令人很无奈的事。但有时候,虽然钱少但只要懂得合理利用,也不至于生活得凄惨。钱多钱少,看你怎么花了。

B.钱多钱少都会让你感到忧郁

钱多的时候,你会想要拥有更多钱,钱少的时候,你又会担心自己过上朝不保夕的生活。其实,只要是太看重钱的人,不管钱多钱少,都会很忧郁。

C.你完全没有钱少忧郁症

你的物欲不是很强,有钱的时候,就好好享受生活,买几样奢侈品哄自己开心,没钱的时候,大不了不出门不消费,不管有钱没钱你都很容易满足,所以你不可能患上钱少忧郁症。

D.你患有轻微的钱少忧郁症

对于你来说,钱少是足以令你感到痛苦的事,但那种忧郁很快会过去,你会找到一些使你感兴趣的事来分散自己对金钱的注意力,你很懂得调节自己的内心,一般不会因为某事而感到忧郁。

第八章
情绪测量——高情商带来好运气

1.你是让人生畏的"暴君"吗

当你与对方意见水火不容,且对方已经向你宣战时,你会怎么办:

A.开溜逃跑

B.无视对方,冷酷到底

C.哭得稀里哗啦

D.挥拳挥脚的暴力肢体语言

E.用自己的三寸不烂之舌"扳倒"对方

F.揭对方伤疤

G.人身攻击

【结果分析】

A.只要你输了,被逼急了,便会使出最后的武器:"我没办法再忍受了,我要离开!"其实,你无法忍受的是事情不如你意,而"甩手而去"是向对方表达你愤怒的最后通牒,这会使你觉得自己威力大增。

B.这种类型的人虽然对吵架无太大的兴趣,认为吵架本身就是一件无聊的事,但却很容易卷入是非之中。因为对人的漠不关心,可能被认为是高傲自大,所以这点要特别谨慎。而且,在论战中途也容易情绪化,如果能保持冷静的态度,对方也就会觉得自己一个人在唱独角戏,没什么意思,将会使你"胜"望大增。

C.对可以直接表达出自己情感的这一类人而言,哭诉正是绝招! 除此以外,别无他法。尽可能在众多的观众面前,哭得稀里哗啦,对方就会不知所措,不想成为众矢之的,就会乖乖地"缴械投降"。

D.可以说,你是一位响当当的"暴君"。只要你察觉吵架快输了,或觉得无法再用言语与别人沟通时,你就选择直接地正面攻击。你天生容易冲动,对手因被你威胁恐吓而害怕屈服了,你就得逞了。但只要事情不如你愿,就觉得有挫败感。你会因自己的失望和自己造成的错误而责怪其他人,甚至责怪吵架的对手不该逼你攻击他们。

E.无论在任何情况下,你都不让自己流于情绪化的表达方式。你是一个理性、讲道理、聪明的人,认为冲动、爆发式的反应不过徒然制造双方的分裂。和你吵架没有什么意思,因为你永远是赢家。你的个性强烈,能通过理性的争执去说服他人。这一类型的人最擅长辩论,会斜眼看着怒气冲冲的对方吐出"你刚才的话自相矛盾"等,而一旦口若悬河地说教时,对方一定会哑口无言,丧失战意。这是让对方如坠入云里雾中最有效的自我解脱法。

F.你的逻辑思维能力和记忆力都值得称赞。你对何时、何地发生过什么事都记得一清二楚,有能力把陈年旧账全部搬出来细数一番。如果不运用这个特色,就太"暴殄天物"了。当对方言辞有错,却又想混过去的时候,你总能一语道破,使对方陷于自相矛盾的尴尬中。通常占上风的你根本无须暴力这种形式,那样会给自己带来太大的风险,而通过唇枪舌剑则可以为自己大大降低受到身心伤害的风险。

G.你非常容易动怒。虽然一开始你只是针对某一件事情而吵,但是很快便扩大到言辞上的攻击,你会数落对手的每一件错事,甚至攻击对方的家庭。你实在是个差劲的"战士",你想成功的干劲和必胜的决心,若用在其他方面很有帮助,但用在亲密关系上,造成的负面效果可大了。这是因为你在争执时所说的那些话,到最后都变成了无理取闹的人身攻击。

2.你是感情用事的人吗

(1)你喜欢成为一名:

A.设计摩天大楼的建筑工程师

B.不确定

C.著名的文科教授

(2)你喜欢阅读:

A.自然科学书籍

B.不确定

C.哲理性书籍

(3)你最倾心哪种行业:

A.音乐

B.不确定

C.机械工作

(4)你乐意:

A.负责指挥几个人的工作

B.不确定

C.和同事合作

(5)你偏爱观看:

A.军事、历史题材的电影

B.不确定

C.富有感情、充满幻想的言情片

(6)你希望自己成为一个艺术家而不是工程师:

A.是的

B.不确定

C.不是的

(7)你最爱听的音乐是:

A.欢快活泼的

B.不确定

C.感情沉郁富有激情的

(8)你时常想入非非:

A.是的

B.不确定

C.不是的

(9)对于那些文化素养高的人,如医生、教师等,即便他们犯了错误,侮辱他们也是不应该的:

A.是的

B.不确定

C.不是的

(10)在各门功课中,你最偏爱:

A.语文

B.不确定

C.物理

【计分标准】

(1)(3)(4)(6)(7)题的A、B、C选项分别得0、1、2分；(2)(5)(8)(9)(10)题的A、B、C选项分别得2、1、0分。

【结果分析】

14~20分：你敏感，喜欢感情用事，通常心太软，有点多愁善感；富有幻想，不切合实际，缺乏恒心，不喜欢粗鲁豪放的人。在团体中，常常由于不太切实的想法和行动而影响团体的工作效率，最好避免做事务性的工作。

10~13分：你一般都能较为理智和客观地处理生活中的一些事务，但偶尔仍然会有冲动、感情用事的时候，要学会控制自己的感情。

0~9分：你富有理智，注重现实，能以客观、独立的态度处理现实问题，但有时可能会表现得傲慢冷酷和缺乏弹性。

3.你容易情绪紧张吗

(1)你时常怀疑别人对你的言行是否真的感兴趣：

A.是的

B.不太确定

C.不是的

(2)你神经脆弱，稍有一点刺激就会战栗起来：

A.时常如此

B.有时如此

C.从不如此

(3)早晨起来，你常常感到疲乏不堪：

A.是的

B.不太确定

C.不是的

(4)在最近的一两件事情上，你觉得自己是无辜受累的：

A.是的

B.不太确定

C.不是的

(5)你善于控制自己的面部表情:

A.是的

B.不太确定

C.不是的

(6)在某些心境下,你会因为困惑陷入空想,将工作搁置下来:

A.是的

B.不太确定

C.不是的

(7)你很少用难堪的语言去刺伤别人的感情:

A.是的

B.不太确定

C.不是的

(8)在就寝时,你常常:

A.不易入睡

B.不太确定

C.轻易入睡

(9)有人侵扰你时,你会:

A.能不动声色

B.不太确定,可能不动声色,也可能说给别人听,以泄己愤

C.总要说给别人听,以泄己愤

(10)在和人争辩或险遭事故后,你常常感到震颤,筋疲力尽,而不能继续安心工作:

A.是的

B.不太确定

C.不是的

(11)你常常被一些无谓的小事所困扰:

A.是的

B.不太确定

C.不是的

(12)你宁愿住在嘈杂的闹市区,也不愿住在僻静的郊区:

A.是的

B.不太确定

C.不是的

(13)未经医生许可,你是从不乱吃药的:

A.是的

B.不太确定

C.不是的

【评分标准】

以上各题选择A得2分,选择B得1分,选择C得0分。

【结果分析】

16~26分:你时常被紧张情绪困扰,缺乏耐心,心神不定,过度兴奋;时常感觉疲乏,又无法摆脱以求宁静。在集体中,你对人和事缺乏信念,每日生活得战战兢兢,不能控制住自己。你可以认真分析一下导致心理紧张的原因,如果是外来的,要设法克服;如果是内在的,就应学会"忙里偷闲",培养多方面的兴趣,使自己绷紧的弦放松下来。

9~15分:你紧张度适中,利于完成自己的学习或工作任务,生活得充实;偶有高度紧张之感,可积极加以控制和调节。

0~8分:你心平气和,通常知足常乐,能保持内心的平衡。但有时过分疏懒,缺乏进取心。你要提高自己的进取心,不能过分安于现状。

4.你如何管理自己的情绪

爱上一个人之后,好像认识得越久,就会有越多的恶习出笼,和最初相恋时的完美形象大相径庭。到底什么样的爱情酷刑让你觉得最受折磨:

A.爱人常和酒肉朋友鬼混

B.动不动就冷战,避而不见

C.抽烟、喝酒、赌博等恶习

D.喜欢管这管那

【结果分析】

A.你不会管理情绪,常为不必要的事浪费时间。你很在意自己所处的地位是否巩固,所以如果你知道自己还是处于胜利者的地位,仍然高高在上,就不会太介意平时发生的小事了。人生难免会有起伏,说你完全不会受影响那是不可能的,但是你会评估此事的重要性。将时间和力气花在不必要的争执上,对你而言,实在是太浪费时间了。

B.你过于敏感,常将事情严重化。你的感觉很细腻,别人的一两句无心之语,你听到后,就如同千万根针在扎着你的胸膛,让你痛不欲生。很多时候,是你自己把事情严重化了,明明对方没有那么多想法,可是经过你一诠释,好像就演变到非开战不可的地步。大部分了解你个性的朋友,都会尽量小心说话,免得成为罪人。

C.你是个情绪管理高手。你能够将自己的感觉隐藏起来,让别人不知道你在想什么。可是,你会在适当的时刻释放出你的心理压力。对于别人和自己而言,这些小火花不具有任何杀伤力,你在无形中就将伤害降至最低。在别人眼中,你像是一个没有脾气的人,其实是因为你熟知该如何处理自己的情绪垃圾,才能控制得如此得体。

D.你的情绪来去匆匆。你有点容易烦躁,不喜欢被别人盯得很紧。如果有人太过关心你的生活和一举一动,虽然只是提出一个小建议,恐怕都会引起你很大的反应,因为你喜欢照自己的想法做事,不愿受人干涉。被人管束会使你有窒息的感觉,你简直一秒钟都不能忍受。你的情绪来得急、去得也快,不过要留心别在盛怒时对别人造成心理伤害。

5.你为何患上了恐婚症

(1)在你的脑海中:

已经有了结婚对象的条件→(2)

完全不知道想和什么样的人结婚→(3)

已经有了适合结婚的对象→(4)

(2)结婚之后,你认为最合适的是:

两个人单独住在一起→(3)

两个人单独住,但是要尽早要个孩子→(4)

和一方父母住在一起→(5)

(3)你认为孩子是:

生活的责任→(4)

两个人互相信任的保障→(6)

爱情的结晶→(5)

(4)如果亲友参加婚礼没有送红包,你会:

只是觉得很奇怪→(6)

很不开心→(5)

完全不介意→(7)

(5)婚姻是爱情的坟墓,你觉得原因是:

时间太长→(7)

彼此太了解了→(10)

不相信这句话→(8)

(6)结婚后的家庭琐事,你希望:

希望有其他人可以帮忙,比如父母或者保姆→(7)

可以交给对方处理→(9)

可以自己处理→(8)

(7)如果可以选择一个童话人物的话,你希望自己可以做(无性别限制):

小人鱼→(9)

白马王子→D

灰姑娘→(11)

(8)哪些人的意见会让你对婚姻有所动摇:

家人→(11)

心理医生→(10)

朋友→(9)

(9)你认为自己在结婚后看上其他异性的可能是:

非常可能→(10)

应该是不可能的→(11)

完全不可能→B

(10)爱人或恋人的背叛,对你来说是:

完全无法面对→B

绝对的打击→(11)

意料中事→C

(11)哪项事情是你在结婚之前必须做的事情:

财产鉴定→A

计划婚礼举行的场所→D

身体健康检查→E

【结果分析】

A.没有信心障碍症:你是一个对婚姻非常没有信心的人,你不知道结婚后的自己是不是会变成另外一个和现在性格完全不同的人。因为身边的舆论和一些媒体对婚姻失败的宣传,让你总是没有办法安心相信自己可以和身边的人一起走完一生。这样的心理会让你对一份生活中的爱情产生恐惧感,对自己身边的爱人产生不信任感。要排除这种心理障碍的方法是多接触身边婚姻幸福的人。

B.怀疑爱情障碍症:你是一个把婚姻和爱情完全分开的人,换句话说,你是一个根本不想要结婚的人。每个人都希望自己可以拥有纯粹的感情,那种在爱情中可以享受到的幸福感,在结婚之后多多少少会变淡。个人来讲,你非常排斥这种婚姻会让爱情减淡的现实,所以你很害怕婚姻会给自己的爱情带来不幸。这样的你需要面对现实,把自己的担心和爱人一起分享,两个人一起坚信两个人的幸福。

C.厌倦生活障碍症:生活是平淡的,而且对于大多数人来说,每天的生活都是千篇一律的,工作,回家,好像自己现在每天经历的事情都没有小的时候想象得那么美好。现实生活中的你是一个厌倦了平淡生活的人,你希望自己可以享受一直向往的幸福。可是平淡的婚姻是没有办法激起你生命中的激情的。要摆脱这样的心理障碍的话,要在很长的时间内试着观察生活中的细节。

D.拜金倾向障碍症:物质是每个人生活中都不可缺少更不可以被忽略的一部分。对于你来说,没有充分的物质就不可能有自己想要的幸福生活。当然婚姻也是这个道理,你是没有办法接受物质条件不够充分的婚姻的。你需要一个可靠的伴侣,不但要从性格和人品方面,在金钱方面也是一样。虽然有些时候你并不排斥一个恋人,可是却不能因为对方物质条件不好而不排斥和对方结婚。

E.健康洁癖障碍症:一个健康的身体对于你来说是比任何事情都重要的。你相信如果一个人没有健康的身体的话,不但会给自己带来不便,还会容易连累身边的人。无论这个人是不是有意的都不重要,你需要一个健康的人陪你走完一生。对于拥有这样性格的你来说,全面的体检是不可以缺少的事情,如果你的恋人有任何你认为不健康的症状的话,就很有可能让你结婚的决心产生动摇。

6.情绪糟糕时,你怎么办

夏天,一位年轻人坐在公园的椅子上看书,看样子像是考生,只见他在看一本像是英文的参考书。突然,他合上书本,请猜猜看他合上书本的理由:

A.突然觉得要下雷阵雨,于是匆忙合上书本,准备回家

B.因为想睡觉,于是以书本为枕,在椅子上开始午睡

C.因为觉得时间紧迫,于是看了一下英文之后,打算立刻再复习其他科目

【结果分析】

A.雷阵雨,是会淋湿书本、头发,令人感觉不太舒服的事物。故选此答案的人是想回避此种情况,属于自我防卫本能比较强的人。你的不安比别人强一倍,对可能威胁到自我的危机相当敏感。因此,一旦察觉自己身处危机时,通常会力争上游、发挥潜力。倘若陷入低潮的话,也能化危机为转机,及早摆脱困境。

B.午睡,显示乐观的潜在心理。此类型人的循环性气质很强,容易受当场的气氛感染。一旦感觉情绪低落,他可以借着运动、休闲来改变心情,或是改变工作、生活环境,让自己轻松一下。如此一来,便能摆脱困境,重新出发。万一遇到极度低潮的状况,换个新工作或是改变根本的环境,都是不错的主意。

C.其他科目,表示可能性或上进心。此类型人原本提升自我的欲望就很强,因此,当陷入低潮时,可以去找德高望重的人开导,不然就是阅读名人传记,接受精神上的刺激。因为这样可以激发上进心,不被小小的挫折击垮。

7.你为什么会狂躁不安

小孩不爱睡觉,一到上床时间,妈妈总是会半胁迫地说"再不睡,小心被鬼抓去"或者是"老鼠都爱吃不乖的小孩,你是乖小孩,赶快去睡"。于是小孩被吓得赶快上床,因为他们都很怕鬼和老鼠。你认为下列各项,哪一个最恐怖:

A.青面獠牙的妖怪

B.女鬼

C.老鼠

D.童话里的独眼怪兽

【结果分析】

A.可怕的妖怪具有令人不安的因素,而平日最让你感到不安、压力大的就是工作了,有太多自己无法掌控的状况,你得随为突发状况做紧急应对,也因此而备感压力大,责任重,于是烦躁、抑郁由此而生。

B.鬼是令人害怕的,但是女鬼又能令人遐思。你的烦躁、抑郁来源是感情问题,这可是世界上最难解的习题了。面对感情世界的多种面貌与其中的暗潮汹涌,你一向是束手无策,每遇必输,而且输得灰头土脸,久而久之,你也对爱情却步了。

C.所谓"过街老鼠,人人喊打",老鼠是极受人憎恶的动物,它本身处于不安的现状中,于是,你说到生活,就会马上垮下去,因为烦琐的日常生活常让你不知所措,经常是一个人邋遢地到公司,还兼有睡眠不足,以致让整个人受到很大影响,闻"生活"色变。目前,最好的方式是找到另一半,这么一来,生活有人帮你料理,又可以免去烦躁、抑郁,增加生活情趣。

D.独眼怪兽是神话中才有的东西,它是虚构的、不现实的,你面对它时会感觉到一种无力感,不知所措。所以,目前最让你烦恼的是人际问题。说起人际关系,可真是一门大学问,看似简单的人与人交往相处,实际上却是复杂多变的。所以,面对这门高深学问,不谙其中门道的你,当然是觉得处处得罪人,人际关系一塌糊涂。建议你去上个课,理清自己的思绪,看如何才能完美地应付这复杂的人际网络,相信不久以后,你的烦躁、抑郁情绪一定会一扫而光。

8.你能走出人生的低潮吗

假如现在是秋风萧瑟的季节。一对情侣坐在公园的亭子里聊天。不久,女孩开始流泪,这时一阵秋风吹落了枯叶。请接着想象一下后来的情形,并选出一个最接近的答案:

A.女孩流着泪说"再见",然后离去……

B.女孩一直默默注视着枯叶,直到眼泪流完为止,等恢复平静之后,说了一句"再见",然后离去。

C.女孩一直注视着男孩,凄婉地说:"我走了,你好好照顾自己。"然后踩着落叶离去。

【结果分析】

A.争强好胜型。这种类型的人有天生不服输的个性,即便是陷入低潮,也能尽最大的努力,替自己争取到相当利益。因此,你可以先为将来早做准备,多充电或结交各种朋友,或许在你摆脱低潮的时候,这些都能对你有很大的帮助。

B.坚强自省型。此种人一旦陷入低潮就会耐心等待恢复正常,或是研究最好的对策。与其勉强挣脱困境,倒不如静待心情慢慢转好。人生总是会遇到挫折,相信在逆境中得到的启示必能发挥最大的作用。

C.善解人意型。此种人一旦陷入低潮就会有感而发,反而更能包容别人的弱点和缺点。他们能透过自己的困境,培养对他人的包容力。因此,他们可以把人生的低潮当作成长的契机。

9.你是一个具有消极情绪的人吗

如果有一天你因为事情待到很晚的时候才能回家, 这时候已经没有公交车和地铁了,你会怎么办:

A.只好坐出租车回家

B.干脆找个夜店,天亮再回去算了

C.找个公园或像样的地方露宿街头

D.厚着脸皮打电话请朋友来载你

E.停在原地,说不定会有认识的人经过

【结果分析】

A.消极指数50

你本身有自我的一套思考逻辑,遇到事情也总是采取最稳定最保守的做法,所以你很难有因为压力过大而消极沉沦的情形。不过你虽不消极,但也不积极,如果因为害怕失败而不肯求新求变,有时候也会因此失去不少机会。

B.消极指数20

你根本就拥有乐天的人生观,天生不知消极为何物,想要利用挫折来打败你简直难上加难,只不过你也从来没去想过明天要怎么做,总是过一天就算一天。等哪一天你真的一无所有了,你可能也会因此而一蹶不振。

C.消极指数70

碰到事情或是挫折,你总是会想到最坏的打算,也习惯于以这样的方式来处理。这样的你当然很容易就解决掉所有的麻烦事,只是却无法掩饰你消极的本质。有时候你的处理方法可能会招致非议,弄得自己一身不是。

D.消极指数40

碰到事情其实你不见得就有能力解决,却容易异想天开,想一些旁门左道来下药。说好听点是大胆创新,说难听点只能算是下大注碰运气。尤其反映在跟你没多大利害关系的事物上。你只是不想思考解决,实在不能怪你消极。

E.消极指数90

你也太消极了吧?真的以为事情放着不管就会有奇迹发生?别想掩耳盗铃,以为天塌下来都会有人帮你顶,也许大难临头了你还浑然不知。建议你有问题就多询问别人的意见,这没有什么难的,旁人也会因此尊重你。

10.测试你的人生态度

仔细阅读每一题,然后根据你最近一个星期的实际感觉,做适合的回答。("是"1分;"否"0分)

(1)如果半夜里听到有人敲门,你会认为那是坏消息或有麻烦发生了吗?

(2)你随身带着安全别针或一条绳子,以防衣服或别的东西裂开吗?

(3)你跟人打过赌吗?

(4)你曾梦想过赢了彩票或继承一大笔遗产吗?

(5)出门的时候,你经常带着一把伞吗?

(6)你把收入的大部分用来买保险吗?

(7)度假时,你曾经没预订旅馆就出门了吗?

(8)你觉得大部分的人都很诚实吗?

(9)度假时,把家门钥匙托朋友或邻居保管,你会将贵重物品事先锁起来吗?

(10)对于新的计划,你总是非常热衷吗?

(11)当朋友表示一定奉还时,你会答应借钱给他吗?

(12)大家计划去野餐或烤肉时,如果下雨,你仍会照原定计划准备吗?

(13)在一般情况下,你信任别人吗?

(14)如果有重要的约会,你会提早出门,以防塞车、抛锚或别的状况发生吗?

(15)如果医生叫你做一次身体检查,你会怀疑自己可能有病吗?

(16)每天早晨起床时,你会期待又是美好一天的开始吗?

(17)收到意外的来函或包裹时,你会特别开心吗?

(18)你会随心所欲地花钱,等花完以后再发愁吗?

(19)上飞机前,你会买旅行保险吗?

(20)你对未来的十二个月充满希望吗?

【结果分析】

0~7分:你是个标准的悲观主义者,看人生总是看到不好的那一面。身为悲观者,唯一的好处是,你从来不往好处想,所以你也就很少失望过。然而,以悲观的态度面对人生,却有太多的不利。你随时会担心失败,因此宁愿不去尝试新的事物,尤其当遇到困难时,你的悲观会让你觉得人生更灰暗,更无法接受。悲观会使人产生沮丧、困惑、恐惧、气愤和挫折的心理,解决这种状况的唯一办法是以积极的态度来面对每一件事或每一个人,即使你偶尔仍会感到失望,但逐渐地,你会对人生增加信心,胜过原来消极态度带给你的影响。

8~14分:你对人生的态度比较正常。不过,你仍然可以再进一步,以积极和乐观的态度来应对人生中无法避免的起伏状况。

15~20分:你是个标准的乐观主义者。你看人生总是看到好的那一面,将失望和困难摆到旁边去。不过要记住,有时候过分乐观,也会使你对事情掉以轻心,结果反而误事。

11.你的情绪是否"过了火"

现实生活中有许多固执的人。需要注意的是,固执不同于偏执。适当的固执,为人平添一份可爱的"原则美",而偏执往往容易给人生打上死结,伤害自己,也伤害他人。下面是一个检查偏执程度的小测试,快来检查一下你的情绪是否"过了火"。

(1)你对别人是否求全责备?

(2)老是责怪别人制造麻烦?

(3)感到大多数人不可信?

(4)会有一些别人没有的想法和念头?

(5)自己不能控制发脾气?

(6)感到别人不理解你,不同情你?

(7)认为别人对你的成绩没有作出恰当的评价?

(8)老是感到别人想占你的便宜?

【评分标准】

以上各题"没有"得1分,"很轻"得2分,"中等"得3分,"偏重"得4分,"严重"得5分。

【结果分析】

10分以下:不存在偏执情况,恭喜你,是个心平气和的可爱的人。

11~24分:可能存在一定程度的偏执,如果总觉得环境不顺心,要注意警惕,原因可能是在自己。

25分以上:你有偏执的症状,要学会控制情绪,不要"走火"。另外,建议你遇到很大的障碍时向心理医生求助。

12.你的情绪化指数有多高

当你一早起来看见自己的脸油油亮亮又脏脏的,你会有什么样的表情:

A.没表情的呆脸

B.生气的大臭脸

C.皱眉的苦瓜脸

【结果分析】

A.情绪化指数50

只有感情这件事情会让你的情绪动不动就起波动。这类型的人在工作上很理性很独立,不管有什么脾气都会尽量压抑下来,觉得不可太情绪化,因为这样不够专业。不过在私生活上就很容易情绪化,很容易为了感情的事情使得情绪上下波动。

B.情绪化指数20

内敛的你,喜怒哀乐都往心里藏,不想让大家担心。这类型的人很压抑,他认为自己是让大家依靠的,所以有很多的苦都往心里藏,不过要注意的是他容易有暴力的倾向。

C.情绪化指数99

感情脆弱又敏感的你,很容易被外在的人和事物影响情绪,然后把情绪写在脸上。这类型的人属于感觉派,只要感觉一来就会非常脆弱敏感,常常很担心别人是不是不喜欢他,自己是不是不够好等。

13.你值得恋人信赖吗

有一天你终于攒够钱,买了栋豪华别墅,怎知还未进门就有个人匆匆忙忙地向你走来。你猜那人会对你说什么话:

A.你的房子真漂亮,如果不打搅你,我可不可以进去参观一下

B.对不起,可以借你的厕所用吗

C.请问这是某某明星的家吗

【结果分析】

A.你非常值得异性信赖,应该没有对你抱怀疑态度的人。即使很微不足道的约定你也会遵守,或者是他在日常生活中对你所讲的事,你也会绝对保密。

B.跟你说恋爱的秘密还可以,至于其他的,你可能就守不住了,还会让恋人觉得你欺骗人的同时也在自欺欺人。不过没有关系,他并不是完全不信赖你,只要多注意一下就可以了。

C.你的欺人度是99%,可能会落得不管你说什么,对方都不会相信你的下场。你是个八卦的人,要多加把劲儿,才会博得恋人对你的信任。

14.你属于哪种脾气

繁忙的街道,人群熙熙攘攘,独自闲荡的你,漫无目的。街角处有一个很奇怪的情景:一个污糟邋遢的孩童正手提一大堆行李,走在前面的母亲却两手空空,非常潇洒。那孩童边哭边叫,而那母亲却面目可憎。看罢,你满心感慨,你有什么感想呢:

A.觉得孩子很可怜

B.觉得母亲在训练孩子

C.觉得做母亲的不注重儿童教育

D.小孩是个不听话的调皮鬼

【结果分析】

A.你很多愁善感,可是敢怒不敢言,而且是绝对反对暴力的,有时候你的朋友很想推荐你角逐诺贝尔和平奖。

B.你是个"只要我喜欢有什么不可以"的火爆分子,叛逆性强,像一颗不定时的炸弹。其实你的本性不坏,要记住"忍"字头上一把刀,忍一时之气,必能海阔天空。

C.你是大家公认的小绵羊、好好先生,不到最后关头,绝不轻言发怒,但是一旦爆发,就像决堤的洪流、怒吼的火山,一发不可收拾。

D.你属于沉默寡言型,处世小心,通常你喜欢照自己的意思去做,所以会被别人误认为自以为是,所以你要多注意人际关系的培养。

15.你的什么毛病人尽皆知

如果你的父母某天告诉你,他们早就给你定了娃娃亲,据你猜测,他们可能跟三家人中的一家人定了亲,有可能定了亲的这三家人分别是:A.书香门第;B.医学世家;C.从商家族。这三家人的小孩相貌,品行都还行,你最希望跟哪家人结亲呢?

下面有六种排序方式,你最希望结亲的那户人排在最前面,相对起来,你不那么愿意结亲的人依次排在后面。请选择其中最接近你的想法的排序:

【结果分析】

A—B—C:你浮夸的毛病人尽皆知,有一点小事你也会说得很夸张,而且你多愁善感,总喜欢把事情往悲观的方向预想。所以周围的人会觉得你其实就像祥林嫂一样,经常会有无聊的抱怨,好像是要吸引其他人的注意力似的。如果这个毛病再不改掉的话,可能周围的朋友都不敢跟你相聚,生怕听到你的抱怨。

A—C—B:你喜欢背后议论人的毛病人尽皆知,你常常会议论别人的优点或是缺点, 但更多的是在背后说别人的缺点, 这个毛病将使很多人都对你有防备心,因为不知道什么小事被你抓住了把柄你就会在背后议论个不停。如果实在忍不住要议论别人的话,尝试多说别人的好话,免得引来他人反感。

B—A—C:你脾气暴躁的毛病人尽皆知,你身边的朋友大概都经受过你暴躁的脾气,领教过你发脾气时的厉害,但是可能很多人并不会把你的这种毛病说出来,因为一旦说到你的缺点,你又会忽然发怒,叫人受不了,其实你待人并不差劲,只是很难控制住自己的脾气,不过脾气不好,这种毛病还是得改。

B—C—A:你喜欢你的毛病所有人都知道,你喜欢跟别人讲自己的私事也不介意听别人的私事,关于别人家务方面的问题其实最不应该去讨论,知道这些秘密只会给你带来麻烦,虽然你想帮助别人解决家事可是家务事总是越管越乱。如果你能控制自己,不要管他人的家事,其实再好不过了。

C—B—A:说话没谱就是你最大的毛病,朋友也知道你有这个毛病,所以你讲什么不好听的话其实别人也不会太在意, 但是有时候你好像讲话完全不经过大脑似的,嘴巴太厉害了,直话直说当然是好事,证明你是一个值得交往的豪迈的直性子,但是要是什么话都不管不顾地讲出来会伤害到别人。

C—A—B:你是月光族这一点人人都知道,花钱花得实在太厉害了,下个月的工资还没发下来就被你透支光,你很难控制自己的物欲,每一次买东西你都觉得自己是最后一次乱花钱,但等东西到了手之后你又会有新的欲望,周围的朋友都劝你不要乱花钱,但是你根本改不了这个毛病。

16.你是直觉型还是理智型

你到了家居广场,里面分了好几个家具区。你会从哪个区开始转呢:

A.特价区

B.高级家具区

C.设计师区

D.梦想小屋区

【结果分析】

A.关键时刻变为理智型。你能够灵活地运用直觉和理智。对那些不急于下结论的事情,你会凭借理智来采取行动。相对于那些凡事依靠理智来判断的人来说,你的直觉又很灵敏,可以根据感觉做出判断。你是能够灵活使用左脑和右脑的人。虽然你的直觉很敏锐,但你其实很善于精打细算,特别在关系到自己的重大利益的问题上,你会比较慎重地采取行动。而对无关紧要的事情,你就会单凭直觉不管三七二十一地采取行动了。

B.以分析见长的理智型。你不管遇到什么情况都会在冷静分析之后才采取行动。即使被逼入绝境,也会适当地处理问题,使结果不会更加恶化。你在团体中很容易成为周围人所依赖的对象,一旦遇上困难,大家会唯你的"马首"是瞻。因为你只有在认真分析之后才会采取行动,所以开始行动的时间容易落后于他人。在必须立即做出决定的情况下,你就很难应付,这是你的缺点。此外,如果别人对你的分析能力期待过高,你也可能会因为压力过大而变得迟钝,思考能力降低。

C.典型的直觉型。你在任何情况下都会先重视直觉,依照灵感来开展行动。在大多数情况下,你是不是都会较快地采取行动,过后再寻找理由呢?虽然重视直觉是件好事情,但是就你而言,似乎有点过于依赖直觉了。比如对于刚认识的人，你会根据第一印象来决定是否与其交往，因此而受到损害的情况也不在少数。对你来说，多花一点时间，通过理智的分析来得出结论是很有必要的。

D.顺其自然要有限度。你似乎既不属于直觉型，也不属于理智型。你既不会凭一时的灵感突然做出决定，也不会在仔细考虑之后再采取行动。你的性子很慢，一直用"顺其自然"的态度来应付各种情况。受到照顾比较多也是你形成这种性格的原因吧？你属于不太喜欢思考的类型，一旦发生什么问题，你既不会根据当时的状况来采取紧急措施，也不会从理论上来分析为什么会出现这样的状况。你应该努力学习独立思考，培养自己独立解决问题的能力。

17.你在哪方面临场反应最好

如果你学会了裁缝，你第一个会想要做什么：

A.衣服

B.包

C.窗帘

D.抱枕

【结果分析】

A.遇见仇人时，临场反应最好。遇到仇人或竞争对手，你会保持很优雅，脑中可以列出他过去对你做过的坏事，然后你会马上找出他在意的点，面带微笑，酸溜溜地攻击他。

B.出糗的时候，临场反应最好。当你不小心出糗的时候，你很能有属于自己的一套说法和理由，把自己的糗事隐藏得很好，几乎没有人看得出来。

C.应征工作时，临场反应最好。面试、应征工作，或第一次跟某人见面的时候，你能够把自己介绍得很好，让对方的第一印象很不错，这是少见的能力。

D.遇见旧情人时，临场反应最好。你遇见旧情人，会露出淡淡的哀伤，让他还对你有一些眷恋。你也会自动在他面前展现出自己最好的部分，让他后悔没有选择你。

18.你的情商达标了吗

假设你是一个大学生,想在某门课程上得优秀,但是在期中考试时却只得了及格。这时候,你会怎么办呢:

A.制订一个详细的学习计划,并决心按计划进行

B.决心以后好好学

C.告诉自己这门课考不好没什么大不了的,把精力集中在其他可能考得好的课程上

D.去拜访任课教授,试图让他给你高一点的分数

【结果分析】

A.自我激励的一个标志是制订出一个克服障碍和挫折的计划,并且严格执行。你在这方面的情商值得认可。

B."无志者常立志"你似乎正是这样的人呢。为什么你总把事情拖到以后。而不是从现在做起呢。

C.和选A相似,你的情商值得认可。消除压力的一种很好的办法就是转移注意力。

D.这种急功近利的做法会让人不齿。就算你这次如愿,下次该怎么办呢?

19.量一量你的抗压能力有多高

在睡前,我们总是希望能塑造一个轻松舒适的环境,让自己能平静入睡。有的人喜欢一室漆黑,有的人则爱点一盏小灯,你会选择把什么样的灯放在床边,伴你进入梦乡:

A.手抄纸的灯罩

B.欧洲宫廷华丽雕像

C.卡通造型

D.英国乡村蕾丝风格

【结果分析】

A.你是个外柔内刚的人,平日总是不会常表达自己的意见,因为你知道应该要让事情发展到某种程度,你再发言,才不会被当作乱放炮。所以你的容忍度颇高,非到不能忍耐的时候,你还是会让自己去适应环境。可是,你很可能日益习惯压力的逼迫,无形中延展你的耐力,逐渐麻痹,也不知道真正的界限在哪儿。你的抗压性是95%。

B.遇到压力时,你会找其他渠道来舒缓紧绷的情绪,让自己不会那么沉重。然后等到心情平静下来,慢慢思考解决方法,顺利渡过逆境。所以别人多半会误以为你一直过得很平顺,无风无雨,却不知你已经面对过不少阵仗,是运用经验来闯过每一次关卡的。你的抗压性是86%。

C.你有点讨厌麻烦的事,所以遇到一些突如其来的意外时,会显得格外不耐烦,也有一点点担心不能处理得当。若是给你很规律固定的工作,你通常都可以做得很好。可是一碰上别人对你临危受命,你就开始慌张起来。一定要有人陪在身边,你才会有安全感,有信心把事情完成,所以你的抗压性稍微弱了点,只有68%。

D.你很重视原则,多数时候都能够和别人合作,非常随和。可是你仍然有自己的底线,是所有人都无法逾越的。假使对方的要求超过你能接受的程度,又一点都没有讨论的弹性,那你可会受不了,以任何想得到的方法来抵制。或许双方兜个圈子来谈事情,就不会弄得那么僵,你的抗压性是45%。

20.你会向别人说"不"吗

如何委婉地拒绝别人,是一门艺术。假设你的朋友向你借东西,你最不希望他向你借什么:

A.借钱

B.借车子

C.借珠宝

D.借宠物

E.借住在你家

【结果分析】

A.你拒绝别人的指数有80%。你会表面答应,精神支持她,给足大家面子,买卖不成还有仁义在,不会因为借不成钱而丢了朋友。

B.你拒绝别人的指数有20%。你是冷面臭脸型。当你决定拒绝别人时,就会摆臭脸给人家看,这类型的人非常自我,也很容易得罪人。

C.你拒绝别人的指数有40%。你是收讯不良型。你会装听不懂或暂时消失来化解尴尬场面,这类型的人很怕得罪人,因为不知道怎样去回绝对方,所以就干脆消失不见了。

D.你拒绝别人的指数有99%。你是面对问题型。你会和对方认真讨论,帮他寻找更适合的解决方法,这类型的人比较有爱心和耐心,会帮朋友想办法解决困难。

E.你拒绝别人的指数有55%。你是尽力而为型。你会勉为其难地去帮忙,能帮多少就帮多少,这类型的人是大而化之型,觉得尽力就好了。

21.你容易上当吗

当你到医院做体验,医生如果告诉你说:"你营养有点失调,注意饮食"时,你会如何? 请从以下四项,选出你的反应:

A.服用维他命之类的补药

B.认为医生误诊,再去看别的医生

C.不以为然

D.今后注意每天的膳食

【结果分析】

A.对自己信心十足,即使被相命的算出是凶,也不大在意,依然不改变自己正常的生活脚步,上当率20%。

B.自己没有信心,如被算命算坏,就到处设法除厄,求得化凶趋吉,否则心情不得安宁,上当率75%。

C.为算命之言惊惶慌张,因而不得不求神问卜,甚至迷信到走火入魔,上当率90%。

D.无忧无虑的人,整日优哉游哉、随遇而安,即使天塌下来,也无动于衷。上当率0%。

22.你是否患上外向孤独症了

电视上有很多综艺节目播出,你最喜欢的是:

A.真人秀类

B.谈话类

C.竞技类

D.生活类

【结果分析】

A. 你的自信和盲目让你总是很难得到别人的认同。有一天你会发现原来所有的苦难都是需要自己独自去面对的,也会突然发现,尽管身边朋友如云,但似乎总没有可以依靠的对象, 突然发现人是独立的个体。你因此而感到惶惑,害怕无法得到他人援助,但是你又会以赌气的态度冲上前去,希望下一次能够得到大家的认同。你不会让自己在孤独里沉湎下去,却企图通过热闹和刺激来调解内心的孤独感。

B.你需要一个永不落幕的舞台,你是演说者和表演者,沉溺于并不真实的焰火。但是当舞台落幕,灯光暗去,人群离开,你又不得不重新面对暗淡的缺少观众的平凡。尽管理智上无奈地承认人生是平淡的,却根本无法摆脱这落幕后的无尽孤独。

C.别人都说你是无情的,你凡事都向前看,对于那些不符合自己白日梦的人,你善于忘却,毫不留情地抛弃。你的孤独是双脚离地的孤独,是与现实没有关系的孤独,是充满自我优越感的孤独。在你白日梦般的小星球里,你不在乎认同,你觉得自己的理想总会有实现的那一天。你如此乐观,根本就可以把孤独也抛弃于脑后。

D.你常常为不能拥有而感到失落。喜欢的东西不能据为己有,你面对这样的

267

现实,就会出现带着沦陷的孤独感,也让你变本加厉地过多囤积不需要的东西,过多的物质给你带来难言的安全感,因此能够抵御孤独带来的威胁。

23.你会常常把抱怨挂嘴边吗

认识新朋友后,你更热衷于和他做什么:

A.搞气氛

B.照顾对方

C.多交流

D.一起自拍

【结果分析】

A.搞气氛

你除了有洁癖的特征外,还有一项大家都熟知的特点,那就是抱怨,不听你抱怨真是可悲,因为从中你会学到好多东西。你会分析事情的来龙去脉,还附带批注。实在想不到还有什么比你的抱怨更详细了。你是为了抱怨而生的,所以就认命吧。

B.照顾对方

你极少抱怨,你把抱怨称作纠正错误,因为你的抱怨都是针对大事,而不是芝麻小事。所以你抱怨的东西也许很杂乱,有时甚至不知道自己厌倦什么,你的心一直处在平衡的状态,对于烦恼采取消极的态度。你不需要做什么情绪改善,别人都会理解你。

C.多交流

你抱怨时会很冷静地思考原因是什么,但是你却喜欢在同一个问题上转圈圈,让大家都不明白他为什么会这样做。而且你的抱怨方式很特别,不管用言语或是用其他方式,都会让人印象深刻,对你隐藏的深沉性格尤为深刻。你做情绪改善的方式是出去走走,吃吃东西,转移注意力就可以了。

D.一起自拍

你想把世界摆在自己的手心上,却不知道自己正在上帝的手心上,所以你对于抱怨的心情是很矛盾的,不承认从自己嘴里讲出来的话是抱怨,而更愿意说是分享心得。你热爱快乐,总是把不愉快的事放在一边,所以一个人的时候你会觉得害怕。你只顾得玩了,哪里还想着抱怨,玩就是你改善情绪的方式。

24.你的忧患意识有多强

对你死心塌地的恋人忽然向你提出分手,你确定对方不是出轨了,假如分手的原因有三种,分别是:A.他得了绝症不想拖累你;B.他觉得自己配不上你;C.他的家庭无法接受你。尽管,这三种理由都难以让人接受,最让你难接受的是哪一种呢?

下面有六种排序方式,是按你对这三个理由的接受程度排列起来的,你最难接受的排在最前面,相对起来,你不那么难以接受的依次排在后面。请选择其中最接近你的想法的排序。

【结果分析】

A—B—C:你潜意识中的忧患意识有点过强了,总是担心一些没有必要担心的事情,比如,你潜意识里最大的弱点是害怕患病。你最害怕的莫过于自己得了不治之症,受尽治疗的折磨,你害怕身上的苦痛和死亡的威胁。

A—C—B:你心理的弱点是害怕死亡。但不是你自己的死亡,而是你最亲密的人的死亡。因为你的感情依赖度非常高,尤其对父母、配偶、兄弟姐妹。当不幸发生后,你将无法承受。每个人潜意识里都会有这样的忧患意识,只是你比较严重罢了。

B—A—C:你的忧患意识很严重,只要看到新闻中,有某地遭遇灾害的消息,你就会很不安。因为你最感到恐惧的是自然界无法解释的现象。灾难、恶魔等会在你的梦境或意识模糊的时候出现。这是你非常难克服的弱点。

B—C—A:你心理的弱点是害怕背叛。你无法面对情人变心或亲密的挚友出卖你。在他人恶意背叛你时,你会脆弱得失去所有反击能力。不过这个弱点不易被察觉,要到面临困境时才会显现。

C—B—A:你的忧患意识不是很强,但也会因为缺乏忧患意识而容易犯错。

你容易因为眼前的目标,或者自己认为自己可以去处理,而忽视了他人的建议,并且为了获得成功,不惜一切代价,导致了最后可能的坏结果。

C—A—B:一般来讲,你潜意识里没有什么忧患意识,总是很淡定。你有些时候会呈现中立的态度,不偏向某个团队,但是在后期发现某个团队壮大了开始危害到了自己利益,已经来不及去压制或者做抵抗,姑息养奸就是你最大的问题。

25.人生中的逆境你该如何去面对

在宴会上通常都有很多种酒水,而此次宴会很重要,你会选择什么与人对饮:

A.葡萄酒

B.香槟

C.矿泉水

D.果汁

【结果分析】

A.你是个常常喜欢大刀阔斧,让自己改头换面的人,你认为人生就是要不断注入新的体验,才能够进步,所以在每次遇到运气不好的时候,你都会将危机化为转机,可说是相当积极的人生观。

B.你追求的是功成名就。当你的人生处在逆境时,尽管你心中百般恐慌,但仍旧会凭着自我的机智与耐力,去渡过难关,而千方百计地让自己更上一层楼的想法,正是你迈向成功的最佳原动力。

C.你期盼自己有个平凡顺遂的人生,即使遇到运气不佳的时候,你也会尽其所能的使自己维持在正常的轨道中,重新寻找一个平衡的、规则的生活步调。所以基本上,你是个墨守成规的人,适合过着规律的生活。

D.你的个性虽然略为保守,不过在面对人生的不如意时,倒是能够逆来顺受的。你会在运气不顺遂的转折中,寻找改变自己的方法,偶尔也会希望打破陈规、重新调整生活步伐,但是改变的幅度还是不会太大。

第九章
能力测试——仔细聆听你的潜能

1.你什么时候会爆发自己的潜力

你是一个倒霉的渔夫,当你钓了一天的鱼终于有动静时,你的直觉会是什么:

A.一只破鞋

B.一条小泥鳅

C.一个垃圾袋

D.一只癞蛤蟆

【结果分析】

A.在紧要关头孤立无援时就会变成超人。这类型的人有人靠就靠人,有山靠就靠山,可是当没有人靠的时候就只能靠自己了,这时候就会发现自己的潜能无穷,压力越强爆发力越好。

B.获得出头的时候,会让自己做到最好。这类型的人企图心十足,如果能够成名或者赚很多的钱,抑或是事情只有自己一个人能做得很好的时候,他会觉得这是千载难逢的好机会,一定会好好把握住这个机会。

C.不满情绪到了临界点,你的情绪就会像炸弹开花,这类型的人能忍则忍,什么事都没关系,可是如果对方真的挑明了跟他讲,而且讲得很难听,他忍到受不了时就会爆发出来了。

D.性格温吞的你,很难看得出你会胡乱发飙。这类型的人有修养、有内涵,觉得退一步海阔天空,不必生气伤心又伤身。

2.你潜藏的野心是正常值吗

我们现在来到了吸血鬼德古拉伯爵的城堡,据说,伯爵的城堡外被施了魔法,它的外观是随人内心而幻化的,不同人看到的城堡也不相同,这是一座透露你内心欲望的魔幻城堡,你所看到的城堡是怎样的呢:

A.黑色浓雾笼罩下的幽暗城堡,四周枯树丛生,蝙蝠飞舞

B.蓝色湖泊映衬下的宁静城堡,景色宜人

C.山坡上的青石城堡

D.金碧辉煌的瑰丽城堡

【结果分析】

A.你心中潜伏着巨大的野心,雄心勃勃但并不轻易说出口,你可能会感觉到自己压抑已久,并且对现状极度不满,一旦时机来临,你的野心必定会爆发出来,大干一场,让人刮目相看。

B.你真是个毫无野心的家伙,乐观且随遇而安,若一定要说你心中的欲望,便是过平静而舒适的生活。一般你不太喜欢变化,容易安于现状。

C.你有着正常人的野心,大家都追求的你也会追求,你只需要过上众人眼中不错的生活即可。你也会为你的目标而努力,但比较现实,不会有不切实际的追求,而且容易知难而退,常常因为无法坚持而放弃。

D.你潜藏的野心表现在金钱方面,可以说你是个小拜金主义者,物质对你来说非常重要,不过也不要太贪财。

3.你识别善恶的能力如何

你听说社区门前贴了张悬赏告示,奖金是10万元,你觉得是在找什么:

A.寻找失物

B.寻人启事

C.寻找宠物

D.为交通事故或其他犯罪事件寻找线索

【结果分析】

A.你很容易识别善恶,也很容易进入戒备状态。如果有一个可疑的人在你的面前出现,你会采取很引人注意的防御行动,让大家都知道你的态度。虽然你的观察力不错,可是容易冲动行事,打草惊蛇,反而将自己的想法泄露给对方。明枪易躲,暗箭难防。

B.你能洞悉人性的复杂和险恶,但不会随便怀疑别人,因为你有强烈的好奇心,也喜欢与人相处,相信人性有美好的一面,久而久之,便见识到了各种人的嘴脸,并且能和不同的人处理好关系,能在喧闹的人群中游刃有余、怡然自得。

C.你总把所有的事情都想得很美好,会很容易受伤的。

D.你不但能洞悉善恶,而且警觉性很高,一点点不对劲的状况马上就能引起你的注意,很少有人能唬得住你。而你也有精确的判断力,能迅速掌控全局,马上就把对方的底细探得一清二楚。再聪明的骗子一见到你那锐利的眼睛,就会产生畏惧。

4.你独立性强不强

你一定有过搭乘别人摩托车的经验吧,想一想,那时你的手是怎么放着的:

A.手扶在后面的把手上

B.手扶在前面那人的腰际上

C.把手放在自己的膝盖上或干脆不扶

D.双手紧抱着前面的人

【结果分析】

A.你是个很独立自主的人,你有冷静的头脑及非凡的判断力,帮助你做什么事都应对自如,从容不迫。相信生活中的你是个备受人注目的人。你的依赖性不强,也能较理智地看待问题。虽说你看似不够温柔多情,但对爱和事业其实挺投入的,你的恋人和同事都会很欣赏你。

B.你虽然表面上看起来独立,但内心脆弱敏感。你时时梦想着找一个可以全心依靠的人,可事实却常常难以令你满足。在无奈而孤独的人生旅程中,你学会了本身靠本身,但是你细腻柔弱的心却永远不会感到满足。

C. 你是个不喜欢依赖别人的人,更不喜欢同事或恋人对你有太多依赖,所以,生活中的你独来独往,才干出众,不喜欢同别人过多地深交;对于恋人,你不喜欢被外人认为你在依赖他,总和他坚持着若即若离的距离。你有自己的主张,但个性太急躁。恋人会很欣赏你的独立自主,同你相处也轻松自如,只是,相信他时时都会有把握不住你的感觉,难免进退两难。

D.你是个依赖性特别强的人。工作中的你很怕承担太多的责任,尤其是需要独当一面的话,你会十分紧张。一旦有了恋人,便会一心一意依靠对方,本身则完全失去了独立性。但是,一味依靠对方,万一有了意外出现,你将怎么支撑呢?相信自己,别人能做的事情,你一定也可以胜任的。

5.检测你的记忆力

第(1)(2)题,选择适合你的一项,第(3)~(20)题,用"是"或"否"来回答。

(1)从以下四个选项中选择一个与你相符的:

A.即使有一些零碎的片段,也已经把东西都忘光了

B.你很轻易地就能把以前看到的东西清晰地回忆起来

C.你经常把以前的记忆与其他记忆混淆,把东西记错

D.你需要一些提示,但是还能比较清晰地辨别出以前看过的东西

(2)平常用什么方式记东西:

A.用整体来记忆,也就是把要记的东西综合归纳

B.以部分来记忆,也就是把对象分开,然后逐一记忆

(3)你平时习惯用阅读,尤其是精读的方式来搜寻并储存信息到大脑中吗?

(4)你能利用其他辅助的方法,如表格、图或总结等来帮助记忆吗?

(5)你能不能在面对大量信息时,把最重要的部分找出来并单独记忆?

(6)你是否在面对众多信息时,也能把对自己有用的东西很快找到?

(7)当你所碰到的只是日常琐事或无关紧要的事时,你是否很快会忘记?

(8)你是不是一定要先理解了才能记住某件东西?

(9)当你面对一个较为复杂的事物时,你能够找出其中的联系以及各个部分的相同点和不同点吗?

(10)你平时是否会随身携带笔记本以便随时记录信息,你是否有写日记或感想的习惯?

(11)你在面对一件比较重要的事时,是否能集中注意力,告诉自己一定要记住?

(12)你是不是习惯将有关联或有相似点的事物归纳到一起记忆?

(13)你对所要记住的东西有兴趣,很想一探究竟吗?

(14)当你面对一些比较枯燥的东西,比如字母和数字,你是用单纯背诵的方法记下来,还是用理解或关联的方法记下来?

(15)当碰到难题时,你是否能够不求助他人,单独解决?

(16)在记忆比较疲劳的时候,你会不会把要记忆的东西撤换成另一种东西?

(17)你能在记忆时仔细观察对象,并考察与其相关联的事物,以便记忆得更清楚吗?

(18)你会借助一些其他的方式,如听、说、写或亲身的经历,来加深你对记忆对象的认识,使你记得更牢吗?

(19)在记忆的过程中,你是否会用将对象与其他事物相关联的方法,以此来更好地记忆?

(20)在记忆一件东西后,你是否会很快再重温一遍,以便记得更牢?

【结果分析】

在第(1)题中,选A的人记忆力不够好;选B的人记忆力较强;选C的人记忆力比较混乱、模糊;选D的人记忆力一般。

在第(2)题中,调查表明,选择前一种记忆方式的人拥有较强的记忆力。

第(3)~(20)题中,答"是"表示你懂得记忆的正确方法,记忆力较强;答"否"的人记忆方法欠妥,记忆力需要提高。

6.你有没有充当"狗仔队"的潜能

你在公共场合时会选择坐在什么位置:

A.坐在主讲人正前方位置

B.坐在中间的位置

C.坐在左右两侧边缘位置

D.坐在最后面或角落位置

【结果分析】

A.你是个藏不住秘密的人,什么事都讲出来,很少会把心事放在心里,所以你根本没办法当"狗仔队"。如果不幸被"狗仔队"盯上,保证会把你所有的事都曝光。

B.你总是觉得你选择了一个视野不错的位置,以为可以掌握一切,不过"道高一尺,魔高一丈",想当专业"狗仔队",就要装得不像"狗仔",别太得意忘形,否则很快被人识破。

C.你是懂得观察周遭事物的人,即使身处边缘地带仍旧可以及时掌握资讯与线索,算得上是精明"狗仔队",但你会因为主观或先入为主的态度而影响了你的判断,不小心搞出乌龙。

D.你是个隐身在都市森林中的上乘"狗仔队",很多事情逃不过你的法眼。你善于冷静观察和谨慎追踪,最后还会查证线索,甚至朋友会觉得你对世事并不热衷,其实是扮猪吃老虎,对八卦事最感兴趣。

7.你的领导能力如何

你是个有领导能力的人吗?来做下面的测试吧!以下各题,你只需回答"是"或"否"。

(1)别人拜托你帮忙,你很少拒绝吗?

(2)为了避免与人发生争执,即使你是对的,你也不会发表意见吗?

(3)你遵守一般的法规吗?

(4)你经常向别人说抱歉吗?

(5)如果有人笑你身上的衣服,你会再穿它一遍吗?

(6)你永远走在时髦的前列吗?

(7)你曾经穿那种好看却不舒服的衣服吗?

(8)开车或坐车时,你曾经咒骂别的驾驶者吗?

(9)你对反应较慢的人没有耐心吗?

(10)你经常对人发誓吗?

(11)你经常让对方觉得不如你或比你差劲吗?

(12)你曾经大力批评电视上的言论吗?

(13)如果请的工人没有做好,你会反对吗?

(14)你惯于坦白自己的想法,而不考虑后果吗?

(15)你是个不轻易忍受别人的人吗?

(16)与人争论时,你不在乎输赢吗?

(17)你总是让别人替你做重要的事吗?

(18)你喜欢将钱投资在财富上,而胜过于个人成长吗?

(19)你故意在穿着上吸引他人的注意吗?

(20)你不喜欢标新立异吗?

【评分标准】

以上各题答"是"得1分,答"否"得0分。

【结果分析】

14~20分:没有领导能力

你是个标准的跟随者,不适合领导别人。你喜欢被动地听人指挥。在紧急的情况下,你多半不会主动出头带领群众,但你很愿意跟大家配合。

7~13分:你的领导能力较弱

你是个介于领导者和跟随者之间的人。你可以随时带头,或指挥别人该怎么做。不过,因为你的个性不够积极,冲劲不足,所以常常是扮演跟随者的角色。

6分以下:你的领导能力很强

你是个天生的领导者。你的个性很强,不愿接受别人的指挥。你喜欢使唤别人,如果别人不愿听从的话,你就会变得很叛逆,不肯轻易服从别人。

8.你是否懂得见机行事

现在旅游风潮盛行,很多人都有坐飞机的经历。当你选择航空公司时,除了最重要的安全性之外,还有什么是你最在意的地方:

A.空乘员的素质和服务态度

B.飞机餐饮的品质

C.各种语言都可通晓

D.座位舒适,视听娱乐设备先进

【结果分析】

A.你的小道消息来源不少,所以能掌控所有的信息。当别人慌成一团时,你还是老神在在,因为在事情发生前,你已经做好了万全的准备,就算是遇到突发的状况,你也能从容不迫,顺利逃过劫难。

B.你对事情的敏感度不高,等到发生事故时,有可能会待在原地。因为先天环境给你足够的安全感,所以你很少受到磨炼。对你而言,多经历几次考验,就会慢慢培养出危机意识。

C.你的生活平静而单纯,没遇到过很麻烦的事情,但你也不会因此被惯坏。你只是在生活上享受这种安逸,一旦碰到问题,会机灵地把事情处理好。

D.遇到危急事件,你不会太着急,因为你交际广,不愁找不到人帮忙。另外,你也深谙维系良好人际关系的重要性,所以平时早已将上上下下打点得很好,自然没什么好担心。

9.你的抽象思维能力如何

(1)你在电影和电视剧中发现过不合情理的情节吗:

A.多次发现

B.偶尔发现

C.没有

(2)在朋友们面前发觉自己不小心做了不得体的事时,你是否能迅速给自己找一个台阶下(如开一句玩笑),以摆脱困境:

A.是

B.不能确定

C.不

(3)你写信时常常觉得不知如何表达吗:

A.不

B.不能确定

C.是

(4)大多数情况下,你只要一看(小说或影视)故事的开头,就能正确猜到结局如何吗:

A.是

B.不能确定

C.不

(5)你善于分析问题吗:

A.是

B.不能确定

C.不

(6)你爱看侦探小说或影视片吗:

A.是

B.不能确定

C.不

(7)你说话富有条理吗:

A.是

B.不能确定

C.不

(8)你觉得想问题是件很累的事吗:

A.是

B.不能确定

C.不

(9)你会将问题倒过来考虑吗:

A.是

B.不能确定

C.不

(10)你可以很轻松地弄清一篇文章的要点吗:

A.通常能

B.有时能

C.不能

(11)你常与他人辩论吗:

A.是

B.不能确定

C.不

(12)当你发觉说错话时,是否窘得再也说不出话来:

A.不

B.不能确定

C.是

(13)你是否能轻易地找到一些笑料使大家都笑起来:

A.常常能

B.有时能

C.不能

(14)有人认为你说话常不着边际吗:

A.不

B.不能确定

C.是

(15)你对世界上很多事物及其活动规律看得比较透彻吗:

A.是

B.不能确定

C.不

(16)当你告诉别人什么事情时,你常会有词不达意的感觉吗:

A.不

B.不能确定

C.是

(17)你在下棋、打扑克这些智力游戏中常取胜吗:

A.是

B.不能确定

C.不

(18)你的提议常被别人忽视或否定吗:

A.不

B.不能确定

C.是

(19)当你的同事或朋友有问题时是否会向你咨询:

A.是

B.不能确定

C.不

(20)你常不假思索地接受别人的意见吗:

A.不

B.不能确定

C.是

(21)在别人与你寒暄而尚未切入正题之前,你常常已大致猜到对方的意图吗:

A.是

B.不能确定

C.不

(22)看完一篇文章,你是否能马上说出文章的主题:

A.通常能

B.有时能

C.不能

【评分标准】

以上各题答A得2分,答B得1分,答C得0分。各题得分相加,统计总分。

【结果分析】

0~15分:表明你讲话、想问题缺乏逻辑,抽象思维能力较弱。

16~30分:说明你的抽象思维能力一般。

31~44分:表明你的抽象思维能力较强,你善于抓住问题的关键,说话也显得有条有理。

10.你处理危机的能力如何

和朋友合力抬起一个重物上楼,抬到半途中,感到有些气喘,力不可支了。这个时候你会采取什么方式来解决:

A.咬牙坚持抬到最后

B.马上喊人过来帮忙

C.边抬边劝朋友放下歇歇

D.马上放下

【结果分析】

A.一肩扛起全部责任。遇到紧急状况时,你会独自一人扛起全部的责任,独立去处理问题,不会把责任推卸给他人。你挺身面对困难的态度虽然很英勇,但是却有其顽固的一面。建议你不妨把问题对朋友全部说出来,或者是多听取他人的意见。这些对你都是有益的。

B.手足无措干着急。当发生麻烦时,你会立刻拜托他人,自己无法冷静地做出妥善处理。这样的你虽然老是让周围的人担心,但幸好你还算坚强,能够很快地振作起来。建议你不要总是依赖别人帮忙,自己要试着学会独立面对任何麻烦事。

C.容易虎头蛇尾。你的外表看来很坚强,但实际上却是个脆弱的人。一旦发生事情时,虽然心里想着要靠自己的力量来处理事情,但是结果通常都是不了了之。这种半途而废的处理方式,往往是造成麻烦悬而不决的主要原因,你要加以重视。

D.先管面子再管里子。你是一个无论如何都要先保住自己面子的人,不管发生任何事情,你首先考虑的是自己的自尊。由于自尊心过强,你宁可去死也不愿意让自己下不了台,即使因此而伤害他人也在所不惜。这种态度容易使人际关系带来裂痕,还是要小心对待为上。

11.你是否有能力进入上流社会

如果你是一个美丽的公主,你心爱的王子被巫师变成了一只青蛙,你觉得要吻青蛙哪里才能解开咒语:

A.青蛙的脚

B.青蛙的舌头

C.青蛙的肚子

D.青蛙的嘴

E.青蛙的眼皮

【结果分析】

A.选青蛙脚的朋友会努力让自己更专业,有朝一日会因为才华而进入上流社会。这类型的人属于高标准的人,对自己要求很高。

B.选青蛙舌头的朋友超会装样子,会让别人觉得你是上流社会的一员。这类型的人生活比较多彩多姿,个性上很开朗直率,说什么就做什么。

C.选青蛙肚子的朋友,你的言行举止已经不自觉地散发出上流社会的气质了。这类型的人很有自信心,有自信心的时候会散发出上流社会的气质。

D.选青蛙嘴的朋友会努力赚钱,有机会成为上流社会的一分子。这类型的人非常爱钱,千万不可以没有钱,进入上流社会当然要有钱。

E.选青蛙眼皮的朋友,你进入上流社会的机会非常低,除非有奇迹出现。这类型的人属极端性的人格,一方面有部分的人想要进入上流社会,可是有另一部分的人认为精神生活对他是更重要的。

12.你的适应能力如何

假如有一天,你到一座山上,路过一个山洞,碰到一游历男子恰在洞穴旁,请凭直觉想象,这个男子在做什么:

A.正在往下走

B.停在那里休息

C.往上爬

D.对着山洞喊叫

E.只凭这些提示想不出来

【结果分析】

A.这类人很温和,而且适应力强,遇到强烈压迫仍会配合对方的步调,属于老好人型。

B.适应力不太好。

C.你内在有对"不可能"挑战的冲动,适应力很强,属拼命型。

D.这类人属性情中人,永远活力充沛,也会有些作为,可在品尝胜利果实时,会情绪低落,属情绪不稳定之人。

E.你是别扭型的人,挑剔、牢骚多、挑三拣四,很容易使目前的朋友变成敌人。

13.你是个自我营销高手吗

你是一个王牌大间谍,要执行一项非常重要的任务,你会带哪一台电脑去呢:

A.无线轻型的电脑,随时都可以上网

B.耐用基本型的电脑,不仅基本功能非常强,而且很耐用

C.专业诉求功能强的电脑,不管你是哪一行业,它都可以满足你的专业

D.外形时尚的电脑,带出去时一定要有好看的感觉,是一个很好的配件

【结果分析】

A.你是蓝钻型的推销高手,因为口才一流的你,七分功夫可以说成十分功夫,然后轻松地得到大家的欣赏,并且把自己给推销出去。其实这类型的朋友,你们对自己无敌地自信,不管是工作上还是专业上,只要你看到老板的时候,那个光芒就会马上射出来,然后口若悬河,老板就会觉得你说的好像都是真的,好像还不错,所以,选这个答案的朋友,你就是传说中高手中的高手。

B.你是白金级的推销高手,因为懂得把握机会,只要遇到适合自己的伯乐出

现,你就会把自己最好的一面推销出去。这类型的朋友,平常就是默默地在工作,大家都会把他当成空气一样,感觉不到他的存在,不过当伯乐出现的时候,他会把自己的才华秀出来,这时候的他就会显得特别厉害。

C.你推销自己的功力平平,因为老实谦虚的你只会默默地努力,觉得一分耕耘一分收获,有把握的时候才会推销自己。这类型的朋友非常脚踏实地,你会觉得"台上一分钟、台下十年功",所以你用很多的时间训练自己各方面的才能,等到有机会的时候才会站出来,但是只要一让你表演,马上就会光芒万丈。

D.你推销自己反而会吃闭门羹,所以最好不要推销自己,因为有时候会因为太紧张而失常的你,常常会出现反效果。这类型的朋友其实是非常有才华的,所以你不用刻意推销自己,只要把平时累积的才华很自然地表现出来,老板就会看到了。

14.你的反应力和判断力达标了吗

真是个难得的假日清晨,你竟然五点就起床了,原来是和情人约了去晨跑。你们在河边瞥见一位戴太阳镜、一身新潮打扮的美女站在树荫下,正好你经过她身旁,看见她打开手袋,东翻西找的,你猜她在找什么:

A.面纸

B.小化妆品

C.钱包

D.小镜子

【结果分析】

A.你的反应能力算是差强人意,但由于你是个十分注重礼仪的人,所以你的观察力算不错,能由对方的一点小动作推断出他的企图及动机。

B.你的观察力十分敏锐,猜测事情通常八九不离十,然而你的缺点是太爱探测他人的隐私,真正该关心的事物反而不去注意,这可能会使你在做事时放错了重点。

C.一群人一起出去玩时,最能发挥你的敏锐观察力了,因为你很怕大家都不付账,于是你会一直注意他人有没有掏钱的动作,若没有付账的意思,上厕所和先去打个电话就是你标准的逃避借口。

D.因为你很注意表面功夫,在乎外表得不得体,所以你对他人的观察能力很差,对事物的反应力更是差得无人可及。你这种类型的人最容易吃亏上当。

15.你的洞察力怎么样

小时候看过童话故事,就其内容你可曾质疑过? 在《卖火柴的小女孩》这个童话里,你对下列哪一项最感到不解:

A.小女孩卖火柴

B.小女孩不从父亲那里逃出来

C.没有一个人帮助小女孩

D.没有一个人向小女孩买一盒火柴

【结果分析】

A.贫苦的小孩极需要钱过圣诞节,怎么会卖火柴? 在这喜气洋洋、家家狂欢的年节,再奢侈的东西人家也舍得买。这时卖火柴,不是很不协调吗?能表达这种观点的人,看人的眼光一级棒。

B.在家被酗酒的父亲虐待,还要出来赚钱养他。不离开父亲,所以不断被折磨受苦。逃出父亲的魔掌,就可能脱离苦海。你看出这种原因与结果的矛盾,表示你对别人的言行有冷静的分析能力。

C.为"没有人帮助小女孩"觉得奇怪,正是中了作者的下怀,这也表示你看人的眼光稍差。为人正直是件好事。但你毫无疑人之心,人家说的话照单全收,丝毫没有防人之心,却不是好事。

D.太看重表象,重视结果甚于过程。对你来说,要紧的是结果怎样,而不是如何花费心思做出来。在经商上,这也许行得通,不过你会对作弊得来95分比靠努力与实力得到5分给予更高的评价。

16.你将如何面对创业之路

在过生日那天,你最想得到什么礼物?请在下列选项中选择:

A.一大束鲜花

B.一辆豪华车

C.一座豪宅

D.一本好书

E.以上都不是

【结果分析】

A.你乐观、积极向上,浪漫而又充满活力,创业路上的酸楚不会使你颓丧,虽然没有十足的信心,却能激励合伙人前行,不太适合独立创业。

B.你较前卫,个性鲜明,有主见,是创业路上的主要力量。通过努力能够打拼出一条成功之路,但过度的自我意识往往会造成共同创业者的不满,建议单独创业为佳。

C.你是个志向远大的人,能够不畏创业路上的艰辛,点点滴滴耕耘自己的事业。面对成败能屈能伸,并且具有超强的凝聚力,使员工能够与之同舟共济,开创事业。

D.你沉着稳重,有勇有谋,创业中的你能够具体问题具体分析,面对风险你会思虑再三,达到稳妥后才会投资。然而,善于接受新事物的你却不能把握住最好时机。

E.你的开拓性较强,是个很不错的务实者,开创事业能独辟蹊径,抢占市场先机,但创业路上易布满荆棘。忠告你,遇到挫折时千万不要灰心,坚持下去终会成功。

17.你面对危机时可以淡定应对吗

在一个寒冷的冬天,你遇到了一个可怜的流浪老人,你很想帮帮他,以下几种方式,你会选择哪种去帮助他呢:

A.送他一件温暖的旧棉衣

B.买一份盒饭给他吃

C.直接给他一点钱

【结果分析】

A.冷静应对危机

你拥有敏锐的洞察力和判断力，个性直率又机智的你会灵活地运用自己的冷静思维来处理事物，面对危机时,你也会勇敢地在困境中寻生路。你清晰、冷静的头脑让人钦佩，很多人都希望能拥有你这样静观其变又有勇有谋的个性。

B.沉着应对危机

你个性稳重、务实，面对危机时你沉稳的态度会把突如其来的一切危机都挡在门外。不管是工作中的危机还是感情中的危机，你都会把它们当作天气的变化,会很好地转化危机。你高速的反应力和严谨的处事态度,让你周围的人都羡慕,同时,他们也会很愿意待在你的身边,因为,你是那么的有安全感。

C.勇敢应对危机

你是天生的冒险王，你是勇敢的使者,不管遇到任何挑战,任何危机你都不会畏惧。有时你会把危机当作一场游戏,你喜欢胜利时的快感和被崇拜的喜悦。不管遇到任何危机你都会列出一系列处理方案,你不会逃避,也不懂推诿,你只知道勇往直前。如果前面的困难很多,你也会先退下来细细琢磨后再战沙场。

18.你是谈判桌上的高手吗

正在逛街时,你被一个推销员缠上了,他一直鼓动你买东西,还用激将法直指你的缺点,并加以夸大,你会怎么办呢:

A.有点动心,心中考虑如何杀价

B.无可奈何地听他说完,还是不买

C.十分反感,坚持不买

D.为求脱身,马上掏钱

【结果分析】

A.你能给自己和对方很大的弹性空间,让彼此都能有所发挥。不会拒人于千里之外,也会谨记自己的原则,审慎考量利弊得失,希望创造谈判桌上的双赢局面。

B.你总是怕伤到对方,破坏感情,你会压抑自己的情绪和想法,不轻易表露出来。久而久之,你自然成为别人眼中耳根子软的滥好人。在谈判桌上,你是个容易被欺负的角色。

C.只要你在心中定下了底线,就没有人能改变你的想法。若对方又不照你的规矩来,你就更加不会给他任何机会,是谈判桌上的强硬派。

D.你是个很冲动的人,会不假思索就答应对方的要求,在谈判场合,一下子就被人抢光筹码。真是恐怖,常常叫人为你捏一把冷汗。要知道,这个社会还是有黑暗的一面,你要思考清楚,不要被卖了,还帮人数钱。

19.你的变革能力如何

看看你的变革意识如何吧!请选择代表你想法的字母:A.非常同意;B.比较同意;C.稍许同意;D.不太同意;E.很不同意;F.极不同意。

(1)印在纸上的主意、想法,其价值还不如印它们的纸张。

(2)世界上有两种人,一种人追求拥护真理,另一种人排斥真理。

(3)大多数人并不知道什么才是对他有益的。

(4)人生中的大事就是去做自己认为重要的事。

(5)在这个复杂的世界里,要了解事情的演变情形,唯一的途径就是依赖我们信任的领导或专家。

(6)在当代论点不同的所有哲学家当中,有可能只有一两位才是正确的。

(7)大多数人根本不会替别人哪怕是稍微设身处地想一想。

(8)最好听取自己所尊敬的人的意见,再作判断和决定。

(9)唯有投身追求一个理想,才能使生命变得有意义。

(10)当有人顽固不肯认错时,我就会很急躁。

【测试分析】

A.-3分;B.-2分;C.-1分;D.1分;E.2分;F.3分。把分数相加则为你的总分。

【结果分析】

-30~-12分:变革意识较低。

-11~11分:变革意识中等。

12~30分:变革意识较高。

20.你有决策能力吗

现在的人要想做出一流的业绩,取得非凡的成就,无疑需要具备多方面卓越的能力。但相比其他各项能力来说,决策力则是重中之重。那么,你是否具有决策力呢? 做完下列测试你就会知道。

(1)你的分析能力如何:

A.我喜欢通盘考虑,不喜欢在细节上考虑太多

B.我喜欢先做好计划,然后根据计划行事

C.认真考虑每件事,尽可能地延迟做决定

(2)你能迅速地做出决定吗:

A.我能而且不后悔

B.我需要时间,不过最后一定能做出决定

C.我需要慢慢来,如果不这样的话,我通常会把事情搞得一团糟

(3)进行一项艰难的决策时,你有多高的热情:

A.我做好了一切准备,无论结果怎样,我都可以接受

B.如果是必需的,我会做,但我并不欣赏这一过程

C.一般来说,我都会避免这种情况发生,我认为最终都会有结果的

(4)你有多恋旧:

A.买了新衣服,就会捐出旧衣服

B.旧衣服有感情价值,我会保留一部分

C.我还有高中时代的衣服,我会保留它

(5)如果出现问题,你会:

A.立即道歉,并承担责任

B.找借口,为自己解脱

C.责怪别人,说主意不是我出的

(6)如果你的决定遭到了大家的反对,你的感觉如何:

A.我知道如何捍卫自己的观点,而且通常我依然可以和他们做朋友

B.首先我会试图维持大家之间的和平状态,并希望他们能理解

C.这种情况下,我通常会听别人的

(7)在别人眼里你是一个乐观的人吗:

A.朋友叫我"拉拉队长",他们很依赖我

B.我努力做到乐观,不过有时候,我还是很悲观

C.我的角色通常是"恶魔鼓吹者",我很现实

(8)你喜欢冒险吗:

A.喜欢,这是生活中比较有意义的事

B.我喜欢偶尔冒冒险,不过我需要好好考虑一下

C.不能确定,如果没有必要,我为什么要冒险呢

(9)你有多独立:

A.我不在乎一个人住,我喜欢自己做决定

B.我更喜欢和别人一起住,我乐于做出让步

C.我身边的人做大部分的决定,我不喜欢做决定

(10)让自己符合别人的期望,对你来讲有多重要:

A.不是很重要,我首先要对自己负责

B.通常我会努力满足他们,不过我也有自己的底线

C.非常重要,我不能冒险失去与他们的合作

【评分标准】

选A得10分,选B得5分,选C得1分,最后为总分。

【结果分析】

24分以下:差。你现在的决策方式将导致"分析性瘫痪"。这种方式对你的职场开拓是一种障碍。你需要改进的地方可能有下列几个方面:太喜欢取悦别人,分析力过强,依赖别人,因为恐惧而退却,因为障碍而放弃,害怕失败,害怕冒险,

无力对后果负责。测试中,选项A代表了一个有效的决策者所需要的技巧和行为。做一个表,列出改进你决策方式的办法。考虑阅读一些有关决策方式的书籍,咨询专业顾问。

25~49分:中下。你的决策方式可能比较缓慢,而且会影响到你的职场开拓。你需要改进的地方可能是下列一个或几个方面:太在意别人的看法和想法,把注意力集中于别人的观点之上,做决策畏畏缩缩,不敢对后果负责。这样的话,就需要你调整自己的心态,并做一个表列出改进你决策方式的办法。

50~74分:一般。你有潜力成为一个好的决策者。不过你存在一些需要克服的弱点:你可能太喜欢取悦别人,或者你的分析力太强,也可能你过于依赖别人,有时还会因为恐惧而止步不前。要确定自己到底哪些方面需要改进,你可以重新看题,把你的答案和选项A进行对照。做一个表,列出改进你决策方式的办法。

75~99分:不错。你是个十分有效率的决策者。虽然有时你可能会遇到思想上的障碍,减缓你前进的步伐,但是你有足够的精神力量使自己继续前进,并为自己的生活带来变化。不过,在前进的道路上要随时警惕障碍的出现,充分发挥你的力量,这种力量会决定一切。

100分:很棒。完美的分数!你的决策方式对于你的职场开拓是一笔巨大的财富。

21.你的表达能力可以提升吗

你目前的表达能力令你满意吗? 还有多大的提升空间呢? 一起来测测吧。

(1)你能够抓住一切可以发言的机会:

A.经常

B.有时

C.绝不

(2)你说话时,声音洪亮,能够让人清楚地听到你说的每一个字:

A.经常

B.有时

C.绝不

293

(3)说谎时,你不但不会心虚,反而会理直气壮:

A.经常

B.有时

C.绝不

(4)当你说谎时,很少有人能够听出破绽:

A.经常

B.有时

C.绝不

(5)你敢于直抒胸臆,能够自信地表达自己的观点:

A.经常

B.有时

C.绝不

(6)你讲故事或陈述一件事后,大多数人都能听懂:

A.经常

B.有时

C.绝不

(7)你常常能简明扼要地表达出自己的意见:

A.经常

B.有时

C.绝不

(8)当与对方意见发生冲突时,你常常能委婉又明确地表达出自己的反对意见:

A.经常

B.有时

C.绝不

(9)在与他人争辩时,你总是机智善辩,常常把对方打败:

A.经常

B.有时

C.绝不

(10)即使在不擅长的问题上,你也能说出个头绪:

A.经常

B.有时

C.绝不

【评分标准】

选择符合自己情况的选项,A为2分,B为1分,C为0分,将总分相加。

【结果分析】

0~7分:你的口语表达能力有待提升,不善于言谈的你要注意所要表达的中心意思,想好以后再说,效果也许会更好。

8~13分:你能够按照很好的逻辑顺序表达出自己的想法,如果再融入一些言谈技巧在里面会得到更好的回应。

14~20分:能言善辩的你常常能够轻易俘获对方,然而更需要注重的是从对方的心理接受程度出发,如果以咄咄逼人之势进行交谈,那么会使对方产生一种退却心理,甚至不愿意再与你沟通。

22.哪种能力是你迫切需要学习的

(1)你更喜欢怎样的婚礼礼物:

浪漫→(2)

实用→(3)

个性→(4)

(2)部门发了一千元的旅游经费,你会选择到什么地方去旅行呢:

近郊→(4)

自己多出点钱去自己想去的地方→(3)

不想去旅行→(5)

(3)每天晚上躺在床上的时候,你会想:

终于可以躺下来睡觉了→(5)

好累→(6)

睡不着可是必须睡→(4)

(4)每天QQ都会弹窗把一些新闻推送出来,你会:

选择性看看→(7)

从不看→(5)

多半会看→(6)

(5)如果有机会,你会离开家到更大的城市发展吗:

会→(8)

不会→(6)

不确定→(7)

(6)你会因为什么事情而翘班:

死党婚礼→(7)

恋人生日→(8)

双亲结婚纪念日→A

(7)你觉得如何在办公室中获得人气呢:

给同事们带小吃→(9)

做事认真→(8)

多和同事聊天→(10)

(8)如果你泡了一杯茶,准备喝水的时候发现水里有什么最不淡定:

苍蝇→A

一枚老鼠屎→B

一坨黏性物→(9)

(9)如果生命可以无限延长,你想要无限延长吗:

是的→D

会→C

不会→A

(10)你是一个小说迷吗:

是的→D

不是→C

还好→B

【结果分析】

A.保持乐观的技能

要认识到危机即是转机,遇到困难,产生压力时应尽量以正向乐观的态度去面对每一件事。如同有人研究所谓乐观系数,也就是说一个人常保持正向乐观的心态,处理问题时,你就会比一般人多出20%的机会得到满意的结果。因此正向乐观的态度不仅会平息由压力而带来的紊乱情绪,也较能使问题导向正面的结果。

B.舒缓压力的技能

对于一个积极进取的人而言,面对业务指标压力时可以自问,如果没做成又如何? 这样的想法并非找借口,而是一种有效疏解压力的方式。但如果本身个性较容易趋向于逃避,则应该要求自己以较积极的态度面对压力,告诉自己,适度的压力能够帮助自我成长。

C.管理情绪的技能

你要主动管理自己的情绪,注重业余生活,不要把工作上的压力带回家。留出休整的空间:与他人共享时光,交谈、倾诉、阅读、冥想、听音乐、处理家务、参与体力劳动都是获得内心安宁的绝好方式,选择适宜的运动,锻炼忍耐力、灵敏度或体力……持之以恒地交替应用你喜爱的方式并建立理性的习惯, 逐渐体会它对你身心的裨益。

D.管理时间的技能

工作压力的产生往往与时间的紧张感相生相伴,你总是觉得很多事情十分紧迫,时间不够用。解决这种紧迫感的有效方法是时间管理,关键是不要让你的安排左右你,你要自己安排自己的事。在进行时间安排时,应权衡各种事情的优先顺序,要学会对工作有前瞻能力,把重要但不一定紧急的事放到首位,防患于未然。

23.你是否是个有潜力的女孩

你觉得在哪个地方艳遇,比较符合你幻想:

A.寺院

B.古镇

C.森林

D.都市

E.海边

【结果分析】

A.潜力股指数:90%

你这样的女生,看起来很传统。你骨子里也希望自己在家相夫教子,过上平平淡淡的生活。但其实,就潜力来说,你这样的人虽然不大擅长言辞,可是实际上有很大的潜力。你做事情很踏实,也很勤劳,受得了苦头。如果得到了锻炼,受到了别人的点拨,你的事业心就会被激发出来,绝对就是很有发展前景的女人。而且你成功的概率是相当大的,这得益于你的踏实与勤劳。

B.潜力股指数:70%

很多人都会觉得,你这种人,看起来完全没有什么能力,为人也是比较软弱的类型,怎么可能会是潜力股嘛。可是,所谓的潜力股不正是这样吗?表面看起来没有什么发展前景,实际上爆发起来了就是让人瞠目结舌的。你这样的女生是典型的扮猪吃老虎,表面上什么都不会,实际上什么都会,而厉害起来丝毫不输于任何一个人。你自己都不知道自己的能力到底有多强,当需要你展现实力时,你就会让人目瞪口呆。

C.潜力股指数:50%

你这样的女生一向都是很有能力的,平时的表现也很好,不会被人小看。如果有这样的机会,你可以早早就暴露自己的能力,那么你就一定会被人看中,进而早早地去开发你的潜力。但是如果你还没有那种幸运,还没有办法发光发亮,那么你也不必过于担心,因为你是一早就知道自己的能力,只是在挑合适的时机,到了一定的时机,你就会表现出来,让别人为之震惊。

D.潜力股指数:40%

你是一个平凡的女生,可能有时候是个话唠,有时候表现也并不完美,但是你的每一次行动,都会有所收获,这样的收获渐渐累积起来,就拥有了很多的资源,也可以锻炼出很强的能力。于是突然在某一天,你的能力全部表现出来。就好像火山爆发一样,让一些人感觉到震惊。别人以为你是一时偶然性爆发,其实你很清楚自己在爆发前做的努力,所以那叫作厚积薄发。

E.潜力股指数:30%

你这样的人给人的印象很挑剔,让人觉得你只是一个婆婆妈妈的人,绝对不会想到什么潜力股。但正是这种细致,让你在无形中会养成很好的习惯。毕竟获得成功,不一定全部对别人胃口,如果形成了自己的风格,也是有可能会在最后爆发的。你对工作认真,负责,细心,不喜欢轻易放弃,职场中会慢慢地一步一步往上爬,最后也能得到别人之前想不到的职位。

24.你的办事能力如何

在上班的路上,从远处你看到一群人在围观,好像有什么事发生了,但由于距离较远,你无法看清楚,你有种不祥预感,你直觉这件事会是什么:

A.交通事故

B.路人打斗

C.小偷偷东西被抓了

D.发生命案

E.非法集会

F.免费赠送试用品

【结果分析】

A.你行为上较为直观,属于循规蹈矩类型,遇到问题会根据自己逻辑来处理,但大部分时候,需要别人的帮忙,才能更好地解决问题,因此你必须在职场上处理好人际关系,在困难的时候,才有人及时给你帮助。

B.说明你在职场上经常遇到一些问题或者小人,直接影响你的情绪和工作效率,当问题过于严重时,你会采取偏激手法来解决,如同别人争执或者直接辞职,这显然不是好办法,当你遇到问题时,应该想想问题的根源,想办法去解决,而不是一味做出不合理的举动。

C.选择这个答案的人,属于聪明反被聪明误的人,吃不了一点亏,事实上你很精明、善于观察别人,当工作上遇到问题时,你很会把困难推给别人,时间长久了,别人会觉得你特别有心计,因此真正发生大问题时,很少人会站在你这边。

D.你属于职场上的好老人,遇到什么问题,都会想办法去解决,不想麻烦别人,但一个人的力量有限,当遇到过多的事情,你无法解决,可以请教上司或者同事帮助,不需要什么事情都要往自己身上扛。

E.你善于交际,很会讨好人,因此有着良好的人际关系,当工作遇到问题时,你会得到别人的帮助,但你过于依赖别人,本身欠缺实力和竞争力,一旦与别人利益发生冲突时,你往往成为别人的牺牲品,因此你必须加强自己本身的实力才能在工作中取得更好的成绩。

F.你为人乐观、开朗,经常抱着侥幸之心,对问题看法过于表面和肤浅,遇到问题通常会采取得过且过的逃避方式;因此你应该学会正视问题的根源,采取有效方法来解决,逃避只是治标不治本。

25.你是创造型天才吗

下面几个星座的人当中,你最讨厌的是哪个星座:

A.双鱼座

B.巨蟹座

C.狮子座

D.双子座

E.天秤座

【结果分析】

A.创造指数:30%

你是最具备创造力的人。你有很强的变通和智慧,有很强的悟性和创造力。而好奇的你聪明灵活,思路敏捷,妙语连珠,生动有趣,外向活泼,机智,反应快。因此你具有很好的想象力和创造力,在文学、音乐或美术上有很好的成就。不过坦白说,你的创造力是挺适合用在艺术上的,可是用来创造人生的话,你就会相对比较白痴一些了。因为你对自己的人生,是持着无所谓的态度的。

B.创造指数:40%

你的想象力创造力很强,这主要是归功于你具有超群的直觉。直觉结合你敏锐的观察力使得你能够精准地判断情况。因此,你这一类的人非常适合于从事设计创作,或是组织策划的工作。你于艺术与美学鉴赏力也不一般,和谐与安逸的感觉本就是你内心所需,所以从事艺术类的工作也能够一展身手。对于创造一个美好的人生,你还是有一些难度的,因为一旦涉及感情问题,你就会觉得无力了。

C.创造指数:70%

你在拥有乐观与自信的同时,审美力和感知力也特别突出。你天生具有艺术细胞和创造力,有令人欣赏的音乐及艺术天才,因此创造力也会很不错。不过也有的人,会指出你的一个缺点就是太会享乐,假使能控制对享乐的沉溺,必可会因创造力而使你的事业取得成功。不过正是因为如此,你的人生倒是会被你创造得很美好。但很大程度上,你的人生的成功是依赖于你的另一半。

D.创造指数:80%

不少人都觉得你很有领导能力,一向是被尊称为呼风唤雨、唯我独尊、有创造力的王者。的确,你有着出色的判断力和丰富的创造力,你敢于创新,尤其擅长进行物质方面的创造。虽然在想象力方面略逊于一些人,使得你在艺术上没有什么美好的感觉,但是你很实在,也有自己的行动与魅力,所以你的事业反而是最容易成功的。当然,事业一成功,人生也就会美好,因为你看重事业。

E.创造指数:50%

几乎拥有强大创作力的人,大部分都有很强大的幻想能力。而在这些人当中,你是属于最喜欢幻想,最喜欢做梦的人。只是遗憾的是,虽然你很会做梦,很会想,很敢想,你却不太喜欢为了梦想而努力奋斗。因此大多数你这一类的人都把创造力淹没在了碌碌而忙的生活之中,只有少数觉悟的人,可将创造力发挥到极致。不过呢,虽然你的创造力用来生活了,却也是相当不错的,因为你懂得为不好的人生增光添彩。

26.哪种磨砺你会扛不住

你刚搬到一栋新的住宅公寓里,想给邻居们送点礼物,你会送什么呢:

A.一些自制酸奶

B.一家很有名气的店里买来的蛋糕

C.一些自制的饼干

D.一些水果

【结果分析】

A.你扛不住耗时太久的磨砺。短时间吃苦你是扛得住的,要你长时间吃苦,你就觉得自己备受煎熬。人生十分短暂,不能及时行乐没关系,但是始终不能行乐,用生命的大半时间来吃苦,最后即便磨炼出一颗强壮的内心和一身的本领又有什么意义呢?

B.你扛不住要忍受贫穷的磨砺。你跟大多数人一样,无法忍受贫穷之苦。要你不吃饭可以,要你不睡觉甚至也可以,但是要你不购物,要你出门时提着破破烂烂的包,穿着十年前款式超烂的衣服,你根本就做不到。

C.你扛不住损毁容颜的磨砺。不管生活多么艰辛,你也扛得住,但对你来说最痛苦的就是容颜受到损毁。对你来说,失去美貌就等于失去一切,拥有再多也没有了意义。加班是为了挣钱,但加班熬夜,肤色暗沉,挣了多少钱也换不回来。

D.你扛不住需要克制感情的磨砺。遇到什么难题,你都能扛过去,但要你克制住自己的感情,对待自己喜欢的人非要表现出无情的一面来,你根本就做不到。只要能跟心爱的人在一起,不管经历多少磨难你都愿意。

27.目前你具备创业的能力了吗

美好的周末,你觉得自己边看电视边要吃下面哪种东西:

A.爆米花

B.冰激凌

C.薯片

D.辣的熟食

E.水果

【结果分析】

A.适合创业指数:60%

你在工作中,会表现出令人振奋的进展。关于创业,你也不想匆匆就着手创业,你希望自己有充足的时间做准备。在今年里为了自己的事业而努力奋斗,是一件很不错的事情。你会遇到不错的好运气,来帮助自己推出所有计划,准备已久的一些创业计划,开始有望慢慢地有一些进展。但是这也仅限于前期的准备,毕竟一下子就完全地投入进去,你的压力会十分大。

B.适合创业指数:70%

目前,对你来说都是一个好消息,因为这一年里,你的创业运还是很不错的。如果你打定了主意去创业,那么一定是顺风顺水的,美梦会成真,你的工作及财运都处于一个稳定的状态。不过你不适合单干,你需要找到可靠的人与你一起创业。如果真的有这样的创业项目,你不妨思考一下,倘若有可能,一定要好好地把握住这个机会。

C.适合创业指数:50%

目前,工作方面的运气是很好的,而如果自主创业,也是有不错的前景。如果你真的想抓住这个机遇,不能再分神了,调整好自己,全副武装地投入进去,努力了一定就会有收获。而在创业的过程中,不要希望发生一夜暴富的事情,因为成功多是积累起来的。所以别放过任何可能促成你大业发展的机会,哪怕是小小的一单生意,也要接着。

D.适合创业指数:40%

你是一个有进取心的人,在工作上,将获得向更高阶梯攀登的美妙机会,如果选择自主创业,反而没有那么好的运气。毕竟你需要一定的人脉、资金、资源的积累。所以不妨在自己的工作岗位上先积累一些东西,你将会在这一年里收获尊重,得到其他人的钦佩与帮助,更有可能达到职业的巅峰。当创业的所有条件都准备好了,你便可以放手去大干了。

E.适合创业指数:30%

目前你的事业运也是很不错的,你会有很多的活力与动力,使你有这样的想法,与别人一起合伙做生意。不过由于很多环境、人为、市场变化的原因,你要确保你们一起讨论过计划的所有方面,在商量态度上,保持着求同存异,这样才会让你们的生意做大做好。否则的话,你很容易与合伙人发生矛盾,或者自主营业时,遇到一些大的变动,让你发生资金链断裂的情况。

第十章
成功测试——谁偷走了你的奶酪

1.你能否成为人生的大赢家

下班回家路上,接到一个朋友的电话,说是明天有一个重要的宴会需要你亲自操办。于是你立刻着手策划此项活动,首先你要挑选举办的场所,你会挑哪里呢:

A.一座豪宅

B.KTV①

C.酒吧

【结果分析】

A.你在团队中总是卓尔不群,也是最引人注目的一个人。在你的心里有一股强大的能量,不断地将你推到人生最明亮的地方,要你尽情地演出。当你经过求学、社会经验的完整训练之后,一定可以成就一番大事业。人生大赢家,非你莫属。

B.对未来你没有抱有很大幻想,不爱学习和成长,对于复杂的人际关系也不擅长,当然无法成为人生大赢家。你一直以得过且过的心态过日子,今朝有酒今朝醉,虽然没什么成就,但是自己过得挺快乐的。

C.你总幻想自己以后一定能出人头地,闯出一番事业来,可是在现实生活里,却还是居陋巷、住破屋、为钱奔波。你的问题就出在你没有行动能力,每次说得天花乱坠之后倒头就睡,你大概只能在梦里当大赢家吧。

2.你留不住什么东西

假设你是一个男人,在异地旅行,有可能跟三个女人发生艳遇,你最想跟谁发生艳遇呢?下面有六种排序方式,将你觉得最有可能的排在最前面,相对起来,你不那么在意的依次排在后面。请选择其中最接近你的想法的排序。这三个女人分别是:

A.衣着漂亮的女神,身材削瘦,五官不是很美,但是很端正

---

① KTV指配有卡拉OK和电视设备的包间。(K,指卡拉OK;TV是television的缩写)

B.衣着庸俗,身材火辣,长相中偏下的女人

C.衣着很有品位,又瘦又小的可爱大眼睛女生

【结果分析】

A—B—C:随着年龄的增长,你身上的缺点会越来越少。尤其是懒惰这个缺点,可能你已经品尝到懒惰给你带来的恶果,所以你越来越认真地对待自己应该完成的任务。好的习惯一旦建立起来就不容易改变。懒惰的毛病最终会从你的生命中消失,你正在一天天地越来越优秀。

A—C—B:随着年龄的增长,你曾经盲目追求的一些不切实际的目标会从你脑中消失,你会发现现实生活的残酷。这并不代表你没有梦想,只是你的想法发生了改变。你知道做一件事一定要脚踏实地,只要踏踏实实去做肯定会越来越好,不要妄想一步登天,幻想自己能平步青云,只要那种眼高手低的毛病消失,未来自然会更美好。

B—A—C:忘不掉的恋人最终会被你忘掉。你曾经以为自己永远会珍惜的一段感情会变得索然寡味,当你发现它像一杯越冲越淡的茶,喝起来一点滋味都没有的时候,你才知道自己曾经为那段恋情作出的傻事是多么的愚蠢,对待爱情的方式也会越来越成熟,你会更明白应该怎样去爱一个人。

B—C—A:各种酒肉朋友,最终会消失在你的生命中。随着年龄的增长,你会发现,原来朋友不是用来打发无聊时光的,你会发现很多无聊的社交活动对你来说毫无意义,除了浪费时间以外,并没有给你带来什么影响,而随着年龄增长,你会越来越珍惜时间不愿意把时间耗费在那些声色场所中。

C—B—A:不值得你珍惜的爱人会消失在你的世界中。可能你用真诚的心去对待另一半的,但另一半未必如此,不过终有一天你会看清事情的本质,你会发现你值得拥有更好的恋人,不应该随便让一段感情来浪费自己的青春。时间流逝,你终于清楚自己想要的感情是怎么样的,也会勇敢地去追求。

C—A—B:你曾经非常崇拜的偶像也会变为你不屑一顾的路人。随着时间的流逝,你会发现自己盲目的崇拜有多可笑,年少无知,你总是把一些不值得崇拜的人当成偶像,甚至处处效仿对方,当你发现曾经做这种事情很多的时候,你可能会为曾经的自己的行为感到可笑,也不想让任何人知道你崇拜过那样的人。

3.成功的大门向你敞开了吗

做一下下面的测试,看看你的成功指数有多高,还可以顺便看看你的不足在何处,赶快开始吧!

(1)你去商场买衣服的时候,和另一个人同时决定买下同一件衣服,这时你会怎样:

A.很有礼貌地让给那个人

B.一定要买到手

C.问问那人为何想要,两人商量一下

(2)你对你现在从事的工作怎么看:

A.为了将来更出色打下坚实的基础

B.干得和大家一样好

C.争取做得比别人出色

(3)如果你一天被偷了两部手机,你会有什么感觉:

A.觉得很羞耻

B.命中注定今天被偷

C.一定是自己的问题,太不小心了

(4)你正在家里看书,突然发生强烈地震,你会怎么办:

A.找个狭小的角落躲起来

B.往外跑

C.和家人在一起

(5)你坐汽车出去旅行的时候,半路上汽车忽然抛锚,你会做什么:

A.下车看看什么原因,帮帮忙

B.在车上等

C.趁机出去玩一会儿

(6)你比较向往下列哪种生活状态:

A.艺术家自由自在的生活

B.探险家新奇刺激的生活

C.企业家充实勤奋的生活

(7)对"要想成事,先要做人"这句话你怎么看:

A.真理

B.废话

C.一句空泛的哲理

(8)你在学生时代做过班级的管理工作吗:

A.一直是干部

B.没当过干部

C.曾经做过班干部

(9)你荡秋千的时候通常是什么状态:

A.能荡多高荡多高

B.有节奏地来回荡

C.坐在秋千上,随意晃动

(10)你认为你要发大财需要什么条件:

A.机遇

B.不懈奋斗

C.奋斗+机遇

【评分标准】

每个选项后的数字代表该选项的分数,根据自己的选择统计出测试的总分数。

(1)A:2分　　B:1分　　C:3分

(2)A:1分　　B:2分　　C:3分

(3)A:1分　　B:2分　　C:3分

(4)A:1分　　B:3分　　C:2分

(5)A:3分　　B:2分　　C:1分

(6)A:2分　　B:1分　　C:3分

(7)A:3分　　B:2分　　C:1分

(8)A:3分　　B:2分　　C:1分

(9)A:3分　　B:1分　　C:2分

(10)A:2分　　B:1分　　C:3分

【结果分析】

24~30分:成功指数80%,功到自然成

你能把握机遇战胜困难,是个难得的将才,而且你具备成功的决心、智商和勇气。在挑战面前,你务实勤奋的精神和干劲,使你周围的人都深受感染。只要你尽力,命运就不会让你失望。

17~23分:成功指数49%,功亏一篑

成功往往与你擦肩而过。你的问题就在于你既想做事又想过舒服的日子,这样使哪一样都没有得到,经常离成功只有一步的时候失败。你应该增加一些信心和恒心,或许成功机会会大一些。

10~16分:成功指数30%,功成不居

你对名利和权势不是特别热衷。因为你的生活目的和标准与别人不太一样,你敏感浪漫的情怀使你很向往自由的生活。所以在不经意间,你可能成就大事,但这是强求不来的。

4.你是一个旺夫女子吗

有旺夫运的女子是指能为丈夫带来好运的幸运女神, 这样的女子往往使丈夫运运亨通,自己则可以在家享受生活。那么,你是不是一个有旺夫运的女子呢?一起进入测试吧。

(1)你是个嘴唇色泽偏红的女生吗:

A.是的,唇色比较红润→(2)

B.不是,唇色比较淡白或黯黑→(3)

(2)你向往着怎样的生活:

A.幽静、安逸的生活→(3)

B.热闹、新鲜的生活→(5)

(3)你会对自己的头发做怎样的评价:

A.头发柔软顺滑→(5)

B.头发干燥粗硬→(4)

(4)你是否花了很多心思在头发上：

A.不是,我是顺其自然的人→(9)

B.是的,常为头发问题烦心→(7)

(5)你是属于那种一进超市就忍不住乱买东西的人吗：

A.是啊,总是经受不住诱惑→(6)

B.没有,我事前列好清单了→(8)

(6)你愿意花几千元买一个奢侈品的包吗：

A.愿意,自己喜欢最重要→(9)

B.不愿意,太贵了→(8)

(7)你会在伴侣面前和异性亲密交谈吗：

A.不会,我会避讳→(10)

B.会,我不觉得这有什么关系→(5)

(8)你觉得自己是那种煮得一手好菜的人吗：

A.不是,我煮的东西根本不能吃→(11)

B.是啊,我烹饪技术挺好的→(13)

(9)你愿意花大笔费用装修什么地方呢：

A.厨房→(10)

B.浴室→(11)

(10)如果丈夫把调皮的侄子托付给你,你会怎么办：

A.耐心地照顾好他→(14)

B.很心烦,会呵斥他→(12)

(11)你崇拜的偶像是属于什么行业的：

A.演艺事业或者文化事业→(15)

B.财经界或者历史名人→(14)

(12)你比较讨厌以下哪只宠物：

A.一只心高气傲的猫→(11)

B.一只整天黏人的狗→(14)

(13)如果你丈夫的远房亲戚向你借钱,你会怎么做：

A.很爽快地借给他→(15)

B.比较谨慎,还要他立下字据→B

(14)你会在卧室悬挂以下哪种东西呢:

A.一幅抽象画→D

B.一个时钟→A

(15)你愿意与伴侣去哪儿约会呢:

A.没人打扰的幽静公园→E

B.大家一起热闹的KTV→C

【结果分析】

A.你自信干练,理智冷静,不轻易被感情冲晕头脑,是独立型的妻子。你有属于自己的生活圈子,要你依附丈夫或全听他的话都是绝不可能的。你具有非凡的思维和想法,对未来和自己的事业都有一套独特的想法,这样对你丈夫或者自己的事业发展会有极大帮助。

B.你宽厚善良、善解人意,是个做事脚踏实地的女人,对下任何事情都是一心一意地认真投入,是忠诚型妻子。你会全身心地奉献于建立一个和谐的家庭,与丈夫举案齐眉,对丈夫的家人毕恭毕敬。你绝对信任自己的丈夫,你视对方为你的一切,即使他有不对的地方,你也会采取宽容的态度,你为丈夫的成功创造了一个很好的环境。

C.你活跃开放,充满激情与活力,喜欢新鲜的事物和新奇的生活,是活泼型妻子。你的想法总是紧跟潮流,你擅长交际,朋友很多。你的个性不太成熟,喜欢幻想一些不切实际的事情,这样的人没有什么旺夫运。

D.你高傲挑剔、积极上进,时刻追求着完美的生活,属于挑剔型妻子。你浑身充满了艺术家的浪漫气息,对生活有着独特的品位。你对丈夫的要求十分高,他既要有雄厚的经济基础,还要有帅气的外表,更重要的是要有深厚的内涵。你要求自己拥有一段完美的婚姻、一个完美的丈夫。但是过分要求完美最后会变成"挑剔女王",很有可能把丈夫逼疯。

E.你开朗大度、温和敦厚,既不情绪化也不喜欢大起大落,你属于小鸟依人型妻子。平常的你对待丈夫柔情似水,常常给予他大量的爱和关怀,被丈夫视为可爱的小女子,常常有想保护你的感觉。你更擅长处理家庭的琐事,关心丈夫的事业,并在他身心憔悴时鼓励他,帮助他在事业上取得成功。

5.幸福女神会眷顾你吗

我们常常问自己幸福在哪里,却苦于没有答案。进入潜意识,就能知道你的幸福会不会与你擦身而过。请完成以下测试,对每题做出"是"或"否"的回答。

(1)世界上其实没有真正的坏人。

(2)即使有不愉快的事,睡醒之后就忘记了。

(3)人和事几乎没有不能解决的问题。

(4)有很多特别的兴趣。

(5)回首过去,几乎没有不好的回忆。

(6)不会无缘由地感到沮丧。

(7)总觉得每天会有好事发生。

(8)对自己的未来没有感到不安。

(9)确信自己的直觉在紧要关头十分准确。

(10)从自己的整体来看,觉得还有待加强。

【评分标准】

以上各题"是"得1分,"否"为0分。

【结果分析】

8~10分:最接近幸福的那种类型。由于积极乐观的精神,你有审视自己、肯定自己的积极倾向。因此,把握现在,就抓住了幸福之神。

5~7分:你的心情需要再放松一些,只要对自己有信心,再加上一点努力,幸福就离你越来越近。

0~4分:幸福与你的缘分尚浅。由于你保守的性格,思维偏向负面的方向,因此,你常常与幸福擦肩而过。假如不改正思维方式,会导致恶性循环,对你的生活产生负面影响。

6.到底是什么扼杀了你的梦想

(1)你是一个善变的人吗:

是的→(2)

不是→(3)

(2)你的兴趣爱好是广泛还是单一:

广泛→(4)

单一→(3)

(3)你的事业心强不强:

强→(4)

不强→(5)

(4)对于未来,你有一个很好的规划吗:

有→(5)

没有→(6)

(5)你结识的人是不是三教九流,啥样的人都有:

是的→(6)

不是→(7)

(6)你觉得到了四十岁的你,更喜欢哪种生活:

事业有成,孤身一人→(8)

生活拮据,家庭幸福→(7)

(7)你有暗恋过身边的同学吗:

有→(9)

没有→(8)

(8)你的好奇心强不强:

强→(10)

不强→(9)

(9)读书时,你最讨厌什么课:

语言类→(10)

理工类→(11)

政治思想类→(12)

其他→(13)

(10)如果你有钱,你换手机的好机会是:

用坏了或丢了才换→(11)

出了一款很喜欢的机型,就会去换→(13)

上一个手机用烦了,换个口味→(14)

(11)你觉得女孩子没有必要变得强大,只要依靠男生就可以了吗:

是的→D

不是→(15)

(12)如果你每个月的生活费都用光,主要是花在哪里:

衣服鞋子饰品→D

请人吃饭交际→(14)

谈恋爱→(15)

(13)如果你漂到一个荒岛上,你最害怕的是什么:

怪兽→(14)

没有食物→C

没有伙伴→B

(14)你擅长哪种游戏:

大型网游→(16)

逻辑推理,提高智力的游戏→A

无论哪种游戏都是菜鸟→E

(15)会不会觉得人生很无聊:

会→(16)

不会→A

(16)下面的物品,你更愿意收藏哪一种在家中:

小时候的成绩单→B

重要的人送的礼物→C

最近淘来的小玩意儿→E

【结果分析】

A.玩物丧志

丧志指数:★★★★

一直以来,你都是一个佼佼者,你从小到大都是老师的宠儿、同学佩服的人,还经常被亲戚邻居拿来当榜样。你也会有自己的奋斗目标,应该说你是一个聪明的人,但往往聪明的人也会被聪明误。玩物丧志这四个字就可以很好地概括你会被聪明所误,因为一旦有一天,你松懈了下来,你的叛逆之心将会表露出来,那颗你平常一直在压抑的情绪将会爆发出来,到时免不了会借"物"发挥,沉迷于既定目标外的东西,沦陷在贪恋游乐之中。

B.感情打击

丧志指数:★★★★★

对于怀旧的你来说,其实没有什么事情可以让你放弃自己的人生和追求,就像你无法丢掉回忆一样。你是如此有责任感,对待家庭亲人或者朋友,你都想让他们过得很好,所以会为了他们而努力奋斗,因此想要让你丧志,实在是一件困难的事情。但困难不代表不可能,对于外强中干的你来说,坚强的外表下是一颗容易受伤的心,让你失去斗志的最大可能性便是让你受到感情上,尤其是爱情方面的伤害,恐怕你将一下失去奋斗的目标,很难恢复斗志。

C.现实困难

丧志指数:★★★☆

曾几何时,你也是一个有理想有追求有抱负的人,也曾觉得不为五斗米折腰是何等高风亮节,然而一出校门却往往容易碰上许多让你无奈的事情,在追求理想的道路之中,要遇到不少的拦路虎。正所谓理想很丰满,现实很骨感,越来越现实的你,渐渐会忘记当初曾立下的雄心壮志,最终你屈服在现实赐给你的种种困难之上,认同这个世界能够站在顶端的人只有那几个,所以你会在历尽波折之后,回归平凡,只偶尔在心里想起那个梦。

D.物质吸引

丧志指数:★★★★☆

情绪多变,容易对生活产生悲观消极想法的你,实在是不适合去为了实践自己的理想而打拼,由于一遇到困难你就会产生埋怨,并且很容易受到物质利诱,所以早早地投入物质利益的怀抱也不是什么坏事。不是没有志气的,可是你更倾向于实际应用派,认同理想追求都要建立在有饭吃的基础之上。这种观点会让你在对待感情时,如果对方可以解决你的后顾之忧,可以让你享受到不用拼搏就会安逸的生活,哪怕你不爱对方,恐怕你也会答应与之交往。

E.无志可丧

丧志指数:★☆

兴趣爱好广泛的你,其实往往也是懒散的,因为你缺乏专一,不会为了一个爱好一直保持下去。反倒是好奇心挺强,热爱喜新厌旧。这并不是说不好,相反,这样的人不会在一条道路上走到黑,不撞南墙不回头。正因如此,其实你是万年没有干劲的人,一听到"立志""奋斗"之类的词语就觉得头大,因为你最大的理想只是想快快乐乐,自由自在地生活,钱多钱少并不是很重要,只要开心就好。基于这种理想,也就无所谓丧志了。

7.你这辈子能免费得到什么

如果交往很久的恋人始终没跟你谈结婚的事,你会:

A.给他最后通牒

B.默默期望他想到婚嫁问题

C.暗示他,提醒他

D.观察他,如果发现他真的不想结婚就离开他

【结果分析】

A.你能免费得到爱情

任何一种人际关系都脱离不了给予,但给予之后随之而来的就是回报的问题。你之所以否定情感的价值,多半与这种因素有密切关联。其中最常见的一种情况就是,你把得失心放得太重,心中常会盘算自己付出了多少,又从对方那里回收了多少。其实,真正的爱情是不需要你付出的。

B.你能免费得到亲情

亲情是免费的,这是一份深入血脉而又不求任何回报的爱,而且始终如一,不会因为亲人的高低贵贱而增强或削弱,无论贫穷还是富贵,亲情永远是这个世

界上让人最放心的情感。你和大多数人一样,拥有着温馨的亲情,这份感情,不需要你付出什么就实实在在地存在。

C.你能免费得到友情

朋友就是与你分担苦痛分享快乐的那个人,那个默默地站在你身旁陪伴的人。你拥有这一切,就是时时刻刻存在于你的周围,让你形成了一种熟视无睹的忽略,形成了一种理所当然的惰性,而缺少了一颗感恩的心,总是去怨天尤人,事实上,老天已经把免费的友情给了你。

D.你能免费得到幸福

为了找到真正的快乐,你必须首先改变对待金钱的态度。你必须要知道花掉挣到的钱只是让你暂时舒坦,却并不能带来任何持久的利益。最后你拥有一些实际上你根本不想要或根本不需要的东西,而内在的情感问题依然没有解决。其实,幸福就在你身边,只要你善于发现,不需要你付出什么,也能得到。

8.你离成功还有几步之遥

(1)你各个行业都有朋友:

是→(2)

不是→(3)

(2)喜欢看新闻:

是→(3)

不是→(4)

(3)经常感觉自己压力很大:

是→(5)

不是→(4)

(4)今天的事情今天必须做完:

是→(5)

不是→(6)

(5)有午休习惯:

是→(7)

不是→(6)

(6)很少看书：

是→(8)

不是→(7)

(7)多久没去电影院了：

一个月→(8)

几天→(9)

一年以上→(10)

(8)玩游戏会上瘾：

是→(11)

不是→(12)

(9)有抽烟的习惯：

是→(12)

不是→(10)

(10)打字很快：

是→(11)

不是→A

(11)了解股市动态：

是→B

不是→(12)

(12)天天换衣服：

是→C

不是→D

【结果分析】

A.你在成功的道路上

　　只能说你现在的工作做起来还是比较得心应手的，而且你知道自己要的是什么，并且为之奋斗着，但是你现在是在成功的道路上，因为你的方向是正确的，但是成功的道路也是艰难的，需要长久的磨炼才能达到，你需要做的还有很多。

B.成功离你不远了

看来你不仅知道自己应该做什么赚钱,你选择的是正确的,而且你在用自己其他的时间来充实自己,学习其他的东西来让你多几层保障,这样的你成功并不是一件难事。不过是时间问题罢了,不多时你就能成为有钱人。

C.你没有成功的心

说真的,你没有成功的心,因为你没有很强烈的一定要做成功什么事情的斗志,你的野心并不是很大,但这也是一件好事,因为你现在的生活就已经让你很开心了,你没必要为得不到的东西而改变,你就是你,快乐生活就好。

D.成功很难

现在的你想要成功恐怕是一件非常麻烦的事情,原因是你的不成熟,而且你不知道自己究竟要的是什么,尽管在你的身边人看来你是非常努力的一个人,但是你做的事情真的能够让你离成功越来越近吗? 还是找准成功的方向吧!

9.今生你哪些方面注定能与众不同

(1)如果你有晨跑的习惯,你会选择一个人独自晨跑吗:

会→(2)

不会→(3)

不知道→(4)

(2)一个人晨跑,你会怎样打发无聊时间:

听音乐→(4)

不知道→(3)

带着狗一起去跑→(5)

(3)每个月,你至少锻炼多少次:

一次→(4)

两三次→(5)

三次以上→(6)

(4)你认为晨跑应该持续多长时间:

半个小时→(7)

一个小时→(5)

不一定→(6)

(5)不考虑工作等外因,跑步的时间你更愿意固定在一天中的几点钟:

晚上→(8)

早晨→(7)

不想固定时间→(6)

(6)你认为一个普通人拥有几套运动服比较好:

一套就可以了→(7)

至少两套→(8)

两套以上比较好→A

(7)你认为什么样的运动最能让你坚持:

跑步→(9)

游泳→(8)

打羽毛球→(10)

(8)你更愿意在户内还是户外运动:

室内→A

户外→B

随便→(9)

(9)你认为长期运动给你的最大好处是:

心情好→D

身体好→C

身材好→A

(10)户外晨跑,你会选择在哪种道路上跑:

林荫路→D

小区里的路→C

山路→B

【结果分析】

A.言行

不管是说话还是做事,你都有自己独特的风格,有时候你表现得有点古灵精怪,平时你也不喜欢走寻常路,不爱琢磨他人的想法,不喜欢迎合他人,你只会按照自己的生活方式去生活,可越是另类,越是容易引人注目。也许也有很多人羡慕你的生活方式和处事态度,但就是不敢效仿你,因为不是每个人都敢被围观。

B.能力

对某件事你有自己特殊的天赋,你的能力恐怕会被很多行家称赞,尽管你自己已经很低调了,但依旧掩盖不了自己的光辉。你不是很希望自己能够出人头地,被众人所注视,也正是因为如此,你才能更专心致志地研究自己想钻研的事,成绩也就越来越显赫,围观你的人也就越来越多。

C.感情

你的感情经历总是有些与众不同,在旁人看来,该你爱的不去好好爱,偏偏要爱自己不该爱的人,而且在恋爱的整个过程中,你又比较冲动,感情用事,明知道付出太多,反而可能不被珍惜,但你就是忍不住要对对方付出很多感情,所以你的感情经历比较跌宕起伏,自然就有人来围观。

D.品位

你不是一个容易流入庸俗的人,你很有自己的想法,所以在很多人眼中,其实你是非常有品位的。虽然你的审美观可能与大众不同,但可以说,正是因为你另类的想法,才更能凸显你品位的魅力,可能平时你挑选的很多东西,搭配的很多东西,都被人所欣赏,但是让别人去挑,就很难弄出你制造的效果来。

10.三年后你哪方面最风光

你要去小区里的便利店买点东西,现在你穿着普通,但是只能打扮下面某一项,你会:

A.把眉眼画一下

B.洗一个清爽的头发

C.换双好看的鞋子

D.涂个口红

E.直接洗把脸就行

【结果分析】

A.金钱风光

虽然你一直都觉得钱财是身外之物,但是当你面对着想要买的东西时,没有钱;当你想孝敬父母时,没有钱;当你对着其他同学朋友在晒东西时,自己还是没有钱,买不起……你只是表现得不在乎,假装不在意这些。三年之后,如果你一直朝着赚钱的方向发展,你是一定可以收获风光的。

B.爱情风光

你总是用"缘分没来"一样的话来搪塞。可是内心的孤寂只有自己清楚。好在三年后的你,还是会在爱情上风光的。但是前提是,这三年你没有放弃相信爱情,相信爱情是自己努力得来的,而不是什么缘分。

C.工作风光

虽然你现在的工作看似还不错,但基本上也就是养活自己而已。每当别人在说自己年薪多少时,你却守着空空的工资卡或无数的信用卡账单,别的公司福利好待遇高,年终奖多……而你什么也没有。你想跳槽,想找高薪的工作,从现在起,就努力提升专业技能吧,或者自己创业。三年之后,要么你进了更好的平台,升职了,要么你的事业已经发展起来了。

D.长相风光

每个人都希望自己是长得美如天仙,帅气逼人,毕竟长得好看也是人生的一大很重要的资本。但是你觉得自己真的是长得一般的类型,或者你一开始就很自恋地觉得自己长得不错……这都是不利于发展的想法。努力把自己变得漂亮吧,三年之后,你一定会比现在好看的。

E.品位风光

你觉得有品位的人,大多身着豪华的服装,手上挽的手袋也是价格不菲,用的是高档的香水,做个发型花上的是你半个月的工资……的确,所谓的品位很大一部分是用钱堆出来的。但是就因为没有钱,你就可以随便去穿地摊货,还想着自己穿出来的效果很赞?别做梦,从现在开始,慢慢地提升自己的品位吧,三年之后的你走在人前,别人一定会觉得你的品位是很棒的。

11.你最容易获得什么样的幸福

闲来无聊,你用一整天的时间来看完一部十六集的电视剧,你希望是:

A.小清新日剧

B.国产仙侠剧

C.韩国言情剧

D.某美剧第一季

E.迷你四季英剧

【结果分析】

A.做背后女人的幸福。你是一个负责任的人,能支撑家庭。这样的你,很适合做成功男人背后的女人,也容易拥有这样的幸福。可能你有的时候会觉得操持家务实在无聊,人生也觉得烦躁不堪,可是等有朝一日,身边的爱人渐渐成功了,孩子渐渐长大了。你也许会在操劳之后,欣慰地一笑,觉得自己是幸福的呢!

B.能嫁有钱人求仁得仁。你并不是喜欢钱,只是喜欢钱带来的幸福感,毕竟你也知道,这个世界,一定要有钱才能谈其他的。爱情在贫穷面前,只会成为一场悲剧。而你注定会与名人或富裕者婚嫁的,你的婚恋将会是万人称羡的好姻缘,而丈夫的成就也势必非凡。虽然你可能无法拥有相当的知名度,但是也可以享尽荣华富贵。

C.拥有幸福婚恋。你的婚恋生活,大致也全能维持在平均的水准之上,你是可以拥有幸福婚恋的人。你早早就可以获得安稳、幸福的家庭生活,即使嫁得晚些,对象的工作也会越来越顺畅,家庭经济也会渐渐好转,甚至和家人之间的小纠葛,也会比较少。所以你的婚恋生活因情感的稳固和经济状况的稳定,会变得很幸福。

D.自由的幸福。你是一个喜好开玩笑,性格开朗的人。你善于观察他人的心情,社交手腕非常高明。由于你是一个不折不扣的乐天派,凡事会往好的地方想。你对于高远的理想不感兴趣,想要获得的幸福,完全来自于不被他人逼迫做什么事情,不被这个世道的规则所束缚。而未来的你,正是会拥有这样的幸福。你身边的人,都会支持你。

E.工作很不错。你注定是一个工作上会有收获,事业上会有所成的人。有时候握在自己手里的钱、感情可能都会失去,可是这种工作能力却是别人夺不走的。这未尝不是一种幸福。

12.家庭幸福美满度指数有多高

假如你住在一个合租房内,你有三个室友,他们分别是:A家境贫穷,却很虚荣的打工妹;B每个月都透支信用卡的小白领;C经常打电话向他人借钱的业务员。他们都用同一种洗面奶,而那支洗面奶你曾经也拥有过,只不过后来它莫名地消失了,你认为自己的洗面奶一定是被室友拿走的。

下面有六种排序方式,最有可能偷拿你洗面奶的人排在最前面,相对起来,不那么可能偷拿你洗面奶的人依次排在后面。请选择其中最接近你的想法的排序。

【结果分析】

A—B—C:未来你的家庭幸福度为90%

你懂得该如何经营自己的婚姻,也很善于跟小孩相处。生活中,你是积极乐观的,面对问题有迎难而上的决心。你自身带给家人的正能量能让他们感到十分温暖,他们从你身上感受到的爱又会反馈到你身上。

A—C—B:未来你的家庭幸福度为60%

你试着体谅别人,但大多数时候你最关心的还是自己。不过好在,因为你懂得爱惜自己,你也变得值得他人爱惜。如果想要获得圆满的幸福,恐怕你还得尝试多关心其他人。

B—A—C:未来你的家庭幸福度为50%

你很现实,你只爱爱你的人,你只对对你付出的人付出。但爱是没有天秤去衡量的,有时候,你往往会判断错误。如果什么事都分毫必究地计较,大概不会觉得很幸福。

B—C—A:未来你的家庭幸福度为30%

你会因为自卑而不敢敞开胸怀去接受爱,没有接受到爱,自然也就不会付出那么多的爱了。自卑影响着你的幸福,包括家庭幸福。你首先要做的不是怀疑家人是否爱你,依赖你,而是要相信自己有魅力让你的家人离不开你。

C—B—A:未来你的家庭幸福度为70%

你喜欢阅读心理类书籍,并试图依照书中的规则解决问题。的确,书本能够帮你解决很多人际关系的问题,但大部分时候,太教条往往会引发新的错误。用心与家人相处,比书本中的知识要有效得多。

C—A—B:未来你的家庭幸福度为80%

你任劳任怨,很少向别人抱怨自己的难处。你默默地为家人奉献自我,从不觉得委屈,为了家人,你做出多大的牺牲也愿意。你的这份苦心,你的家人能够感受得到,他们也会同样爱你。

13.你的人生会经历哪些"黑暗隧道"

(1)深夜两点,你在24小时营业的便利店购买消夜,你会选:

无糖饼干→(2)

全麦土司→(6)

速食面→(4)

(2)便利店的装潢有三种主色调,你认为是:

橙色→(7)

绿色→(3)

红色→(5)

(3)便利店其中一个货架看起来快要缺货了,那个货架是:

零食货架→A

饮料货架→B

杂志架→C

(4)便利店的营业员是:

年轻小伙子→B

少女→C

老头子→D

(5)从便利店中的冰柜里选一种饮料,搭配你的消夜,你会选:

冰红茶→B

可乐→A

牛奶→(7)

(6)你在便利店里捡到一张身份证,身份证上的人年龄是:

20岁左右→B

40岁左右→8

30多岁→C

(7)便利店里有一种水果跌落到地上,它是:

一只橘子→D

一个苹果→C

一颗蓝莓→A

(8)便利店里有一对恋人一边吃关东煮,一边:

接吻→A

看杂志→B

玩手机→D

【结果分析】

A.人生中,你必经的黑色隧道是:财路不通。你属于那种喜欢表现且话多的人,倒不如学着多做事少说话,才不会惹上口舌是非。有心想要赚钱,却遇上许多让人喊痛的状况,这是你时常遭遇的状况;也许在工作上做得有声有色,却没什么进账。如果你平常就没有什么理财的想法,恐怕财运会在风雨中前行。

B.人生中,你必经的黑色隧道是:情路坎坷。你很重感情,但是通常情路不顺,到最后心灰意懒只好放弃结婚的念头。你太在乎一个人的时候会把对方绑得太紧,占有欲强,生怕他哪天会离开自己,反而更容易搞砸一段恋情。情路坎坷就唯有把心思全放在事业上了。

C.人生中,你必经的黑色隧道是:容易走错路。你做事不计划,因为你的个性很急,想到就要马上去做,否则会失去热情与耐性,导致最后不了了之的结局。如果有人要求你规划一份计划表,你一定会装作没听见。虽然有时可能会因为太冲动而跑错方向,但有行动力的人,成功概率一定比别人高。

D.人生中,你必经的黑色隧道是:成功前会有很久的迷茫期。实践计划对你来说,绝不会是要完成人生大业之类的冠冕堂皇的理由,也没有若不去做就觉得不踏实的担心害怕,真正的原因只是你想要享受那种追梦的气氛和快感。

14.你的幸福感来自哪里

周末你想去买一双鞋子,有三个人可以陪你去逛街,他们分别是:A.自己的妈妈;B.自己的同事;C.异性朋友。你最有可能选谁陪自己去逛街呢?

下面有六种排序方式,你最有可能选的人排在最前面,相对起来,你不那么可能选的人依次排在后面。请选择最接近你的想法的排序。

【结果分析】

B—C—A:得到恋人的鼓励能带给你幸福感。当你的心在刮风下雪时,他适时地给你一个热情的拥抱,当下让你的心温暖转晴;当你遇到挫折痛哭时,他适时地提供肩膀给你,并轻拍你的背告诉你:"你是世界上最棒的人。"总之,在失意时,恋人给你鼓励,你就会感到分外幸福。

C—B—A:清空购物车能带给你幸福感。买到一件自己喜欢的东西会让你很快乐。而把喜欢的东西放进购物车迟迟不能购买,这种感觉就不太舒服了。假如你能有一笔钱,把自己的购物车里的东西清空,你会感到格外高兴。

C—A—B:每天吃美食能带给你幸福感。没错"吃货"的追求就是如此低。可是那些嘲笑他人口腹之欲的人啊,吃不能作为兴趣爱好吗?吃就比收集字画欣赏古玩要浅薄,比登高望远诗词歌赋要庸俗吗?你觉得吃对自己来说就是很幸福的事。

A—B—C:和恋人一起吃饭能带给你幸福感。只要能够跟恋人在一起,哪怕两人经历的都是小事,你也会感到幸福。这些点点滴滴的小事都能带给你幸福感。爱情的版图中,就是你的爱情画面加上他的爱情画面,所有你的一切调和他所有的一切,换算出来的公式就是:幸福是爱情的最大的级数!即使只是吃一碗价格很便宜的泡面,也好像身处在豪华的高级餐厅中吃法国大餐。

A—C—B:跟恋人一起为了未来奋斗能带给你幸福感。当他加班夜归,你体贴地为他留了一盏灯,点亮他疲惫不堪的心;当他为写企划案搜索枯肠,你精心煮了一杯热腾腾的咖啡,让他有灵感的能量;当他职场失意时,你陪在他身边与他一起奋斗,而不是离开他另寻良木而栖。

B—A—C:为家人购买礼物能带给你幸福感。你之所以努力挣钱都是为了让家人能过得更好。你对钱十分渴求也全然不是因为自己拜金,因为你很爱你的家人,你知道想要让他们生活舒适,只有靠钱能实现,而这个世界上,用钱来表达爱是最实际的。

15.你如何逃出"穷忙"怪圈

当你想要改掉一个恶习的时候,原因通常会是什么:

A.自己想改正的时候才会自主改正

B.长辈的多次要求

C.恋人的要求

D.朋友的劝解

【结果分析】

A.你需要放个长假,享受生活来逃出"穷忙"怪圈。不懂得放松的人是永远不懂得该如何努力的,每天都在工作,脑子里塞满了工作,效率其实会越来越低。假如你想要变成有钱人,首先你得学会像有钱人一样享受生活。不妨给自己放个长假,休息一下大脑再继续忙碌吧。

B.你需要多结交朋友,寻找适合自己的赚钱渠道以逃出"穷忙"怪圈。你的赚钱方式还停留在赚取明天的面包,只为了让自己活下去,以挣得后天的面包罢了。这种日子永远没有停歇。你必须停下脚步,即便是得不到面包,饿几天肚子,也要想个新的赚钱法子。如果你能多交几个朋友,也许会有人告诉你,你该如何赚钱。

C.你需要通过中彩票逃出"穷忙"怪圈。努力工作,每天都把自己累得跟牛马一样,生活质量却依旧原地踏步,对此你感到很苦恼,要想一夜暴富,机会难寻,不如买彩票试试看,别人能有中奖的运气,为什么中奖的人不能是你呢?

D.你需要辞掉工作开一家小店逃出"穷忙"怪圈。不管再怎么努力工作都是在替别人打工,不管职位多高,都是为别人办事。就算加薪也还是要加班。想要逃离"穷忙"圈,你必须干一番属于自己的事业,哪怕是开一家小店,也算是为自己挣钱了。

16.今年你会遭遇什么让你心塞的事

如果你有了一笔创业基金,要去开一个店,你会选择开什么:

A.在大学城开的饮食店

B.在商业街开的服装店

C.在某个街角开的咖啡馆

D.在旅游小镇开的特产店

E.在生活街区开的书店

【结果分析】

A.为了钱而心塞

每次看到账户的感觉很心塞,每次还卡数的时候也很心塞,每到了月底的时候也心塞……是的,今年如果你会心塞,无疑,为了钱而心塞会是你的常态。要花钱的地方实在是太多了,手机人家换到了六代,目前你连买六个苹果都觉得贵得要死。人家在慢慢悠悠地享受人生,你在为了钱而奔波挤地铁公交。

B.为生活而心塞

生活像是一团烂泥,扶不上墙也蒸发不了。今年,一摊子乱七八糟的事情需要你去面对解决。你也想好好地当一个鸵鸟,选择逃避,但是你清楚地知道,逃得了一时,逃不了一世。

C.为工作心塞

尽管工作让你心塞不已,要面对不可理喻的上司,要面对不积极配合的客户下属……有时候自己也怀疑是不是工作方向出了问题, 要不要去追求自己的理想之类的。但是如果连工作都做不好,谈何理想?你只好继续接受心塞吧。

D.为感情心塞

为感情而心塞的你,身边的人会使出各种招式来逼迫你,催问你,更有的人,不分青红皂白,给你传流言蜚语……看来你心塞也是很正常的。

E.为人生心塞

生活与人生,说到底是不一样的东西。生活大概讲究的是吃穿住行,人生则有更多高层次的追求。今年你的人生依然一片黑暗,不过你是一个有理想的青年,虽然理想很难实现,你也不是特别担心和害怕。因为你会一直坚持自己的内心不动摇。

17.你能逼出成功的指数有多大

生活中有很多压力需要缓解,而每一个人的方式都是各不相同的,你的解压方式是怎样的呢:

A.听音乐

B.外出散心

C.对着空气呐喊

【结果分析】

A.逼出成功指数★

你的生活心态很认真,也比较谨慎,对于自己喜欢的,有能力去做的事,都愿意拼力去实现,可以说你的成功主要是要靠天时地利人和,因为你已经算很上进了,只要有好运相助,美梦成真其实都是有可能的。有些事只需要在心里催促一下,速度就会明显的加快,有些事,比如友情,比如爱情,就不要去逼自己了,真正懂你的朋友一定会理解你,至于爱情,缘分的事就交给时间好了。生活需要一点紧张感,但是也不能太过了,毕竟美好的时光是用来细细体会的,努力了就好了。

B.逼出成功指数★★★

你如果现在工作平平,梦想也没有实现,就连感情都还没有着落,那一定不是你没有实现梦想,在职场上闯出一片天地的实力,只是在你看来还过得去,也就保持着这种顺其自然的节奏,凡事也就没有多大的起色了。你的成功不是顺其自然就能实现的,真的需要逼迫自己一把。你应该多给自己设定一些近期和长远的目标,逼着自己在限定的时间内去完成,你会发现自己原来是可以做到的。有梦想就要去努力实现,不用考虑太多不可能的因素,每一天都逼着自己多前进一点,说不定就能提前完成计划。

C.逼出成功指数★★★★

你的学习能力很强,也有很好的抗压力,其实潜意识里是有着努力上进心的。如果所处的环境比较舒适,没有什么需要靠自己去解决的事情,精神上也就会越来越松懈了,时间久了就不会想要奋斗了。但如果在职场上遇到了竞争,生活上出现了麻烦,必须要依靠自己的力量去解决,你就会逼着自己成熟,逼着自己强大起来。多逼自己一点,就能激发出更多潜力来。你就是有压力才有动力的典型,所以最好选择有挑战的工作,在激烈的竞争中你能更好地逼出自己的优势,逼出自己的成功来。

18.你能抓住机遇铸就成功吗

在物欲横流的现代社会里,很多人都面临着各种诱惑,有的人开始厌烦这种生活而选择重新调整生活方式,力求简单自然。对于金钱、名利、成就,你会选择放弃什么呢?

A.奢华的金钱观

B.想要有名有利的心理

C.工作狂的成就感

【结果分析】

A.机会对你来说,是可遇不可求的,当你发起狠来努力追求的时候,结果反而吃力不讨好,而当你正濒临绝望放弃之际,机会又自动找上门来,感觉很奇妙,不过你的运气一直都很不错,常常有无心插柳柳成荫的结果,遇到可以表现的机会时,就好好把握吧!

B.你的眼光就像猎鹰一样的犀利,只要是你看准的机会,大多都万无一失。不论是能够表现自己、成名或是赚钱的机会,你都会不计一切后果地去追求,为的就是争取之后,能为自己带来的利益,你天生就有站在聚光灯下生活的本钱,很容易成功。

C.所有的表现机会,都是你努力不懈得来的。你是一个认真执着的人,只要确定目标了,不闯出一片天地,就不可能轻易罢休。你是一个懂得把握机会的人,也会因为自己勇往直前的精神而成功,但是要切记在机会来的时候,要保持冷静的头脑,以免下错判断,造成反效果。

19.你的人生有何隐形遗憾

麦当劳里有一对父子,饭吃到一半,父亲突然接了个电话,接着,他叮嘱了儿子几句就匆匆走了,父亲要赶着去办的事可能有三件,分别是:A.公司有急事要去处理;B.朋友的孩子走丢了,要自己帮忙去找;C.丢失的车被警方找回来了,要赶着去认领。你认为父亲最有可能要去办的事是哪件呢?

下面有六种排序方式,父亲最有可能去办的事排在最前面,相对起来,不那么可能去办的事依次排在后面。请选择其中最接近你的想法的排序。

【结果分析】

A—B—C:你的人生隐形遗憾是缺乏环游世界的机会。想尝尽世界上所有的美食,想看遍世界上所有的美景,想体验不一样的人生,想登上高峰,踏过雪原,走过草地,在最美的海里畅游,在最长的河流中穿行……想的太多,能实现的太少。不只是你,这个世界上,绝大部分人都有一个环游世界的梦想,却都不能实现。

A—C—B:你的人生隐形遗憾是不能跟最爱的人厮守到老。能跟心爱的人相伴到地老天荒是很多人的梦想。能每天为心爱的人奉上一份自己亲手制作的早餐,能陪心爱的人观看每一次日落,能跟心爱的人来一场说走就走的旅行……这些美妙的畅想总是在电影中出现,现实生活却因为种种原因无法实现这些愿望,这就是你感到最遗憾的地方。

B—A—C:你的人生隐形遗憾是没有尝试过轰轰烈烈的爱情。谁都渴望得到一场"山无棱天地合"的爱情,如果做不到,至少能有一场惊天动地,让世人感到羡慕的情感。浓烈的爱情对于生活来说简直就是一道美味的菜肴。所以才有很多人认为爱情不求天长地久,但求曾经拥有,然而轰轰烈烈的爱情不是每个人都有机遇得到的。

B—C—A:你的人生隐形遗憾是找不到知音。人生几何春已夏,经过了多少个春夏,你都没有遇到自己的知音。你不知道自己的烦恼要告诉谁,不知道自己的思想能够得到谁人的认同,总之对你来说,知音是你十分渴求的。找不到知音就是你人生最大的缺憾。

C—B—A:你的人生隐形遗憾是不能成就一番事业。对你来说,不求能够得到一场完美的爱情, 也不觉得挣很多钱对自己来说就是一种幸福, 只要能够成就一番事业,人生也就无憾了,然而现实生活中充满了阻碍,想成就一番事业并非那么简单。

C—A—B:你的人生隐形遗憾是无法拥有自己想要的生活。你想要的生活也许和其他人不太一样,每个人似乎都按照固定的规律在生活,念书,毕业,工作,恋爱,结婚,生子……这种幸福的标准并不是你想要的,你希望自己能拥有一份属于自己的特殊的人生。然而,这个梦想实现起来是很有难度的。

20.你最容易在什么年龄发财

咖啡厅里有一个年轻女生在拿着笔记本,开了文档写什么,你第一觉得她在写:

A.工作方案

B.小说

C.论文报告

D.影评报道

E.日志随笔

【结果分析】

A.20~28岁

正所谓出名要趁早,赚钱也是如此。其实年轻正是容易发财的时候,这个时候的人,有无限的潜力,也会有无穷的创意。你是一个头脑灵活的人,也有很多关于创业的想法。所以这个时候的你,也是最容易发财的人。在这个阶段只要吃到了第一桶金,以后的金钱就会像被磁铁吸引了过来一样,源源不断地涌过来。到时候,你只要按部就班地把事情做好,就会来钱的。但那个时候,你已经不会有发财的新鲜感了。论起成就感,还是在年轻的时候,最有体验了。

B.26~35岁

这十年,堪称人生打拼的黄金年龄。这个时候的人,已经形成了固定的价值观,也对自己要走的路,渐渐摸索出来了一定的门道。如果是一个有理想的人,也渐渐地坚定了步代,或者干脆选择了放弃,一心只为了钱而打拼。这十年,是你最容易发财的阶段。虽然你会觉得用十年来发财,对人生是不是残酷了一些。但是世界上从来就没有成功的捷径,那种靠买彩票发财的人,也只有那么一小点儿,何况你怎么知道他能中奖,不是前面积累起来的经验?所以,你还是老实打拼吧,发财是有可能的。

C.30~40岁

三十而立,当然是成家立业的意思。在三十岁之前,我们有青春,有玩乐的资本,可是年岁渐长,不得不面对我们的另一个人生,那就是成家立业,成立自己的小家庭,建立自己的事业。可能有的人会说,自己没有什么事业心,但是提及钱财却也会两眼放光。或者大多数的人想要发财,也只能通过发展事业来取得了。而你就是这样的人,只有到了这个思想成熟,自己想要创造事业的时候,才会去努力奋斗吧。这个时候,有强健身体去打拼,发财也只是时日问题。

D.40岁左右

三十而立,四十不惑。如果说三十岁,才开始学会安身立命,学会树立拼搏的信心,那么到了四十岁,就真的是不再对人生对金钱产生迷惑感了。你会对自己的人生有了很清晰明确的方向。也知道了自己真正能做的是什么,什么会为自己带来财富,什么会为自己带来名声,你要如何做才会轻易地成为有钱人。这个阶段的你,最容易发财了。你已经积累了很多的资本,不管是经验还是人脉,加之此时你也不算老,年富力强,所以它们都会为你创造金钱。

E.45岁左右

等到了这个年龄阶段,大概人生也觉得没有什么是看不透了吧。因为这个时候,生命已经行进了大半,对之前执着追求的东西,也不再那么执着,反而看淡了许多。或许正是因为如此,越是看得淡,它越容易靠近你。上天一向公平,它给了你颠沛流离的前半生,让你一直为了钱而奔波,等你只想安静地过好下面的日子的时候,财运却好了起来。毕竟看得淡,不代表不需要钱嘛,只是成功或者失败,都打不倒你,这个时候做投资,还是容易发财的。

21.如何改变你虚度光阴的现状

(1)下面四种类型的女生,哪种最可能引起你的反感:

A.动不动就哭的柔弱女生

B.喜欢号称自己是女汉子的女生

C.说自己很直爽实际上嘴贱的女生

D.任性有公主病的女生

(2)你最反感别人把你跟下面哪类人相提并论:

A.花痴

B.吝啬鬼

C.八卦是非者

D.懒汉

(3)下面四种类型的上司,你认为你比较容易跟谁相处不来:

A.没有真本事的上司

B.要求苛刻的上司

C.吝啬的上司

D.以貌取人的上司

(4)你觉得对你来说,下面哪件事比较容易做:

A.吃掉分量很足的一碗面

B.跟陌生人聊一个小时

C.看一本晦涩的书

D.运动三小时

(5)你通常采取什么方式度过休息天:

A.宅在家看电影,看书看个够

B.打扫平时没时间打扫的屋子

C.跟朋友聚会

D.购物逛街

(6)如果发生下面四件事,你觉得哪件事最可能影响你的心情:

A.被扣工资

B.恋人无理取闹

C.被人批评自己的外表

D.被要求加班

(7)在国外旅行,你最想要了解的哪方面的异国文化:

A.建筑

B.美食

C.历史

D.风俗

(8)如果与恋人发生争执,你最不可能采取下面哪种方式表示自己的不满:

A.冷战

B.故意与其他异性亲近

C.情急之下恶言相向

D.直接说出自己的感受

(9)如果你发生了下面哪件事,你绝不会告诉另一半:

A.欠了别人钱

B.被条件好的异性追求

C.自己生了重病

D.自己偷偷整过容

(10)工作中发生下面哪件事,你中断工作的可能性最大:

A.生病了

B.跟恋人吵架

C.被上司狠批一顿

D.接到新的且更感兴趣的工作任务

【评分标准】

以上各题选A得4分,选B得3分,选C得2分,选D得1分。

【结果分析】

A.31~40分,衣着

对自己的外表缺乏自信,衣着大概一直保持中规中矩的风格,很长时间都没有接受新的造型改变了。在人群中,无法引起他人的注意。不管你的思想多宽广,外貌普通给人的感觉就是很平庸。如果你想摆脱平庸,可能首先要从改变外观造型开始,你得尝试换个发型,给自己买几件与衣柜中其他衣服不一样风格的新服饰。

B.25~30分,事业

很多地方你都与大多数人一样,性格比较中庸,不赶时髦,不接受前卫的新鲜事物。从内心来讲,你好像不大渴望引起他人的注意,但又渴望与众不同。如果事业上能有一番作为,你也算是没有庸庸碌碌地虚度光阴了。既然本性是改不了的,事业是你证明自己与众不同的最佳手段。

C.20~24分,心态

你不自信,太在意他人的眼光,不敢表达自己的真实想法,不敢做自己想做的事情,所以显得比较平凡,为了达到别人眼中的优秀标准,你会按世俗的成功标准来要求自己。如果你能够自信起来,做自己,可能会比较容易摆脱平庸。毕竟攒他人的好评,事实上对你来说毫无意义。

D.10~19分,学习

受生活条件所限,没有办法接触新事物,无法打开眼界,考虑事情的方式自然会有些平庸。加上接触的人,大多与你一样,世界观,人生观都比较普通,圈子限制了你的发展。要改变自己的平庸,其实不一定非要外出旅行,或是结识什么了不起的人物,拓展自己的知识面,多学习,思想境界自然会有所提高。

22.你何时才能摆脱穷困的生活

如果到朋友家做客,由于对方过分热情的招待,难免会被"逼着"吃东西。以下三种食物情况,请你按照最怕渐减的方式排行,也就是说把最怕遇到的排在最前面,后面次之。A.是太甜腻的东西;B.是油腻得慌的东西;C.是分量多的东西。

【结果分析】

C—A—B:要脱下穷人外衣,你必须提起自信。别人看不起你,很不幸;自己看不起自己,更不幸。当你将信心放在自己身上时,你将永远充满力量。什么都可以失去,但不可以失去希望和信心。拥有信心,即便没有机会,你也会创造机会。智者创造机会,强者把握机会,弱者等待机会。

A—B—C:要脱下穷人外衣,你必须改变自己的生活习惯。首先,你得抛弃无聊的娱乐活动;其次,你应该培养对自己有利的兴趣爱好。与其战胜敌人一万次,不如战胜自己一次。穷人要翻身,没有理由讲辛苦,没有理由讲兴趣。

B—C—A:要脱下穷人外衣,你必须放下过去,目光往前看。不要抱着过去不放,应该迎接新的观念和挑战。但不应该看得太远,把握当下是最重要的。每个人都有退休的一天,但并不是每个人都能拥有退休后的保障。这就要靠自己争取了。生命不在于活得长与短,而在于顿悟的早与晚。

C—B—A:要脱下穷人外衣,你必须改变自己的财富观念。如果你觉得得过且过也能接受,那你将永远只会是个穷人。人生的成败往往就在一念之间,但大多数都是一念之差。年轻是本钱,但不努力就不值钱。

B—A—C:要脱下穷人外衣,你必须学会汲取经验教训。汲取经验教训未必是要受挫。世界上最聪明的人是借用别人撞得头破血流的经验作为自己的经验;而非等自己撞得头破血流的时候才懂得汲取教训。世界上最愚蠢的人是自己已经撞得头破血流却还是不懂得汲取教训。

A—C—B:要脱下穷人外衣,你必须树立野心。穷人缺什么?表面看起来,似乎只是缺乏资金,本质上穷人是缺乏野心的,缺观念、缺机会、缺勇气,想改变自己又缺行动力,想通过事业赚钱又缺毅力。所以,首先你得树立野心,告诉自己,你一定要过上富足的生活,才能改变贫穷现状。

23.你适合开什么店

以下哪一种性格描述更接近你:

A.浑身充满创造力,内心热情如火,外表光芒万丈

B.极度敏感,有爱心,而且爱家、恋家

C.常常跟着感觉走,时时设身处地为他人着想

【结果分析】

A.你可考虑经营自助火锅店、传统小吃店、便当外送等餐饮服务业。若你爱好精致有品位的物品,开二手精品店、手工艺品专卖店及小型咖啡屋,都能让你一展雄才。

B.你是一个非常有爱心的人,办托儿所、幼儿园将是你的最爱,看见孩子们天真无邪的笑容,你的生活也像阳光一般。

C.你是一个在乎感觉的人,一切温馨浪漫的事物都能让你感到窝心。宠物店、花店、园艺店正需要你这种特征。

24.你能抓住升迁的机会吗

在人生道路上,谁都会碰上几次升迁的机会,而能抓住和用好这个机会的人才是高手。你能抓住升迁的机会吗? 请拿起笔做下面的测试,只需回答"是"或"否"。

(1)我换了更好的工作。

(2)我被指定负责某些事情。

(3)我对自己的身体健康状况非常满意。

(4)我达到了一项个人体能目标(如在规定时间内跑完3千米)。

(5)我的同事开始尊重我的判断。

(6)经过我的努力,我的专业能力更受肯定。

(7)我的投资获利可观。

(8)我对我的性生活比以往感到满意。

(9)我戒除了一个坏习惯。

(10)我摆脱了一个事事会拖累我的朋友。

(11)我比以前更能控制遭遇困难时的情绪反应。

(12)我更能保留自己的想法并广纳众议。

(13)我获得了加薪。

(14)我在各种社交场合里越来越能处之泰然。

(15)我买了一部新车。

(16)我逐渐接近理想体重。

(17)我的感情生活相当稳定,或我的婚姻渐入佳境。

(18)我买了从未想过要拥有的东西。

(19)我提出意见或看法时更有自信。

(20)我比以前更会运用时间。

(21)我开始穿着更贵的服装。

(22)我重新整修、布置了房子(包括租来的)。

(23)我有了新的嗜好。

(24)近来老板对我态度越来越好。

(25)我买了一部个人电脑。

(26)我招揽了一些新客户。

(27)我搬到更好的社区了。

(28)我的意见和想法越来越受上司的重视。

(29)我的老板更依赖我的专业才能。

(30)我参加了国外旅游或考察。

(31)我比一向被视为榜样的人赢得更多名利。

(32)我比过去更会存钱。

(33)我在同行之间小有名气。

(34)我对我的工作质量更自信。

(35)我控制了自己的饮食习惯。

(36)我的网球(或其他运动)技术有显著进步。

(37)我成功地完成了生平最大的计划。

(38)我结交了一些益友。

(39)我比以前看了更多书(小说除外)。

(40)我比以前更能控制情绪与压力。

【评分标准】

以上各题答"是"得1分,答"否"的不得分,计算出总分。

【结果分析】

0~5分:你得分很低,除非已经登峰造极,无须再有什么晋升,否则,得分低的人有必要提升自己的职场能力。如果你被分在此组,你的职场能力令人担心,或是你缺乏方向或尚无目标,整天毫无目的。你应该努力改变现状,否则,你不可能抓住升迁的机会。

6~10分:你得分较低,存在着与前者大致相同的毛病,但你比前者肯定会好一些,你需要的不是升迁的机会,而是在工作中集中精力,设定更明确的目标。

11~17分:你得分中等,就获得晋升的可能性而言,你比前面两者的机会大。你能结合充沛的精力和较明确的目标,而且你还有一定的成绩基础。你应该充分利用自己的职场能力,扩展自己的视野,朝既定目标迈进。加油!升迁,就在明天。

18~22分:你得分较高,你正努力增加自己成功的机会,但力量有必要集中一点。你就像手持散弹枪,什么目标都想击中。只要不产生焦虑,这样做没什么不好。但最好谨记,成就的质量比成就的数量更重要,如果你能好好确定方向,抓住升迁的机会,获取更大的成功对你来说并非难事。

23分以上:你得分很高,能力很强,但你往往很有野心,所以易杂乱无章,各种目标都想达到,这会使你因忙乱而错过成功的机会。你不妨与专家谈谈,或许你的成就动机很强烈,但却欠缺必要的知识和方向。

25.你最近的幸运之神在何处

请依照现在的直觉从以下"探、讨、活、路"四字中任选一字,来预测你最近幸运之神该往哪里找?

A.探

B.讨

C.活

D.路

【结果分析】

A.深入职场、扭转乾坤

探是"深"入"扭"转乾坤,你最近的幸运之神应该往办公室找。

B.言有分寸、上司赏识

讨的左边是"言"语,右边是讲话很有分"寸",于是上司或者老板会很赏"识",你最近的幸运之神应该往上司、师长方向找。

C.三寸灵舌、舌灿莲花

活的左边是"三",右边是"舌",三寸不烂之舌,可以唱歌或演艺工作,另外是"水"可以往水边或者海边度假等,你最近的幸运之神要靠嘴巴或往水边找。

D.各有千秋、跨行跳槽

路的右边就是"各"人,最好去"跳"槽,你最近的幸运之神要跳槽去找。